世纪英才中职示范校建设课改系列规划教材（机电类）

车 工

李德富　张　斌　主　编

王　欣　江成洲　刘迎久　副主编

崔先虎　主　审

人民邮电出版社

北 京

图书在版编目（CIP）数据

车工 / 李德富，张斌主编. -- 北京：人民邮电出版社，2012.2
世纪英才中职示范校建设课改系列规划教材. 机电类
ISBN 978-7-115-26744-3

Ⅰ. ①车… Ⅱ. ①李… ②张… Ⅲ. ①车削－中学专业学校－教材 Ⅳ. ①TG51

中国版本图书馆CIP数据核字(2011)第236293号

内 容 提 要

本书分为基础篇和项目篇，主要内容包括：车削技术基础，车削轴类工件，车削套类工件，车削圆锥面、成形面及滚花，车削螺纹和蜗杆，车削较复杂工件，车床的调整及故障排除，典型零件的车削工艺分析。本书着重培养学生的动手能力和创新能力，融理论于生产实际，充分体现科学性、基础性、直观性、新颖性和实用性，强调"做中教、做中学"，达到产、教、学、做一体化的教学要求。

本书可作为中等职业学校或技工学校机械类专业教材，也可作为企业培训部门、职业技能鉴定培训机构、再就业和农民工培训机构的岗位培训教材。

世纪英才中职示范校建设课改系列规划教材（机电类）

车 工

♦ 主　编　李德富　张　斌
　副主编　王　欣　江成洲　刘迎久
　主　审　崔先虎
　责任编辑　丁金炎
　执行编辑　郝彩红

♦ 人民邮电出版社出版发行　　北京市崇文区夕照寺街14号
　邮编　100061　电子邮件　315@ptpress.com.cn
　网址　http://www.ptpress.com.cn
　北京艺辉印刷有限公司印刷

♦ 开本：787×1092　1/16
　印张：15.75
　字数：395 千字　　　　　2012 年 2 月第 1 版
　印数：1- 3 000 册　　　2012 年 2 月北京第 1 次印刷

ISBN 978-7-115-26744-3

定价：32.00 元

读者服务热线：(010)67132746　印装质量热线：(010)67129223
反盗版热线：(010)67171154
广告经营许可证：京崇工商广字第 0021 号

前 言
Foreword

本书是根据国家职业标准中级车工（国家职业资格四级）规定的知识要求和技能要求，结合中等职业学校及技工学校的教学特点，在广泛吸取了一线教师的教学经验以及毕业生反馈信息的基础上组织编写的。

本书在编写的过程中始终坚持了以下几个原则。

① 以就业为导向、以学生为主体、以企业用人为依据，着眼于学生职业生涯发展。在专业知识的安排上，紧密联系培养目标的特征，坚持"够用、实用"的原则，摒弃"繁、难、偏、旧"的理论知识，同时，进一步加强技能训练的力度，特别是加强基本技能与核心技能的训练。

② 在考虑办学条件的前提下，力求反映机械行业发展的现状和趋势，尽可能多地引入新技术、新工艺、新方法、新材料，使教材富有时代感。同时，采用最新的国家技术标准，使教材更加科学和规范。

③ 遵从学生的认知规律，与现代教学法相适应，力求教学内容为学生"乐学"和"能学"。在结构安排和表达方式上，做到由浅入深、循序渐进，强调师生互动和学生自主学习，并通过大量生产中的案例和图文并茂的表现形式，使学生能够比较轻松地学习。

④ 突出技能，以技能为主线，理论为技能服务，使理论知识和操作技能结合起来并有机地融于一体。同时以实践问题为纽带实现理论、实践与情感态度的有机整合。

在本课程的教学过程中，应充分利用现代多媒体技术，利用数字化教学资源作为辅助教学，与各种教学要素和教学环节有机结合，创建符合个性化学习并注重实践能力培养的教学环境，提高教学的效率和质量，推动教学模式和教学方法的变革。

本书由李德富、张斌任主编，王欣、江成洲、刘迎久任副主编，由崔先虎主审。

在编写过程中参阅了大量文献资料，对有关著作者深表感谢。由于作者水平有限，书中难免存在不当之处，恳请读者提出宝贵意见。作者电子邮箱：jzli2007@163.com。

编 者

Contents **目 录**

车 工

第一篇 基 础 篇

绪 论

机械制造工业是国民经济的重要组成部分，担负着为国民经济各部门提供技术装备的任务，机械制造业配合先进的电子技术对振兴民族工业、促进国民经济迅速发展起着举足轻重的作用，是技术进步的重要基础。

一般机械制造工厂大多数设有铸、锻、车、钳、刨、铣和磨等工种。车削是最重要的金属切削加工之一，如图1-0-1所示，它是机械制造业中最基本、最常用的加工方法。目前在制造业中，车床的配置几乎占到了机床总数的50%，如图1-0-2所示，数控车床的数量也已占到数控机床总数的25%左右，如图1-0-3所示。

图1-0-1 车削

1. 车削加工的内容

车削加工的范围很广，其基本内容见表1-0-1。如果在车床上装一些附件和夹具，还可以进行镗削、磨削、研磨和抛光等工作。

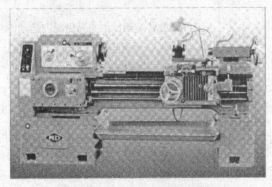

图1-0-2 CA6140型卧式车床

图1-0-3 CAK系列数控车床

1

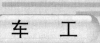
表 1-0-1　　　　　　　　　　　　　车削加工的基本内容

序号	车削内容	简　图	说　明
1	车外圆		工件做旋转运动，车刀做纵向运动
2	车端面		工件做旋转运动，车刀做横向运动
3	切槽		工件做旋转运动，切槽刀做横向运动
4	钻中心孔		工件做旋转运动，中心钻做纵向运动
5	钻孔		工件做旋转运动，麻花钻做纵向运动

序号	车削内容	简 图	说 明
6	车孔		工件做旋转运动，内孔车刀做纵向运动
7	铰孔		工件做旋转运动，铰刀做纵向运动
8	车螺纹		工件做旋转运动，螺纹车刀做纵向运动
9	车圆锥		工件做旋转运动，车刀做与工件轴线成一定夹角的直线运动
10	车成型面		工件做旋转运动，车刀做曲线运动

续表

序号	车削内容	简　　图	说　　明
11	滚花	工件 滚花刀	工件做旋转运动，滚花刀做纵向运动
12	盘弹簧	轴 弹簧钢丝 f	轴做旋转运动，弹簧钢丝在轴上做盘绕运动

2. 车削的特点

所谓"车削"，就是指操作技术人员（即车工）在车床上根据零件图样的要求，利用工件的旋转运动和刀具的相对直线运动（或刀具的旋转与相对直线运动）来改变毛坯的尺寸和形状，使之成为符合图样要求的一种金属切削方法。它与机械制造业中的钻削、铣削、刨削和磨削等加工方法相比较，具有以下特点。

① 适应性强，应用广泛，适用于车削不同材料、不同精度要求的工件。

② 所用刀具结构相对简单，制造、刃磨和装夹都比较方便。

③ 车削加工一般是等截面连续性地进行，因此，切削力变化小，车削过程相对平衡，生产效率高。

④ 车削可以加工出尺寸精度和表面质量较高的工件。

3. 本课程的内容

《车工》是一门研究车削加工方法和车削加工过程的技术科学，是车削加工工种的专业理论和技能训练课程。通过本课程的学习，可以获得中级车工所必备的车床结构、传动原理，正确操作车床，掌握各种表面车削的操作技能。通过学习，应达到如下具体要求。

① 掌握常用车床（以 CA6140 型车床为代表）的主要结构、传动系统、日常调整与维护保养的方法。

② 掌握车削的有关计算方法，并能正确查阅有关的技术资料。

③ 了解车削加工常用工具、量具的结构、用途，并能熟练、合理地使用。

④ 合理地选用切削用量和切削液。

⑤ 能合理地选用工件的定位基准和中等复杂工件的装夹方法，掌握常用车床的夹具结构原理。能独立制订中等复杂工件的车削加工工艺，并能根据实际情况尽可能地采用先进工艺。

⑥ 能对工件进行质量分析，并提出预防质量问题的措施。

⑦ 了解本专业的新工艺、新技术以及提高产品质量和劳动生产效率的途径。

⑧ 熟悉安全、文明生产的有关知识，并做到安全、文明生产。

4. 本课程的特点及学习方法

本课程具有极强的实践性，因此，学习本课程时，要将学到的理论知识运用到生产实践中去，以解决生产中的实际问题，做到理论联系实际。

本课程的学习方法：勤思考、善总结、细观察、敢实践、活联系、共切磋。

5. 安全文明生产

坚持安全、文明生产是保障设备和人身的安全，防止事故发生的根本保证，同时也是科学管理的一项十分重要的手段。它直接影响到人身安全、产品质量和生产效率的提高，影响设备、工、夹、量具的使用寿命和操作技术人员技能水平的正常发挥，所以要求操作者必须严格执行。

（1）安全生产注意事项

① 工作时应穿工作服，女同学的头发应盘起或戴工作帽将长发塞入帽中。

② 严禁穿裙子、背心、短裤和拖（凉）鞋进入实习场地。

③ 工作时必须集中精力，注意手、身体和衣服不能靠近正在旋转的机件，如工件、带轮、皮带、齿轮等。

④ 工件和车刀必须装夹牢固，否则会飞出伤人。

⑤ 装好工件后，卡盘扳手必须随即从卡盘上取下来。

⑥ 凡装卸工件、更换刀具、测量加工表面及变换速度时，必须先停车。

⑦ 车床运转时，不能用手去摸工件表面，尤其是加工螺纹时，更不能用手摸螺纹面且严禁用棉纱擦抹转动的工件。

⑧ 不能用手直接去清除切屑，要用专用的铁钩来清理。

⑨ 不允许戴手套操作车床。

⑩ 不准用手去制动转动的卡盘。

⑪ 不能随意拆装车床电器。

⑫ 工作中发现车床、电气设备有故障，应及时申报，由专业人员来维修，切不可在未修复的情况下使用。

（2）文明生产的要求

① 开车前要检查车床各部分是否完好，各手柄是否灵活、位置是否正确。检查各注油孔，并进行润滑。然后低速空运转 2～3min，待车床运转正常后才能工作。

② 主轴变速必须先停车，变换进给箱外的手柄，要在低速的条件下进行。为了保持丝杠的精度，除了车削螺纹外，不得使用丝杠进行机动进给。

③ 刀具、量具及其他使用工具，要放置稳妥，便于操作时取用。用完后应放回原处。

④ 要正确使用和爱护量具。经常保持清洁，用后擦净、涂油、放入盒中，并及时归还工具室。

⑤ 床面不允许放置工件或工具，更不允许敲击床身导轨。

⑥ 图样、工艺卡片应放置便于自己阅读的位置，并注意保持其清洁和完整。

⑦ 使用切削液之前，应在导轨上涂润滑油，若车削铸铁或气割下料件时应擦去导轨上的润滑油。

⑧ 工作场地周围应保持清洁整齐，避免杂物堆放，防止绊倒。

⑨ 工作完毕，将所用物件擦净归位，清理车床、清除切屑、擦净车床各部分的油污，按规定加注润滑油，将拖板摇至规定的地方（对于短车床应将拖板摇至尾座一端，对于长车床应将拖板摇至车床导轨的中央），各转动手柄要放置在空挡位置，关闭电源后把车床周围的卫生打扫干净。

车 工

基础知识一 车削技术基础

一、车床的种类、型号、润滑与维护保养

1. 车床的种类

为满足车削加工的需要，根据不同回转表面需要，应选用不同型号的车床。车床按其结构不同可分为：仪表车床，落地及卧式车床，立式车床，回轮、转塔车床，曲轴及凸轮轴车床，仿形及多刀车床，轮、轴、锭、辊及铲齿车床，马鞍车床及单轴自动车床，多轴自动、半自动车床和数控车床等。此外还有很多专门化、专用车床等，如图 1-1-1 所示。

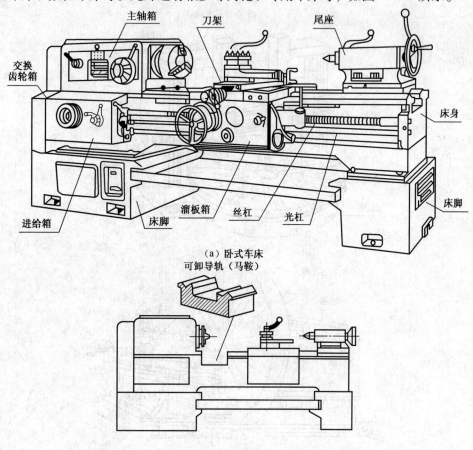

（a）卧式车床

（b）马鞍车床

图 1-1-1 常见车床

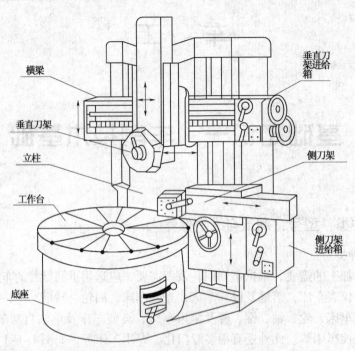

（c）单柱式车床

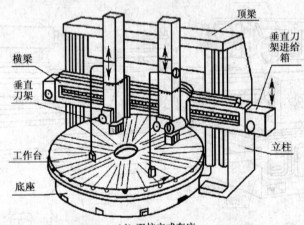

（d）双柱立式车床

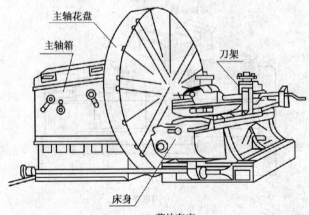

（e）落地车床

图1-1-1　常见车床（续）

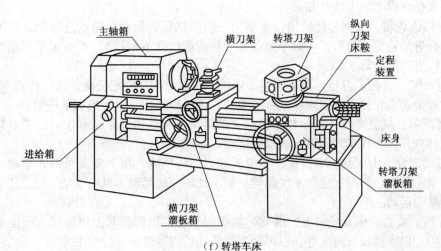

（f）转塔车床

图1-1-1 常见车床（续）

（1）卧式车床的主要结构

卧式车床在车床中使用最多，它适合于单件、小批量的轴类或盘类等工件的加工。了解车床各部件的名称与作用，对车床的操作与运用是大有必要的，是学习和掌握的重点。

CA6140型卧式车床是目前我国机械制造业中应用较为普遍的一种机型，其结构、性能和功用等方面很具有代表性。本书以CA6140型卧式车床为对象，介绍该车床主要组成部分的名称和作用。

CA6140型车床外型结构如图1-1-2所示。它的主要组成部分的名称和用途如下：

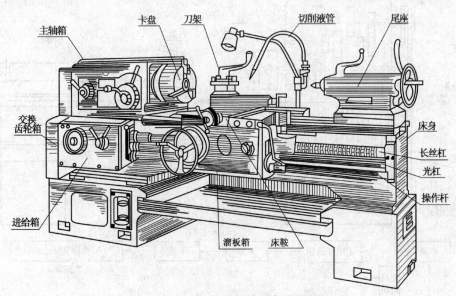

图1-1-2 CA6140型卧式车床外形图

① 床身，它是车床的大型基础部件，有两条精度要求很高的V形导轨和矩形导轨，主要用于支撑和连接车床的各个部件，并保证各部件在工作时有准确的相对位置。

② 主轴箱，又称床头箱，主要用于支撑主轴并带动工件做旋转运动。主轴箱内装有齿轮、轴等零件，以组成变速传动机构。变换主轴箱外的手柄位置，可使主轴获得多种转速，

9

并带动装夹在卡盘上的工件一起旋转。

③ 交换齿轮箱，又称为挂轮箱，主要用于将主轴箱的运动传递给进给箱。更换箱内的齿轮，配合进给箱变速机构，可以车削各种导程的螺纹（或蜗杆）；并可满足车削时对纵向和横向不同进给量的需求。

④ 进给箱，又称走刀箱，是进给传动系统的变速机构。它把交换齿轮箱传递来的运动，经过变速后传递给丝杠，以实现车削各种螺纹；传递给光杠，以实现机动进给。

⑤ 溜板箱，接受光杠（或丝杠）传递来的运动，操纵箱外手柄和按钮，通过快移机构驱动刀架部分，以实现车刀的纵向或横向运动。

⑥ 刀架部分，由床鞍、中滑板、小滑板和刀架等组成，用于装夹车刀并带动车刀做纵向运动、横向运动、斜向运动和曲线运动。沿工件轴向的运动为纵向运动，垂直于工件轴向的运动为横向运动。

⑦ 尾座，安装在床身导轨上，沿此导轨纵向移动，以调整其工作位置。尾座主要用来安装后顶尖，以支顶较长的工件；也可装夹钻头或铰刀等进行孔的加工。

⑧ 床脚，前后两个床脚分别与床身前后两端下部连为一体，用以支撑床身及安装床身上的各个部件。可以通过调整垫铁块把床身调整到水平状态，并用地脚螺栓把整台车床固定在工作场地上。

⑨ 冷却装置，它主要通过冷却泵将切削液加压后经冷却嘴喷射到切削区域。

（2）卧式车床的传动路线

为了把电动机的旋转运动转化为工件和车刀的运动，将所通过的一系列复杂的传动机构称为车床的传动路线。现以 CA6140 型车床为例，介绍卧式车床的传动路线。

CA6140 型卧式车床的传动系统如图 1-1-3 所示。

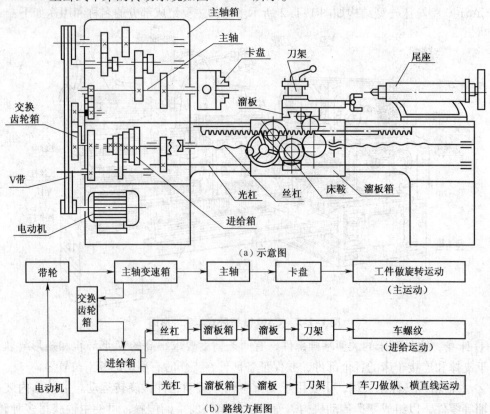

图 1-1-3　CA6140 型卧式车床的传动系统

　　电动机驱动 V 带轮，通过 V 带把运动输入到主轴箱，通过变速机构变速，使主轴得到各种不同的转速，再经卡盘（或夹具）带动工件旋转。

　　主轴箱把旋转运动输入到交换齿轮箱，再通过进给箱变速后由丝杠或光杠驱动溜板箱、溜板、刀架，从而控制车刀的运动轨迹完成各种表面的车削工作。

2. 车床的型号

　　机床型号是机床产品的代号，用以简明地表示机床的类别、结构特性等。我国目前实行的机床型号，是根据 GB/T15375—1994《金属切削机床型号编制方法》编制而成的。它由汉语拼音字母及阿拉伯数字组成。例如，CA6140 型车床型号中各代号的含义为：

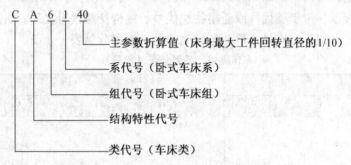

　　（1）机床类代号

　　机床按其工作原理划分为车床、钻床、镗床、磨床、齿轮加工机床、螺纹加工机床、铣床、刨插床、拉床、锯床和其他机床共 11 类。机床的类代号用大写的汉语拼音字母表示。机床的类代号见表 1-1-1。

表 1-1-1　　　　　　　　　　　　　机床的类代号

类别	车床	钻床	镗床	磨床			齿轮加工机床	螺纹加工机床	铣床	刨插床	拉床	锯床	其他机床
代号	C	Z	T	M	2M	3M	Y	S	X	B	L	G	Q
读音	车	钻	镗	磨	二磨	三磨	牙	丝	铣	刨	拉	割	其

　　（2）机床特性代号

　　机床的特性代号包括通用特性代号和结构特性代号，均用大写的汉语拼音字母表示，位于类代号之后。

　　① 通用特性代号

　　通用特性代号有统一的固定含义，它在各类机床的型号中，表示的意义相同。当某类型机床除有普通型外，还有下列某种通用特性时，则在类代号之后加通用特性代号予以区分。机床的通用特性代号见表 1-1-2。

表 1-1-2　　　　　　　　　　　　机床的通用特性代号

通用特性	高精度	精密	自动	半自动	数控	加工中心（自动换刀）	仿形	轻型	加重型	简式或经济型	柔性加工单元	数显	高速
代号	G	M	Z	B	K	H	F	Q	C	J	R	X	S
读音	高	密	自	半	控	换	仿	轻	重	简	柔	显	速

② 结构特性代号

对主参数值相同而结构、性能不同的机床，在型号中加结构代号予以区分。结构特性代号与通用特性代号不同，它在型号中没有统一的含义，只在同类机床中起区分机床结构、性能不同的作用。当型号中有通用特性代号时，结构特性代号应排在通用特性代号之后。结构特性代号用汉语拼音字母（通用特性代号已用的字母和"I"、"O"两个字母不能用）表示，当单个字母不够用时，可将两个字母组合起来使用，如 AD、AE、DA、EA 等。

（3）机床组、系代号

国家标准规定，将每类机床划分为 10 个组，每个组又划分为 10 个系。机床的组代号用一位阿拉伯数字表示，位于类代号或通用特性代号、结构特性代号之后。机床的系代号用一位阿拉伯数字表示，位于组代号之后。车床类的组、系划分见表 1-1-3。

表 1-1-3　　　　　　　　车床类组、系划分表（部分）

组		系	
代号	名称	代号	名称
5	立式车床	0	—
		1	单柱立式车床
		2	双柱立式车床
		3	单柱移动立式车床
		4	双柱移动立式车床
		5	工作台移动单柱立式车床
		6	
		7	定梁单柱立式车床
		8	定梁双柱立式车床
		9	
6	落地及卧式车床	0	落地车床
		1	卧式车床
		2	马鞍车床
		3	轴车床
		4	卡盘车床
		5	球面车床
		6	—
		7	—

（4）机床主参数和主轴数

机床的主参数代表机床规格的大小，常用折算值（主参数乘以折算系数）表示，位于系代号之后。车床主参数及折算系数见表 1-1-4。

表 1-1-4　　　　　　　　常用车床主参数及折算系数

车　床	主参数及折算系数		第二主参数
	主参数	折算系数	
多轴自动车床	最大棒料直径	1	轴数
回轮车床	最大棒料直径	1	
转塔车床	最大车削直径	1/10	

续表

车 床	主参数及折算系数		第二主参数
	主参数	折算系数	
单柱及双柱立式车床	最大车削直径	1/100	
卧式车床	床身上最大回转直径	1/10	最大工件长度
铲齿车床	最大工件直径	1/10	最大模数

对于多轴车床等机床，其主轴数应以实际数值列入型号，置于主参数之后，用"×"分开。

（5）机床重大改进顺序号

当对机床的结构、性能有更高的要求，并需按新产品重新设计、试制和鉴定时，才按改进的先后顺序选用 A、B、C 等汉语拼音字母（但"I"、"O"两个字母不得选用），加在型号基本部分尾部，以区别原机床型号。如 CA6140A 型是 CA6140 型车床经过第一次重大改进后的车床。

3. 车床的润滑与维护保养

（1）车床的润滑方式

为了保证车床的正常运转和延长其使用寿命，应注意车床的日常维护保养。

车床摩擦部分必须进行润滑。车床各部位采用的润滑方式见表 1-1-5。

表 1-1-5　　　　　　　　　　车床的润滑方式

润滑方式	说 明	图 例
浇油润滑	常用于外露的润滑表面，如床身导轨面和溜板导轨面以及光杠、丝杠后轴承的润滑	—
溅油润滑	常用于密封的箱体中。如车床主轴箱中的传动齿轮将箱底的润滑油溅射到箱体上部的油槽中，然后经槽内油孔流到各个润滑点进行润滑	—
油绳导油润滑	常用于进给箱和溜板箱的油池中。利用毛线既易吸油又易渗油的特性，通过毛线把油引入润滑点，间断地滴油润滑	毛线

续表

润滑方式	说　明	图　例
弹子油杯注油润滑	常用于尾座、中滑板摇手柄及光杠、丝杠、操纵杆支架的轴承处。定期地用油枪端头油嘴压下油杯的弹子，将油注入。油嘴撤去，弹子复位，封住油口	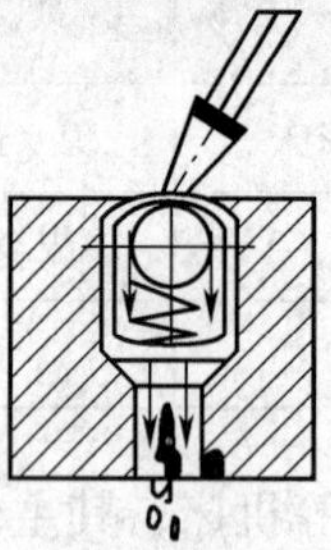
黄油润滑	常用于挂轮箱、挂轮架的中间轴或不便经常润滑处。事先在黄油杯中装满钙基润滑脂，需要润滑时，拧进油杯盖，则杯中的油脂就被挤压到润滑点中去	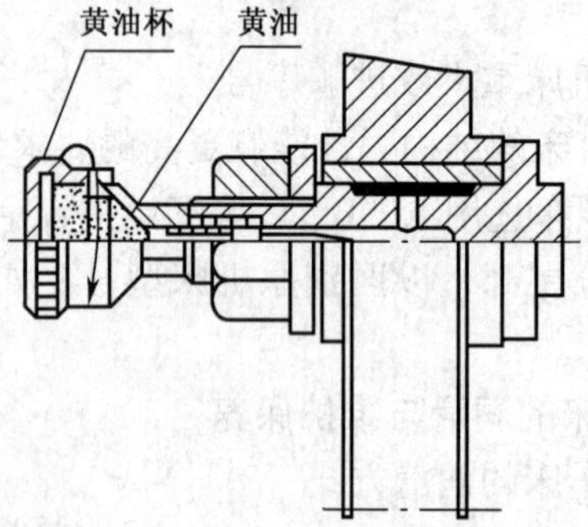
油泵输油润滑	常用于转速高、需要大量润滑油连续强制润滑的机构。如主轴箱内许多润滑点就是采用这种方式的	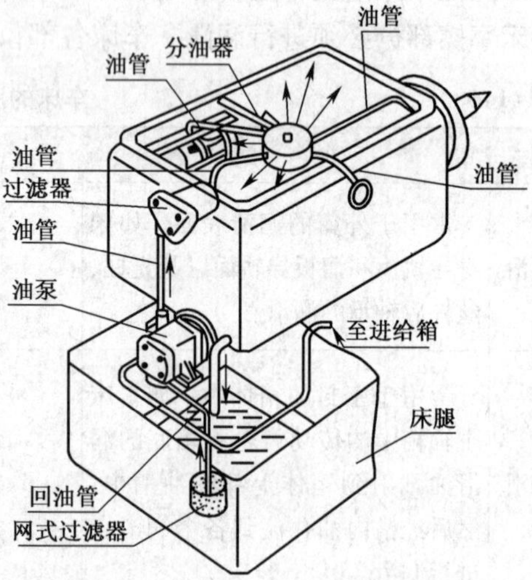

（2）车床的润滑要求

　图1-1-4所示为CA6140型车床润滑系统润滑点的位置示意图。润滑部位用数字标出，图中除所注②处的润滑部位是用2号钙基润滑脂进行了润滑外，其余各部位都用30号机油润滑。换油时，应先将废油放尽，然后用煤油把箱体内冲洗干净，再注入新机油，注油时应用网过滤，且油面不得低于油标中心线。

　车床润滑的要求及具体说明如下：

　①"30"表示30号机油，"⊖"表示其分子数字表示润滑类别，其分母表示两班制工作时换（添）油间隔的天数。如"30/7"表示油类号为30号机油，两班制换（添）油间隔天数为7天。

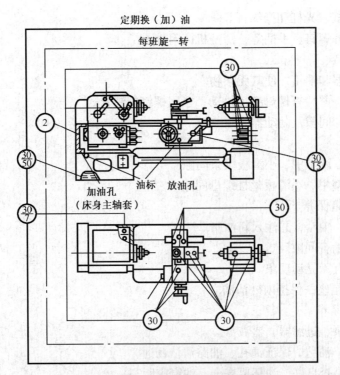

图 1-1-4 CA6140 型车床润滑系统

② 主轴箱的零件用油泵循环润滑或飞溅润滑。箱内润滑油一般 3 个月更换一次。主轴箱体上有一个油标，当发现油标内无油输出时，说明油泵输油系统出现故障，应立即停车检查断油的原因，待修复后才能开动车床。

③ 进给箱内的齿轮和轴承，除了用齿轮飞溅润滑外，在进给箱上部还有油绳导油润滑的储油槽，每班应给储油槽加油一次。

④ 交换齿轮箱中间齿轮轴轴承是黄油杯润滑，每班一次。7 天加一次钙基脂。

⑤ 尾座和中、小滑板手柄及光杠、丝杠、刀架等转动部位靠弹子油杯润滑，每班润滑一次。光杠、长丝杠后轴承的润滑如图 1-1-5 所示。

此外，床身导轨、滑板导轨在工作前后都应擦净，用油枪加油。

（3）车床的常规保养方法

车床保养得好坏，直接影响零件的加工质量和生产效率。为了保证车床的工作精度和延长使用寿命，必须对车床进行合理的保养。主要内容有清洁、润滑和进行必要的调整。

当车床运转 500h 以后，需进行一级保养。保养工作以操作工人为主，维修工人配合进行。

保养时，必须首先切断电源，然后进行工作，具体保养内容和要求如下。

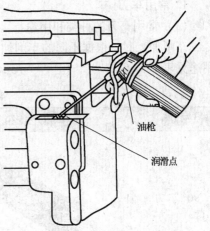

图 1-1-5 光杠、长丝杠后轴承的润滑

① 外保养

a. 清洗机床外表及各罩盖，要求内外清洁，无锈蚀、无油污。

b. 清洗长丝杠、光杠和操纵杆。

c. 检查并补齐螺钉、手柄等，清洗机床附件。

② 主轴箱保养

a. 清洗滤油器和油箱，使其无杂物。

b. 检查主轴，并检查螺母有无松动；紧固螺钉应锁紧。

c. 调整摩擦片间隙及制动器。

③ 溜板保养

a. 清洗刀架，调整中、小滑板镶条间隙。

b. 清洗并调整中、小滑板丝杠螺母间隙。

④ 交换齿轮箱保养

a. 清洗齿轮、轴套，并注入新油脂。

b. 调整齿轮啮合间隙。

c. 检查轴套有无晃动现象。

⑤ 尾座清洗尾座，保持内外清洁

⑥ 润滑系统保养

a. 清洗冷却泵、过滤器、盛液盘。

b. 清洗油绳、油毡，保证油孔、油路清洁畅通。

c. 检查油质是否良好，油杯要齐全，油窗应明亮。

⑦ 电器部分保养

a. 清扫电动机、电器箱。

b. 电器装置应固定，并清洁整齐。

二、车刀

车刀是车削加工中必不可少的刀具，了解和熟悉车刀组成、几何角度，合理地选用和正确地刃磨车刀，是车工必须掌握的关键技术之一，对保证加工质量、提高生产效率有极大的影响。

1. 常用车刀

（1）常用车刀的种类和用途

车削加工时，根据不同的车削加工要求，需选用不同种类的车刀。常用车刀的种类及其用途见表 1-1-6。

表 1-1-6　　　　　　　　　常用车刀的种类和用途

车刀种类	车刀外形图	用　途	车削示意图
90°车刀（偏刀）		车削工件的外圆、台阶和端面	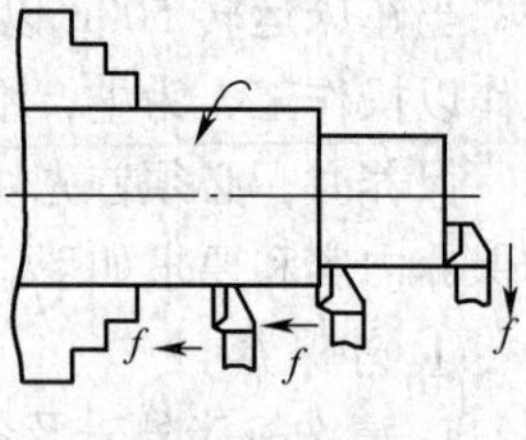

续表

车刀种类	车刀外形图	用　途	车削示意图
75°车刀	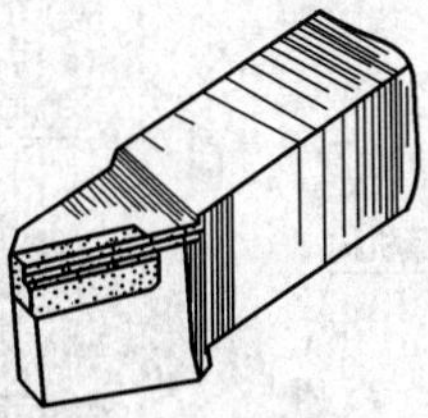	车削工件的外圆和端面	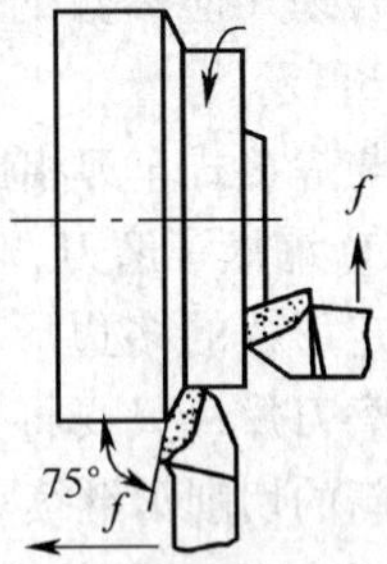
45°车刀（弯头车刀）		车削工件的外圆、端面和倒角	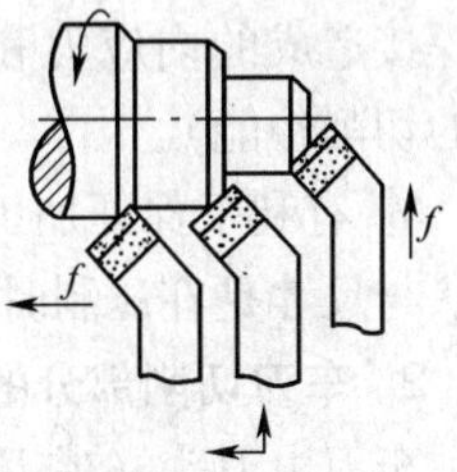
切断刀	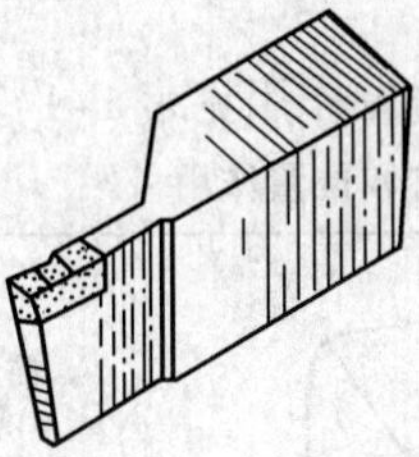	切断工件或在工件上车槽	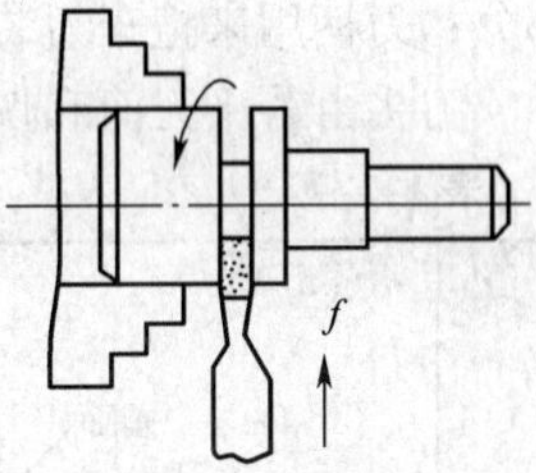
内孔车刀	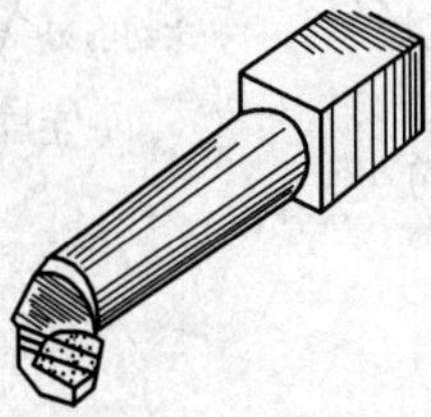	车削工件的内孔	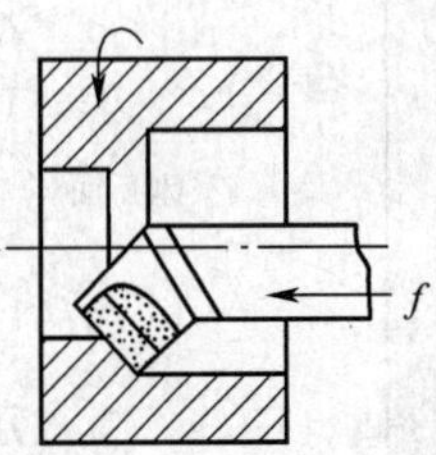
圆头车刀	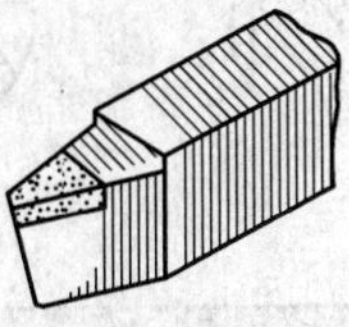	车削工件的圆弧面或成形面	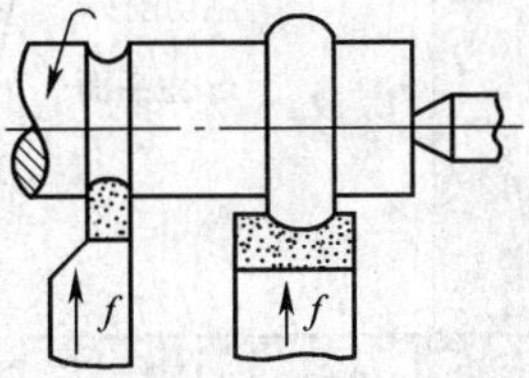
螺纹车刀	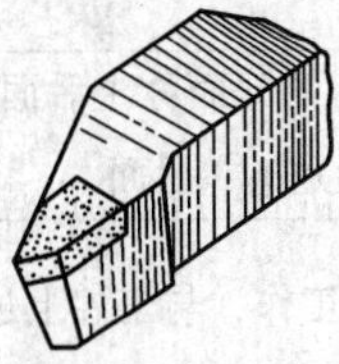	车削螺纹	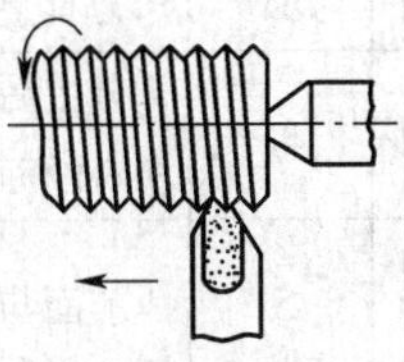

（2）硬质合金可转位车刀

硬质合金车刀是随着切削加工发展起来的一种新型高效刀具。它是把压制有几个切削刃并有合理几何参数的刀片用机械夹固的方式装夹在刀柄（或刀体）上的一种刀具，如图1-1-6所示。

与焊接式车刀相比，具有以下特点。

① 缩短了磨刀、换刀的辅助时间（刀片呈一定形状的多边形，当切削刃磨损后，不必重磨刀片，只要将刀片转过一个角度，即可用新的切削刃继续车削）。

② 使用寿命高（刀片不经过焊接，避免了焊接造成的内应力和裂纹，充分发挥了刀具的切削性能）。

③ 有利于保证加工质量（刀具的各相关形状与尺寸是在压制时就成形的，且尺寸稳定、断屑可靠）。

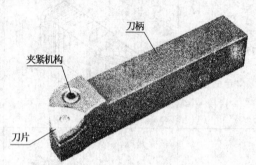

图1-1-6　硬质合金可转位车刀

2. 车刀切削部分的几何要素

车刀由刀头（或刀片）和刀柄两部分组成。刀头担负切削工件的工作，故又称为切削部分；刀柄用来把车刀装夹在刀架上。

刀头由若干刀面和切削刃组成，其结构名称与位置作用见表1-1-7。

表1-1-7　　　　　　　　　车刀刀头结构与刀面的名称和位置作用

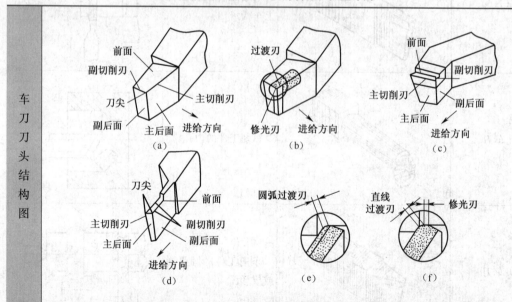

名称	代号	位置及作用
前面	A_r	刀具上切屑流过的表面，也称前刀面
后面	A_a	分主后面和副后面。与工件上过渡表面相对的刀面称主后面 A_a；与工件上已加工表面相对的面称副后面 A_a'。后面又称后刀面，一般是指主后面
主切削刃	S	前面与主后面的交线。它担负着主要的切削工作，与工件上过渡表面相切

续表

名称	代号	位置及作用
副切削刃	S'	前面与副后面的交线，它配合主切削刃完成少量的切削工作
刀尖		主切削刃和副切削刃交会的一小段切削刃。为了提高刀尖强度和延长车刀寿命，多半刀头磨成圆弧或直线形过渡刃，如表 1-1-7 中图（e）、图（f）所示
修光刃		副切削刃上，近刀尖处一小段平直的切削刃［见表 1-1-7 中图（f）］，它在切削时起修光已加工表面的作用。装刀时必须使修光刃与进给方向平行，且修光刃的长度必须大于进给量才能起到修光作用

3. 测量车刀角度的 3 个基准坐标平面

为了测量车刀的角度，通常假想 3 个基准坐标平面，即基面、切削平面和正交平面，见表 1-1-8。

表 1-1-8   测量车刀的 3 个坐标平面

名称	代号	定 义	图 示
基面	P_r	通过切削刃上某一选定点，垂直于该点主运动方向的平面称为基面。对于车削而言，基面一般是水平面	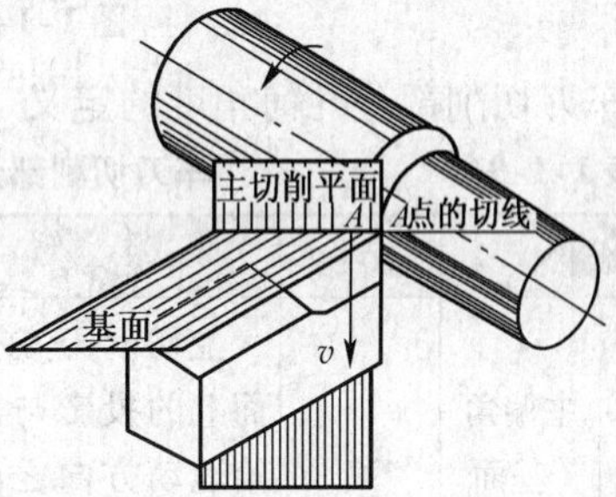
切削平面	P_s	通过切削刃上某一选定点，与切削刃相切并垂直于基面的平面称为切削平面。 选定点在主切削刃上的为主切削平面 P_s；选定点在副切削刃上的为副切削平面 P'_s。切削平面一般是指主切削平面。对于车削而言，切削平面是铅垂面 切削平面与基面始终是相互垂直的	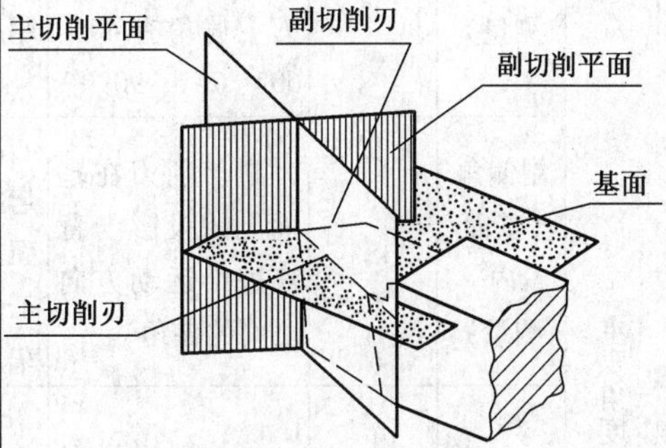
正交平面	P_o	通过切削刃上某一选定点，并同时垂直于基面和切削平面的平面称为正交平面。 通过主切削刃上 P 点的正交平面为主正交平面 P_o。通过副切削刃上 P' 点的正交平面为副正交平面 P'_o。正交平面一般是指主正交平面。对于车削而言，正交平面是铅垂面	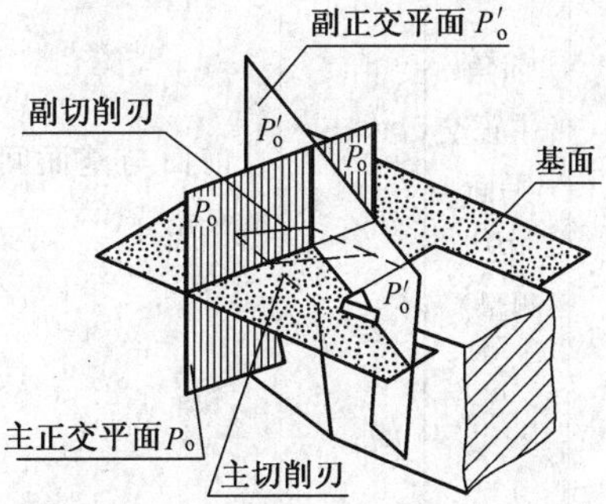

4. 车刀切削部分的几何角度

车刀切削部分共有 6 个独立的基本角度，它们是：主偏角、副偏角、前角、主后角、副后角和刃倾角；还有两个派生角度：刀尖角和楔角，如图 1-1-7 所示。

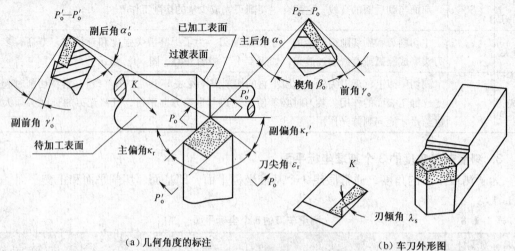

（a）几何角度的标注　　　　　　　　　　　　　（b）车刀外形图

图 1-1-7　车刀切削部分主要几何角度

车刀切削部分几何角度的定义、作用与初步选择见表 1-1-9。

表 1-1-9　　　　　　　　车刀切削部分几何角度的定义、作用与初步选择

名称		代号	定义	作用	初步选择
主要角度	主偏角（基面内测量）	κ_r	主切削刃在基面上的投影与进给运动方向之间的夹角。常用车刀主偏角有 45°、60°、75°、90° 等	改变主切削刃的受力及导热能力，影响切屑的厚度	① 选择主偏角时应重点考虑工件的形状和刚性。刚性差应选用大的主偏角，反之，则选用较小的主偏角 ② 加工阶台轴类的工件，主偏角选用时应大于 90°
	副偏角（基面内测量）	κ_r'	副切削刃在基面上的投影与背离进给运动方向之间的夹角	减少副切削刃与工件已加工表面的摩擦，影响工件表面质量及车刀强度	粗车时副偏角选稍大些，精车时副偏角选稍小些。一般情况下副偏角取 6°~8°
	前角（主正交平面内测量）	γ_o	前面与基面间的夹角	影响刃口的锋利程度和强度，影响切削变形和切削力	只要刀体强度允许，尽量选用较大的前角。具体选择时要综合考虑工件材料、刀具材料、加工性质等因素 ① 车塑性材料或硬度较低的材料，可取较大的前角；车脆性材料或硬度较高的材料则取较小的前角 ② 粗加工时取较小的前角，精加工时取较大的前角 ③ 车刀材料的强度、韧性较差时，前角应取较小值，反之可取较大值

名称		代号	定义	作用	初步选择
主要角度	主后角（主正交平面内测量）	α_o	主后面与主切削平面间的夹角	减少车刀主后面与工件过渡表面间的摩擦	① 粗加工时应取小的后角；精加工时应取较大的后角 ② 工件材料较硬，取较小的后角；反之取较大后角 车刀后角一般选择 $\alpha_o = 4° \sim 12°$ 如车削中碳钢工件，用高速钢车刀时：粗车取 $\alpha_o = 6° \sim 8°$，精车取 $\alpha_o = 8° \sim 12°$；用硬质合金车刀时，粗车取 $\alpha_o = 5° \sim 7°$，精车取 $\alpha_o = 6° \sim 9°$
	副后角（副正交平面内测量）	α_o'	副后面与副切削平面间的夹角	减少车刀副后面与工件已加工表面的摩擦	① 副后角一般磨成与主后角大小相等 ② 在切断等特殊情况下，为了保证刀具强度，副后角应取小值，为 $1° \sim 2°$
	刃倾角（主切削平面内测量）	λ_s	主切削刃与基面间的夹角	控制排屑方向。当刃倾角为负值时可增加刀头强度，并在车刀受冲击时保护刀尖	见表 1-1-11 中的适应场合
派生角度	刀尖角（基面内测量）	ε_r	主、副切削刃在基面上的投影间的夹角	影响刀尖强度和散热性能	刀尖角可用下式计算： $\varepsilon_r = 180° - (\kappa_r + \kappa_r')$
	楔角（主正交平面内测量）	β_o	前面与后面间的夹角	影响刀头截面的大小，从而影响刀头的强度	楔角可用下式计算： $\beta = 90° - (\gamma_o + \alpha_o)$

在车刀切削部分的几何角度中，主偏角与副偏角没有正负值规定，但前角、后角和刃倾角都有正负值规定：车刀前角和后角分别有正值、零度、负值 3 种情况，见表 1-1-10。

表 1-1-10   车刀前角、后角的正负值规定

角度值		正 值	零 度	负 值
前角	图示	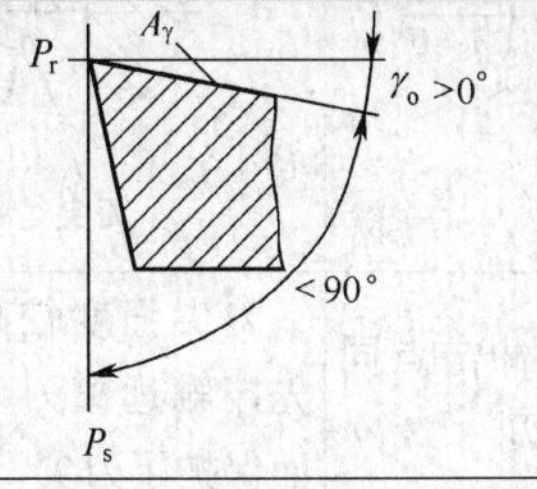	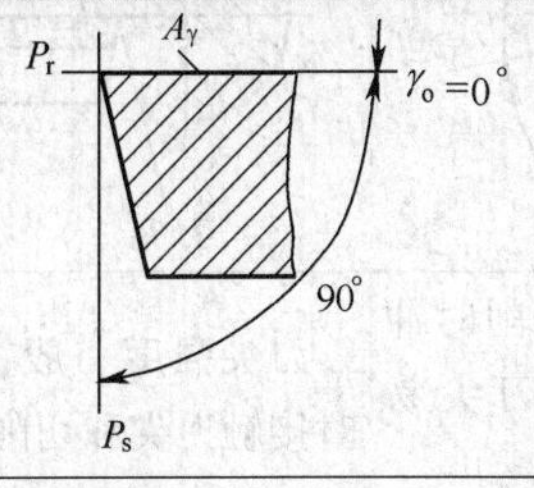	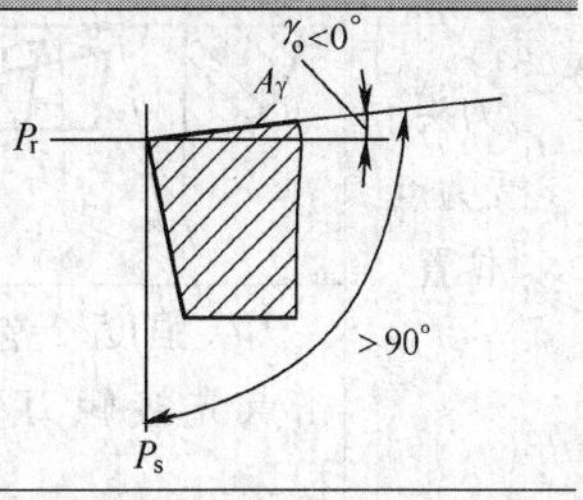
	正负值规定	前面与切削平面间的夹角小于90°时	前面与切削平面间的夹角等于90°时	前面与切削平面间的夹解大于90°时

续表

角度值		正　值	零　度	负　值
后角	图示	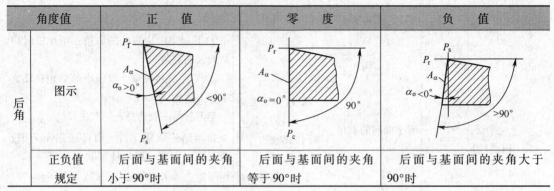		
	正负值规定	后面与基面间的夹角小于90°时	后面与基面间的夹角等于90°时	后面与基面间的夹角大于90°时

车刀刃倾角的正负值规定：车刀刃倾角有正值、零度和负值3种情况，其排出切屑情况、刀尖强度和冲击点先接触车刀的位置见表1-1-11。

表1-1-11　　　　　　　　车刀刃倾角的正负值规定

项目内容	图示与说明		
	正值	零度	负值
正负值规定	刀尖位于主切削刃最高点	主切削刃和基面平行	刀尖位于主切削刃最低点
排屑方向	切屑向待加工表面方向排出	切屑向垂直于主切削刃方向排出	切屑向已加工表面方向排出
刀头受力点位置	刀尖强度较差，车削时冲击点先接触刀尖，刀尖易损坏	刀尖强度一般，冲击点同时接触刀尖和切削刃	刀尖强度较高，车削时冲击点先接触远离刀尖的切削刃处，从而保护了刀尖
适用场合	精车时，应取正值，一般为0°～8°	工件圆整、余量均匀的一般车削时，应取0值	断续切削时，为了增加刀头强度应取负值，一般-15°～-5°

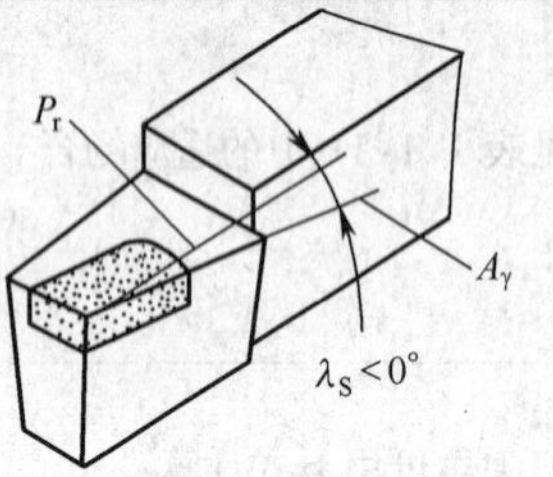

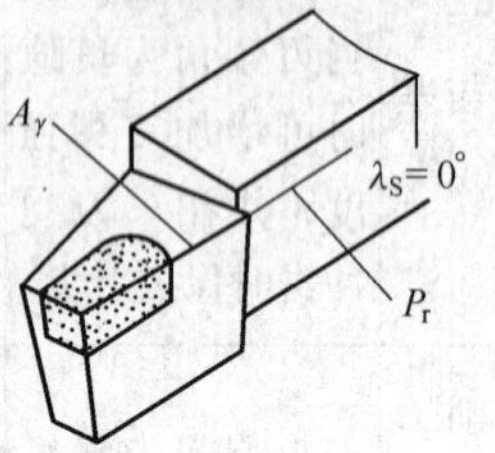

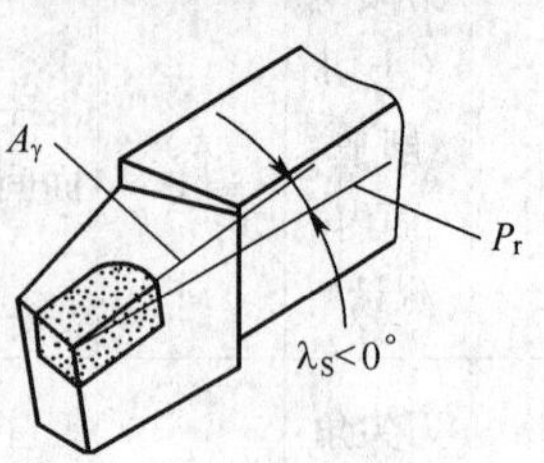

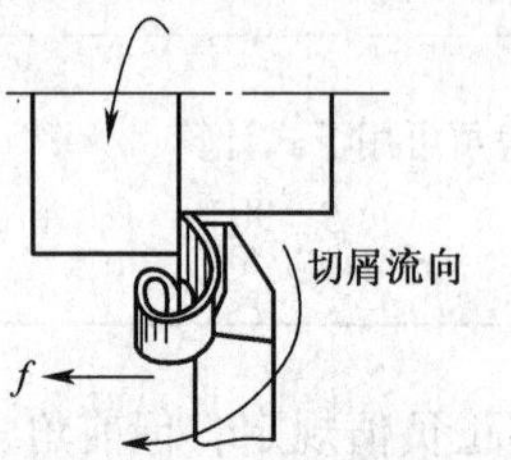

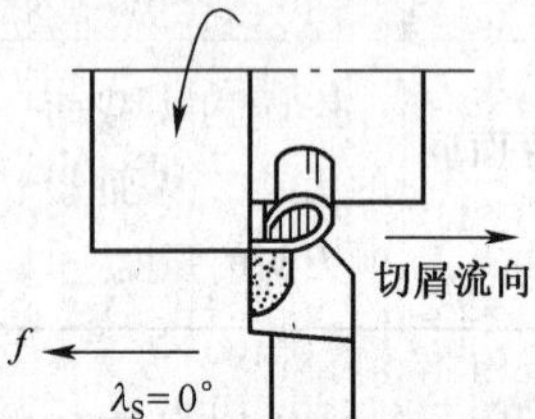

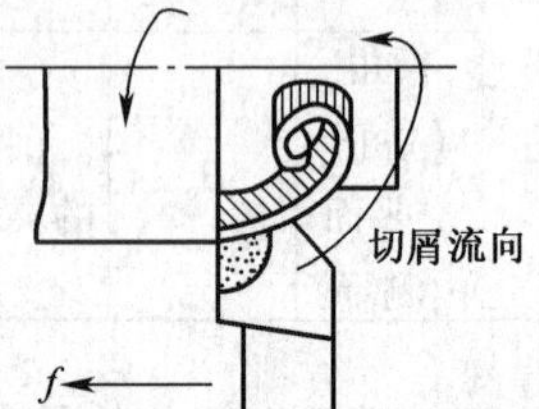

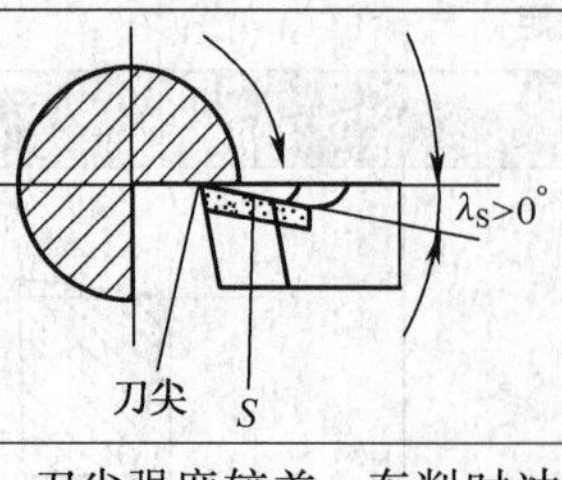

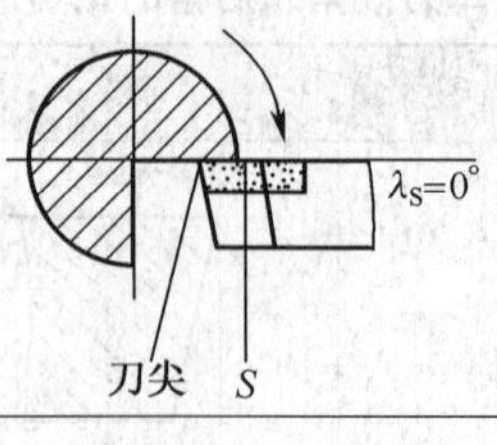

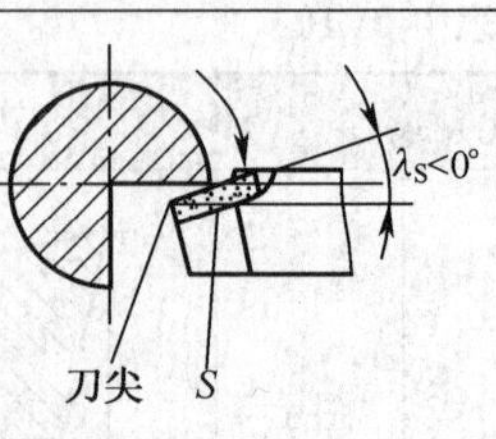

5. 刀具材料

（1）车刀切削部分应具备的基本性能

车刀切削部分在很高的温度下工作，经受连续强烈的摩擦，并承受很大的切削力和冲击力，所以车刀切削部分的材料必须具备下列基本性能：

① 较高的硬度；

② 较高的耐磨性；

③ 足够的强度和韧性；

④ 较高的耐热性；

⑤ 较好的导热性；

⑥ 良好的工艺性和经济性。

（2）车刀切削部分的常用材料

目前，车刀切削部分常用的材料有高速钢和硬质合金两大类。

① 高速钢

高速钢是含钨 W、钼 Mo、铬 Cr、钒 V 等合金元素较多的工具钢。普通高速钢热处理后硬度为 HRC62～66，可耐 600℃左右的高温。高速钢刀具制造简单，刃磨方便，容易通过刃磨得到锋利的刀口，而且韧性较好，常用于承受冲击力较大的场合。高速钢特别适用于制造各种结构复杂的成形刀具和孔加工刀具，例如，成形车刀、螺纹车刀、钻头和铰刀等。高速钢的耐热性较差，因此不能用于高速车削。

高速钢的类别、常用牌号、性质及应用见表 1-1-12。

表 1-1-12　　　　　　　　高速钢的类别、常用牌号、性质及应用

类别	常用牌号	性　质	应　用
钨系	W18Cr4V （18-4-1）	性能稳定，刃磨及热处理工艺控制较方便	金属钨的价格较高，国外已很少采用，目前国内使用普遍，以后将逐渐减少
钨钼系	W6Mo5Cr4V2 （6-5-4-2）	最初是国外为解决钨而研制出以取代 W18Cr4V 的高速钢（以 1% 的钼取代 2% 的钨）。其高温塑性与韧性都超过 W18Cr4V，而其切削性能却大致相同	主要用于制造热孔工具，如麻花钻等
	W9Mo3Cr4V （9-3-4-1）	根据我国资源的实际情况而研制的刀具材料，其强度与韧性都比 W6Mo5Cr4V2 好，高温塑性和切削性能良好	使用将逐渐增多

② 硬质合金

硬质合金是用钨和钛的碳化物粉末加钴作为黏结剂，高压压制成形后再经高温烧结而成的粉末冶金制品。硬度、耐磨性和耐热性均高于高速钢。常温硬度达 HRA89～94，耐热性达 800～1000℃。切削钢时，切削速度可达 220m/min 左右。硬质合金的缺点是韧性较差，承受不了大的冲击力。硬质合金是目前应用最广泛的一种刀具材料。

切削用硬质合金按使用领域的不同，可分为 6 类，分别以字母 P、M、K、N、S、H 表示。

切削用硬质合金的组别、基本成分、作业条件及性能（GB/T 18376.1—2008）见表1-1-13。

表 1-1-13　　　　切削用硬质合金的组别、基本成分、作业条件及性能

组别	基本成分	作业条件		性能提高方向	
		被加工材料	适用的加工条件	切削性能	合金性能
P01	以 TiC、WC 为基，以 Co（Ni + Mo、Ni + Co）作黏结剂的合金/涂层合金	钢、铸钢	高切削速度、小切屑截面，无振动条件下精车、精镗		
P10		钢、铸钢	高切削速度，中、小切屑截面条件下的车削、仿形车削、车螺纹和铣销		
P20		钢、铸钢、长切屑可锻铸铁	中等切削速度、中等切屑截面条件下的车削、仿形车削和铣削、小切屑截面的刨削	↑切削速度 — ← 进给量 ↓	↑耐磨性 — ← 韧性 ↓
P30		钢、铸钢、长切屑可锻铸铁	中或低等切削速度、中等或大切屑截面条件下的车削、铣削、刨削和不利条件下[①]的加工		
P40		钢、含砂眼和气孔的铸钢件	低切削速度、大切削角、大切屑截面以及不利条件下[①]的车、刨削、切槽和自动机床上加工		
M01	以 WC 为基，Co 作黏结剂，添加少量 TiC（TaC、NbC）的合金/涂层合金	不锈钢、铁素体钢、铸钢	高切削速度、小载荷、无振动条件下精车、精镗		
M10		不锈钢、铸钢、锰钢、合金钢、合金铸铁、可煅铸铁	中或高等切削速度，中、小切屑截面条件下的车削		
M20		不锈钢、铸钢、锰钢、合金钢、合金铸铁、可锻铸铁	中等切削速度、中等切屑截面条件下的车削、铣削	↑切削速度 — ← 进给量 ↓	↑耐磨性 — ← 韧性 ↓
M30		不锈钢、铸钢、锰钢、合金钢、合金铸铁、可锻铸铁	中和高等切削速度、中等或大切屑截面条件下的车削、铣削、刨削		
M40		不锈钢、铸钢、锰钢、合金钢、合金铸铁、可锻铸铁	车削、切断、强力铣削加工		

续表

组别	基本成分	作业条件		性能提高方向	
		被加工材料	适用的加工条件	切削性能	合金性能
K01	以 WC 为基,以 Co 作黏结剂,或添加少量 TaC、NbC 的合金/涂层合金	铸铁、冷硬铸铁、短切屑的可锻铸铁	车削、精车、铣削、刮削、镗削	↑切削速度 — ｜进给量↓	↑耐磨性 — ｜韧性↓
K10		布氏硬度高于220的灰口铸铁、短切屑的可锻铸铁	车削、铣削、镗削、刮削、拉削		
K20		布氏硬度低于220的灰口铸铁、短切屑的可锻铸铁	用于中等切削速度条件下、轻载荷粗加工、半精加工的车削、铣削、镗削等		
K30		铸铁、短切屑的可锻铸铁	用于在不利条件下①可能采用大切削角的车削、铣削、刨削、切槽加工,对刀片的韧性有一定要求		
K40		铸铁、短切屑的可锻铸铁	用于在不利条件下①的粗加工,采用较低的切削速度,大的进给量		
N01	以 WC 为基,以 Co 作黏结剂,或添加少量 TaC、NbC 或 CrC 的合金/涂层合金	有色金属、塑料、木材、玻璃	高切削速度下,有色金属铝、铜、镁、塑料、木材等非金属材料的精加工	↑切削速度 — ｜进给量↓	↑耐磨性 — ｜韧性↓
N10			较高切削速度下,有色金属铝、铜、镁、塑料、木材等非金属材料的精加工或半精加工		
N20		有色金属、塑料	中等切削速度下,有色金属铝、铜、镁、塑料等的半精加工或粗加工		
N30			中等切削速度下,有色金属铝、铜、镁、塑料等的粗加工		

续表

组别	基本成分	作业条件		性能提高方向	
		被加工材料	适用的加工条件	切削性能	合金性能
S01	以 WC 为基，以 Co 作黏结剂，或添加少量 TaC、NbC 或 TiC 的合金/涂层合金	耐热和优质合金：含镍、钴、钛的各类合金材料	中等切削速度下，耐热钢和钛合金的精加工	↑切削速度｜ ｜进给量↓	↑耐磨性｜ ｜韧性↓
S10			低等切削速度下，耐热钢和钛合金的半精加工或粗加工		
S20			较低切削速度下，耐热钢和钛合金的半精加工或粗加工		
S30			较低切削速度下，耐热钢和钛合金的断续切削，适于半精加工或粗加工		
H01	以 WC 为基，以 Co 作黏结剂，或添加少量 TaC、NbC 或 TiC 的合金/涂层合金	淬硬钢、冷硬铸铁	低切削速度下，淬硬钢、冷硬铸铁的连续轻载精加工	↑切削速度↓ ｜进给量↓	↑耐磨性｜ ｜韧性↓
H10			低切削速度下，淬硬钢、冷硬铸铁的连续轻载精加工、半精加工		
H20			较低切削速度下、淬硬钢、冷硬铸铁的连续轻载半精加工、粗加工		
H30			较低切削速度下，淬硬钢、冷硬铸铁的半精加工、粗加工		

注：①不利条件系指原材料或铸造、锻造的零件表面硬度不匀、加工时的切削深度不匀，间断切削以及振动等情况。

三、切削用量

1. 车削运动

车削工件时，为了切除多余的金属，必须使工件和车刀产生相对的车削运动。按其作用划分，车削运动可分为主运动和进给运动两种。如图 1-1-8 所示。

（1）主运动

车床的主要运动，它消耗车床的主要动力。车削时工件的旋转运动是主运动。通常，主运动的速度较高。

（2）进给运动

使工件的多余材料不断被去除的切削运动。如车外圆时的纵向进给运动，车端面时的横向进给运动等，如图1-1-9所示。

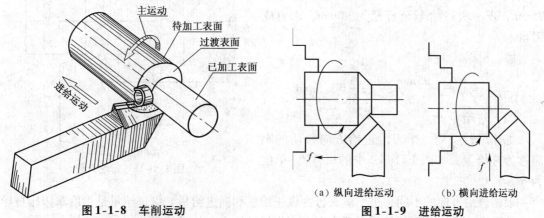

图1-1-8　车削运动　　　　　　　图1-1-9　进给运动

（a）纵向进给运动　　　　（b）横向进给运动

2. 车削时工件上形成的表面

工件在车削加工时有3个不断变化的表面，它们是已加工表面、过渡表面与待加工表面，如图1-1-10所示。

① 已加工表面，是工件上经车刀车削多余金属后产生的新表面。

② 过渡表面，是工件上由切削刃正在形成的那部分表面。

③ 待加工表面，是工件上有待切除的表面，它可能是毛坯表面或加工过的表面。

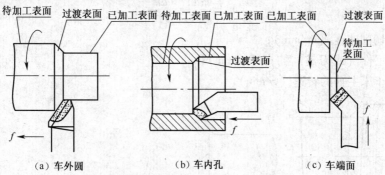

（a）车外圆　　　　　　　（b）车内孔　　　　　　（c）车端面

图1-1-10　车削时工件上形成的三个表面

3. 切削用量三要素

切削用量是表示主运动及进给运动大小的参数，是背吃刀量、进给量和切削速度三者的总称，故又把这三者称为切削用量三要素。

（1）背吃刀量 a_p

工件上已加工表面和待加工表面间的垂直距离称为背吃刀量，用符号 a_p 表示。如图1-1-11所示。

背吃刀量是每次进给时车刀切入工件的深度，故又称为切削深度。车外圆时，背吃刀量可用下式计算：

$$a_p = \frac{d_w - d_m}{2} \tag{1-1-1}$$

27

式中，a_p—— 背吃量（mm）；

d_w—— 工件待加工表面直径（mm）；

d_m—— 工件已加工表面直径（mm）。

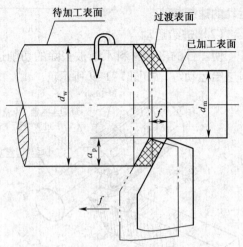

图 1-1-11 背吃刀量

【**例1-1-1**】已知工件待加工表面直径为95mm，现一次进给车至直径为90mm，求背吃刀量。

解：根据式 1-1-1

$$a_p = \frac{d_w - d_m}{2} = \frac{95mm - 90mm}{2} = 2.5mm$$

（2）进给量 f

工件每转一周，车刀沿进给方向移动的距离称为进给量，如图 1-1-12 中的尺寸 f，单位为 mm/r。

根据进给方向的不同，进给量又分为纵进给量和横进给量，纵进给量是指沿车床床身导轨方向的进给量，横进给量是指垂直于车床床身导轨方向的进给量。

（3）切削速度 v_c

车削时，刀具切削刃上某一选定点相对于待加工表面在主运动方向的瞬时速度，称为切削速度。切削速度也可以理解为车刀在 1min 内车削工件表面的理论展开直线长度（假定切屑没有变形或收缩），如图 1-1-13 所示，单位为 m/min。

切削速度可用下式计算：

$$v_c = \frac{\pi d n}{1000} \approx \frac{d n}{318} \qquad (1-1-2)$$

式中，v_c——切削速度（m/min）；

d——工件（或刀具）的直径（mm）；

n——车床主轴的转速（r/min）。

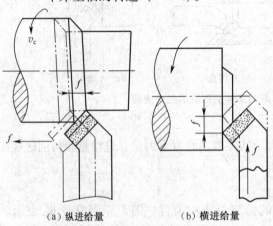

（a）纵进给量 （b）横进给量

图 1-1-12 纵、横进给量

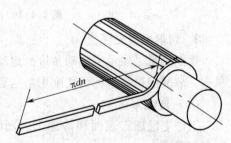

图 1-1-13 切削速度示意图

【**例1-1-2**】车削直径为 60mm 的工件的外圆，选定的车床主轴的转速为 600r/min，求切削速度。

解：根据式 1-1-2

$$v_c = \frac{\pi dn}{1000} = \frac{3.14 \times 60 \times 600}{1000} \text{m/min}$$
$$= 113\text{m/min}$$

在实际生产中，往往是已知工件直径，根据工件材料、刀具材料和加工要求等因素选定切削速度，再将切削速度换算成车床主轴转速，以便调整车床，这时可把式1-1-2改写成：

$$n = \frac{1000v_c}{\pi d} \approx \frac{318v_c}{d} \tag{1-1-3}$$

【例1-1-3】 在CA6140型车床上车削ϕ260mm的带轮外圆，选择切削速度为90m/min，求主轴转速。

解：根据式1-1-3

$$n = \frac{1000v_c}{\pi d} = \frac{1000 \times 90}{3.14 \times 260}\text{r/min}$$
$$= 110\text{r/min}$$

计算出车床主轴转速后，应选取与铭牌上接近的转速。故车削该工件时，应选取CA6140型卧式车床铭牌上接近的转速，即选取$n = 100$r/min作为车床的实际转速。

4. 切削用量的选择

（1）粗车时切削用量的选择

粗车时选择切削用量主要考虑提高生产率，同时兼顾刀具寿命。加大背吃刀量a_p、进给量f和提高切削速度v_c都能提高生产率。但是，它们对刀具寿命也会产生不利影响，其中影响最小的是a_p，其次是f，最大的是v_c。因此，粗车时选择切削用量，首先应选择一个尽可能大的背吃刀量a_p，其次选择一个较大的进给量f，最后根据已选定的a_p和f，在工艺系统刚度、刀具寿命和机床功率许可的条件下，选择一个合理的切削速度v_c。

（2）半精车、精车时切削用量的选择

半精车、精车时选择切削用量首先应考虑保证加工质量，并注意兼顾生产率和刀具寿命。

① 背吃刀量

半精车、精车时的背吃刀量是根据加工精度和表面粗糙度要求，由粗车后留下的余量确定的。一般情况下，在数控车床上所留的精车余量比卧式车床上的小。

半精、精车时的背吃刀量为：半精车时选取$a_p = 0.5 \sim 2.0$mm；精车时选取$a_p = 0.1 \sim 0.8$mm。在数控车床上进行精车时，选取$a_p = 0.1 \sim 0.5$mm。

② 进给量

半精车、精车时的背吃刀量较小，产生的切削力不大，所以加大进给量对工艺系统的强度和刚度影响较小。半精车、精车时，进给量的选择主要受表面粗糙度的限制。表面粗糙度越小，进给量就选择小些。

③ 切削速度

为了提高工件的表面质量，用硬质合金车刀精车时，一般采用较高的切削速度（$v_c > 80$m/min）；用高速钢车刀精车时，一般选用较低的切削速度（$v_c < 5$m/min）。在数控车床上车削工件时，切削速度可选择高些。

四、切削液

切削液又称为冷却润滑液，是车削过程中为改善切削效果而使用的液体。在车削过程中，在切屑、刀具与加工表面存在着剧烈的摩擦，并产生很大的切削力和大量的切削热。合理地使用切削液，不仅可以减小表面粗糙度，减小切削力，而且还会使切削温度降低，从而延长刀具寿命，提高劳动生产效率和产品质量。

1. 切削液的作用

（1）冷却作用

切削液能吸收并带走切削区域大量的热量，降低刀具和工件的温度，从而延长刀具的使用寿命，并能减少工件因热变形而产生的尺寸误差，同时也为提高生产率创造了条件。

（2）润滑作用

切削液能渗透到切屑、刀具与工件接触面之间，并黏附在金属表面上而形成一层润滑膜，减少刀具与工件的摩擦，这样能保持车刀刃口的锋利，提高工件表面质量。对于精加工，润滑作用就显得更加重要了。

（3）清洗作用

车削过程中产生的细小切屑容易吸附在工件和刀具上，尤其是铰孔和钻深孔时，切屑容易堵塞，若加注一定压力、足够流量的切削液，则可将切屑迅速冲走，使切削顺利。

2. 切削液的种类及其使用

车削时常用的切削液有水溶性切削液和油溶性切削液两大类。切削液的种类、成分、性能、作用和用途见表 1-1-14。

3. 使用切削液时的注意事项

① 油状乳化液必须用水稀释后才能使用。但乳化液会污染环境，应尽量选用环保型切削液。

② 切削液必须浇注在切削区域内，因为该区域是切削热源。

③ 用硬质合金车刀切削时，一般不加切削液。如果使用切削液，必须从一开始就连续充分浇注，否则硬质合金刀片会因骤冷而产生裂纹。

④ 控制好切削液的流量。流量太小或断续使用，起不到应有的作用；流量太大，则会造成切削液浪费。

⑤ 加注切削液可以采用浇注法和高压冷却法。浇注法是一种简便易行、应用广泛的方法，一般车床均有这种冷却系统，如图 1-1-15（a）所示。高压冷却法是以较高的压力和流量将切削液喷向切削区，如图 1-1-15（b）所示，这种方法一般用于半封闭加工或车削难度较高的加工材料。

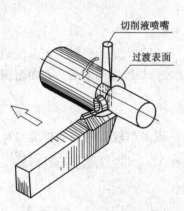

图 1-1-14　切削液浇注的区域

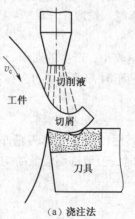
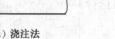

（a）浇注法　　　　（b）高压冷却法

图 1-1-15　加注切削液的方法

表 1-1-14　　　　　　　　切削液的种类、成分、性能、作用和用途

种　类		成　分	性能和作用	用　途
水溶性切削液	水溶液	以软水为主，加入防锈剂、防霉剂，有的还加入油性添加剂、表面活性剂以增强润滑性	主要起冷却作用	常用于粗加工
	乳化液	配制成 3%～5% 的低浓度乳化液	主要起冷却作用，但润滑和防锈性能较差	用于粗加工、难加工的材料和细长工件的加工
		配制成高浓度的乳化液		精加工用高浓度乳化液
		加入一定的极压添加剂和防锈添加剂，配制成极压乳化液等	提高其润滑和防锈性能	用高速钢刀具粗加工和对钢料精加工时用极压乳化液
				钻削、铰削和加工深孔等半封闭状态下，用黏度较小的极压乳化液
	合成切削液	由水、各种表面活性剂和化学添加剂组成。国产 DX148 多效合成切削液有良好的使用效果	冷却、润滑、清洗和防锈性能较好，不含油，可节省能源，有利于环保	国内外推广使用的高性能切削液。国外的使用率达到 60%，在我国工厂中的使用也日益增多
油溶性切削液	切削油 矿物油	L—AN15、L—AN22、L—AN32 机械油	润滑作用较好	在普通精车、螺纹精加工中使用甚广
		轻柴油、煤油等	煤油的渗透和清洗作用较突出	在精加工铝合金、铸铁和高速钢铰刀铰孔中使用
	动植物油	食用油	能形成较牢固的润滑膜，其润滑效果比纯矿物油好，但易变质	应尽量少用或不用
	复合油	矿物油与动植物油的混合油	润滑、渗透和清洗作用均较好	应用范围广
	极压切削油	在矿物油中添加氯、硫、磷等极压添加剂和防锈添加剂配制而成。常用的有氯化切削油、硫化切削油	它在高温下不破坏润滑膜，具有良好的润滑效果，防锈性能也得到了提高	使用高速钢刀具对钢料精加工时用
				钻削、铰削和加工深孔等半封闭状态下工作时，用黏度较小的极压切削油

31

车　工

基础知识二　车削轴类工件

一、车削轴类工件的车刀

1. 车削不同结构要素的车刀

常用的外圆、端面和台阶用车刀的主偏角有 45°、75° 和 90° 等几种。

加工不同结构要素的车刀特点与应用见表 1-2-1。

值得注意的是：用右偏刀车端面时，如果车刀由工件外缘向中心进给，则是由副切削刃车削。当背吃刀量较大时，因切削力的作用会使车刀扎入工件而成凹面，如图 1-2-1(a) 所示。为防止产生凹面，可采用由中心向外缘进给的方法，利用主切削刃进行车削，如图 1-2-1(b) 所示，但是背吃刀量应小些。当背吃刀量较大时，也可用图 1-2-1(c) 所示的端面车刀车削。

2. 车削不同精度的车刀

车削轴类工件一般可分为粗车和精车两个阶段。粗车的作用是提高劳动生产率，尽快将毛坯上的余量车去；而精车的作用是使工件达到规定的技术要求。粗车和精车的目的不同，对所用车刀的要求也存在较大差别。

（1）粗车刀

粗车刀必须适应粗车时吃刀深和进给快的特点，主要要求车刀有足够的强度，能一次进给车去较多的余量。选择粗车刀几何参数的一般原则见表 1-2-2。

（2）精车刀

工件精车后需要达到图样要求的尺寸精度和较小的表面粗糙度，并且车去的余量较少，因此要求车刀锋利，切削刃平直光洁，必要时还可磨出修光刃。精车时必须使切屑排向工件的待加工表面。

选择精车刀几何参数的一般原则是：

① 为了减小工件表面粗糙度值，应取较小的副偏角 k_r' 或在副切削刃上磨出修光刃。一般修光刃的长度 $b_\varepsilon' = (1.2 \sim 1.5) f$。

② 前角 γ_0 一般应大些，以使车刀锋利，车削轻快。

③ 角 α_0 也应大些，以减少车刀和工件之间的摩擦。精车时对车刀强度的要求不高，允许取较大的后角，一般为 8°~12°。

④ 为了使切屑排向工件的待加工表面，应选用正值的刃倾角（一般取 $\lambda_s = 3° \sim 8°$）。

⑤ 精车塑性金属时，为保证排屑顺利，前面应磨出相应宽度的断屑槽。

表1-2-1 车刀的特点与应用

车刀类型	图示	特点及应用	应用图示
45°车刀	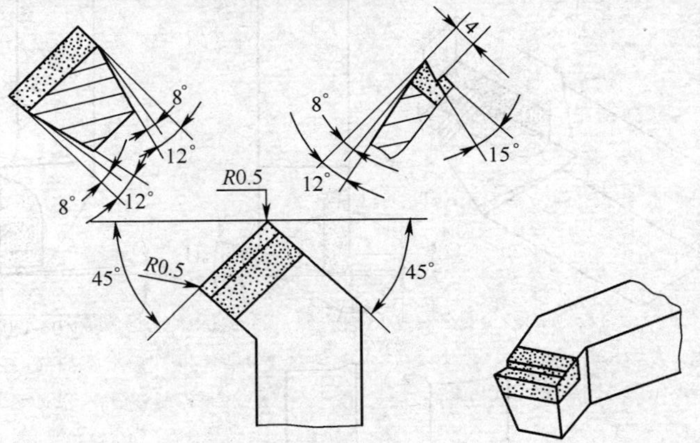	图示为加工钢料用的典型45°硬质合金车刀。车刀的刀尖角 ε_r = 90°,刀尖强度和散热性都比90°车刀好。 常用于车削工件的端面和进行45°倒角,也可用来车削较短的外圆	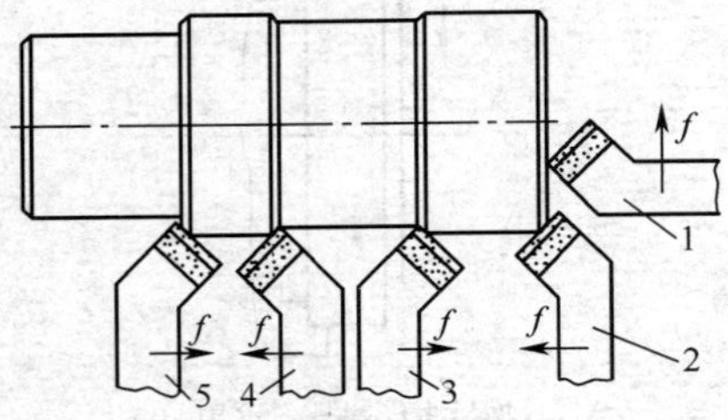 1、3、5—45°左车刀 2、4—45°右车刀
75°车刀	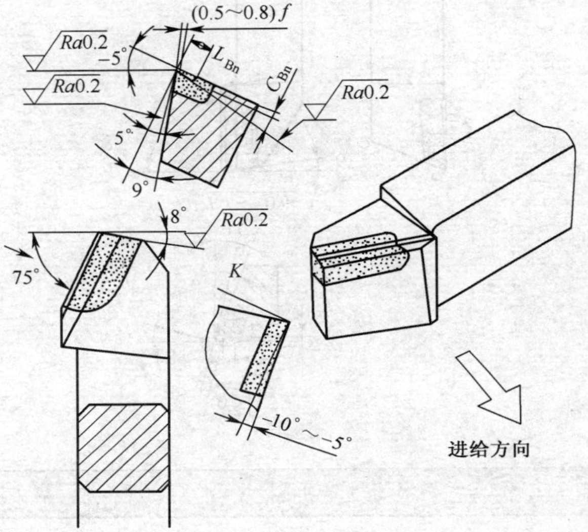 进给方向	图示为加工钢料用的典型75°硬质合金车刀。车刀刀尖角 ε_r >90°,刀尖强度高,较耐用。适用于粗车轴类工件的外圆和对加工余量较大的铸锻件外圆进行强力车削,还适用于车削铸锻件的大端面	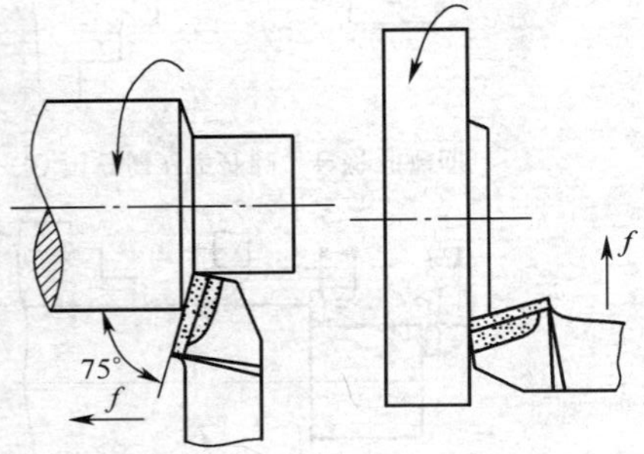 (a) 75°右车刀车外圆 (b) 75°左车刀车端面

车刀类型	图示	特点及应用	应用图示
90° 车刀	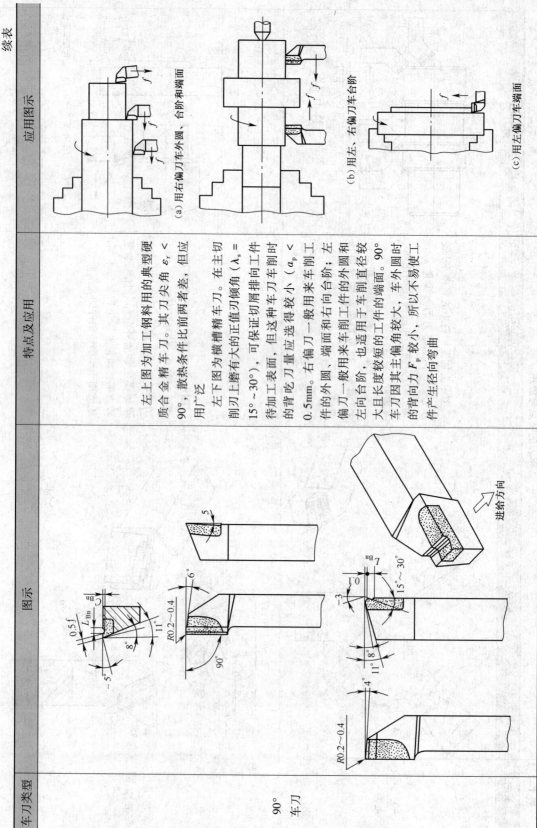	左上图为加工钢料用的典型硬质合金精车刀。其刀尖角 ε_r < 90°，散热条件比前两者差，但应用广泛 左下图为横槽精车刀。在主切削刃上磨有大的正值刃倾角（λ_s = 15°～30°），可保证切屑排向工件待加工表面，但这种车刀车削工件时的背吃刀量应选得较小（a_p < 0.5mm。右偏刀一般用来车削工件的外圆、端面和右向台阶；左偏刀一般用来车削工件的外圆和左向台阶，也适用于车削短的工件的端面。90° 车刀因其主偏角较大，车外圆时的背向力 F_p 较小，所以不易使工件产生径向弯曲	(a) 用右偏刀车外圆、台阶和端面 (b) 用左、右偏刀车台阶 (c) 用左偏刀车端面

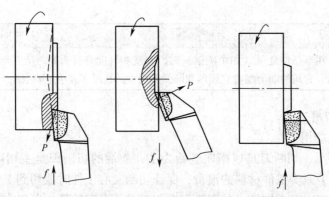

（a）由外缘向中心进给　（b）由中心向外缘进给　（c）用端面车刀车端面

图 1-2-1　车端面

表 1-2-2　　　　　　　　　　　粗车刀几何参数的选择原则

	项目内容	选 择 原 则
1	主偏角 κ_r	主偏角不宜太小，否则车削时容易引起振动。当工件外圆形状许可时，主偏角最好选择75°左右。这样车刀不但能承受较大的切削力，而且有利于切削刃散热
2	前角 γ_o 和后角 α_o	为了增加刀头强度，前角和后角应选小些。但要注意前角太小反而会增大切削力。前角 γ_o 的大小应根据工件材料、刀具材料和加工性质进行选择，如选用硬质合金车刀车削45钢时，γ_o 一般为15°~20°；后角 α_o 一般为4°~6°
3	刃倾角 λ_s	为增加刀头强度，刃倾角取 -3°~0°
4	倒棱宽度 b_{r1} 与倒棱前角 γ_{o1}	为增加切削刃的强度，主切削刃上应磨有倒棱，如右图所示。倒棱宽度为 $b_{r1} = (0.5~0.8)f$，倒棱前角 $\gamma_{o1} = -10°~-5°$
5	过渡刃偏角 $\kappa_{r\varepsilon}$（过渡刃）	为了增加刀尖强度，改善散热条件，使车刀耐用，刀尖处应磨有过渡刃。采用直线形过渡刃时，其过渡刃偏角 $\kappa_{r\varepsilon} = 1/2\kappa_r$，过渡刃长度 $b_\varepsilon = 0.5~2\text{mm}$，如下图所示

车　工

续表

项目内容		选　择　原　则
6	断屑槽	粗车塑性金属（如中碳钢）时，为使切屑能自行折断，应在车刀前面上磨有断屑槽。常用的断屑槽有直线形和圆弧形两种，其尺寸大小主要取决于背吃刀量和进给量

3．切断刀和切槽刀

（1）切断刀及应用

如图1-2-2所示，切断刀是以横向进给为主，前端的切削刃是主切削刃，两侧的切削刃是副切削刃。为了减少工件材料的浪费，保证切断实心工件时能切到工件的中心，一般切断刀的主切削刃较窄，刀头较长，其刀头强度相对其他车刀较低，所以在选择几何参数和切削用量时应特别注意。

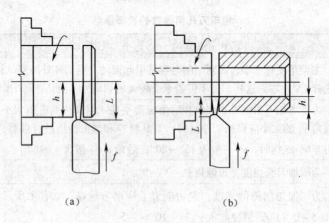

图1-2-2　切断刀的应用

① 高速钢切断刀

高速钢切断刀的形状如图1-2-3所示，其几何参数的选择原则见表1-2-3。

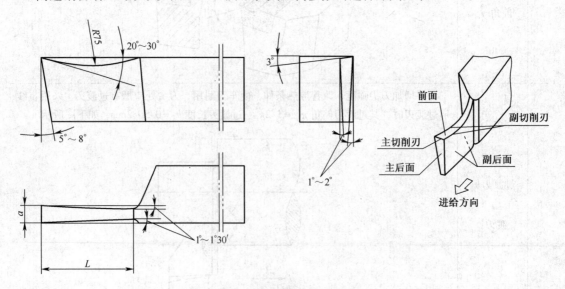

图1-2-3　高速钢切断刀的形状

36

表 1-2-3 高速钢切断刀几何参数的选择

角度	符号	数据和公式
主偏角	k_r	$k_r = 90°$
副偏角	k_r'	取 $k_r' = 1° \sim 1°30'$
前角	γ_o	切断中碳钢工件时，通常取 $\gamma_o = 20° \sim 30°$；切断铸铁工件时，取 $\gamma_o = 0° \sim 10°$。前角由 $R75$ 的圆弧形前面自然形成
后角	α_o	一般取 $\alpha_o = 5° \sim 8°$
副后角	α_o'	切断刀有两个后角 $\alpha_o' = 1° \sim 2°$
刃倾角	λ_S	主切削刃要左高右低，取 $\lambda_S = 3°$
主切削刃宽度	a	一般采用经验公式计算： $$a \approx (0.5 \sim 0.6)\sqrt{d} \qquad (1\text{-}2\text{-}1)$$ 式中，d——工件直径（mm）
刀头长度	L	计算公式为： $$L = h + (2 \sim 3) \qquad (1\text{-}2\text{-}2)$$ 式中，h——切入深度（mm） 切断实心工件时，切入深度等于工件半径；切断空心工件时，切入深度等于工件的壁厚

【例 1-2-1】 切断外径为 $\phi 36$ mm，孔径为 $\phi 16$ mm 的空心工件，试计算切断刀的主切削刃宽度和刀头长度。

解：根据式 1-2-1

$$主切削刃宽度\ a \approx (0.5 \sim 0.6)\sqrt{d}\ \text{mm}$$
$$= (0.5 \sim 0.6)\sqrt{36}\ \text{mm}$$
$$= 3 \sim 3.6\ \text{mm}$$

根据式 1-2-2

$$刀头长度\ L = h + (2 \sim 3) = \left(\frac{36}{2} - \frac{16}{2}\right) + (2 \sim 3)$$
$$= 12 \sim 13\ \text{mm}$$

为了使切削顺利，在切断刀的弧形前面上磨出卷屑槽，卷屑槽的长度应超过切入深度。但卷屑槽不可过深，一般槽深为 $0.75 \sim 1.5$ mm，否则会削弱切断刀刀头的强度。

在切断工件时，为使带孔工件不留边缘，实心工件的端面不留小凸头，可将切断刀的切削刃略磨斜些，如图 1-2-4 所示（右端为待用工件，左端为余料）。

② 硬质合金切断刀及应用

如果硬质合金切断刀的主切削刃采用平直刃，那么切断时的切屑和工件槽宽相等，切屑容易堵塞在槽内而不易排出。为了使排屑顺利，可把主切削刃两边倒角或磨成人字形，为增加刀头的支撑刚度，常将切断刀的刀头下部做成凸圆弧形，如图 1-2-5 所示。

高速切断时，会产生大量的热量，为了防止刀片脱焊，在刚开始切断时应浇注充分的切削液，发现切削刃磨钝时，应及时刃磨。

③ 弹性切断刀及其应用

为了节省高速钢，切断刀可做成片状，装夹在弹性刀柄上，如图 1-2-6 所示。切断时当切削量过大时，弹性刀柄受力变形，由于弹性刀夹的弯曲中心在其上部，这时刀体会自动让刀，便可避免因扎刀而造成切断刀折断。

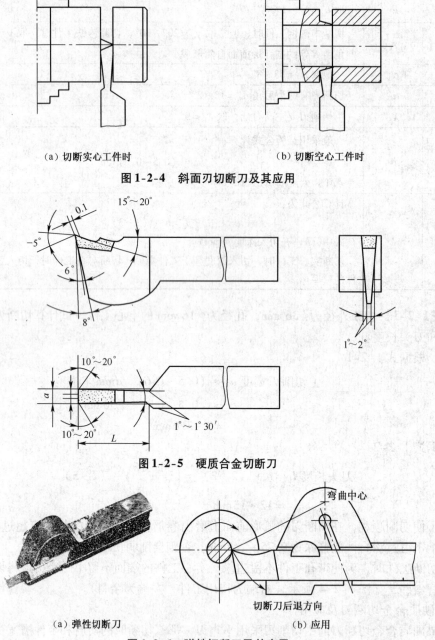

（a）切断实心工件时　　　　　　　　　（b）切断空心工件时

图 1-2-4　斜面刃切断刀及其应用

图 1-2-5　硬质合金切断刀

（a）弹性切断刀　　　　　　　　　　（b）应用

图 1-2-6　弹性切断刀及其应用

④ 反切刀及其应用

在切断直径较大的工件时，由于刀杆较长，刚度较低，如用正向切断法容易引起振动。这时可将主轴及工件反转，用反切刀进行切断，即采用反向切断法，如图 1-2-7 所示。用反切刀切断工件时，切断力 F_c 的方向与工件重力 G 的方向一致，因而不易引起振动。另外，切断时切屑是从下面排出的，也不易堵塞在工件槽内。

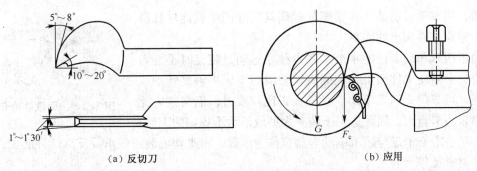

（a）反切刀　　　　　　　　　　　　（b）应用

图1-2-7　反切刀及其应用

应当注意的是：用反切断法切断工件时，卡盘与主轴应采用螺纹连接，且其连接的部分必须装有保险装置，以防加工时卡盘脱落。同时由于反切刀在切断时所受力方向是向上的，因此车床的刀架应具有足够的刚度。

（2）车槽刀及应用

车一般外沟槽的车槽刀的几何参数与切断刀基本相同。在车较窄的外沟槽时，用主切削刃宽度与槽宽相等的车槽刀一次直进车出，车较宽外沟槽时，可以用多次车槽的方法来完成，但必须在槽的两侧和槽的底部留出精车余量，最后根据槽的宽度和位置进行精车，具体操作见实训部分。

二、轴类工件的装夹

轴类工件的装夹方法如下。

车削时，工件必须在车床夹具中定位并夹紧，工件装夹得是否正确可靠，将直接影响加工质量和生产率，应得到重视。

根据轴类工件的形状、大小、加工精度和数量的不同，常用以下几种装夹方法。

（1）三爪自定心卡盘装夹

三爪自定心卡盘的结构形状如图1-2-8所示，当卡盘扳手插入卡盘扳手方孔内转动时，可带动3个卡爪做向心运动或离心运动。

三爪卡盘的3个卡爪是同步运动的，能自动定心，工件装夹后一般不需要找正。但是，在装夹较长的工件时，工件离卡盘较远处的旋转轴线不一定与车床主轴的旋转轴线重合，这时就必须找正。当三爪自定心卡盘使用时间较长导致其精度下降，而工件的加工精度要求较高时，也需要对工件进行找正。

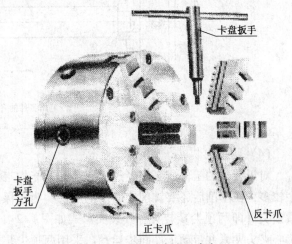

图1-2-8　三爪自定心卡盘

三爪自定心卡盘装夹工件方便、迅速，但夹紧力较小，适用于装夹外形规则的中、小型工件。

（2）四爪单动卡盘装夹

四爪单动卡盘的结构如图1-2-9所示，四爪单动卡盘有4个各不相关的卡爪，每个卡爪背面有一半瓣内螺纹与夹紧螺杆啮合，4个夹紧螺杆的外端有方孔，用来安装插卡盘扳手的方榫。用扳手转动某一夹紧螺杆时跟其啮合四爪就能单独移动，以适应工件大小的需要。

　　由于四爪单动卡盘的4个爪各自独立运动，装夹时不能自动定心，必须使工件加工部位的旋转轴线与车床主轴旋转轴线重合后才可车削。四爪单动卡盘的找正比较费时，但夹紧力比三爪自定心卡盘大，因此适用于装夹大型或形状不规则的工件。

图1-2-9　四爪单动卡盘

　　三爪自定心卡盘与四爪单动卡盘统称为卡盘，卡盘均可装成正爪或反爪两种形式，反爪用来装夹直径较大的工件。

　　（3）一夹一顶装夹

　　车削一般轴类工件，尤其是较重的工件时，可将工件一端用三爪自定心卡盘或四爪单动卡盘夹紧，另一端用后顶尖支顶，如图1-2-10所示，这种装夹方法称为一夹一顶装夹。为了防止由于进给力的作用而使工件产生轴向移动，可以在主轴前端锥孔内安装一限位支撑，如图1-2-10（a）所示，也可以利用工件的台阶进行限位，如图1-2-10（b）所示。用这种方法装夹安全可靠，能承受较大的进给力，因此应用广泛。

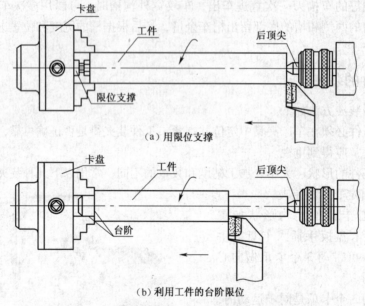

（a）用限位支撑

（b）利用工件的台阶限位

图1-2-10　一夹一顶装夹

　　（4）两顶尖装夹

　　对于较长的工件或必须经过多次装夹才能加工好的工件（如长轴、长丝杠等），以及工序较多，在车削后还要铣削或磨削的工件，为了保证每次装夹时的装夹精度，可用车床的前后顶尖（即两顶尖）装夹。其装夹形式如图1-2-11所示，工件由前顶尖和后顶尖定位，用鸡心夹头夹紧并带动工件同步运动。采用两顶尖装夹工件的优点是装夹方便，不需找正，装夹精度高；但比一夹一顶的刚性低，影响了切削用量的提高。

三、中心孔及顶尖

1. 中心孔

　　用一夹一顶和两顶尖装夹工件时，必须先在工件一端或两端的端面上加工出合适的中

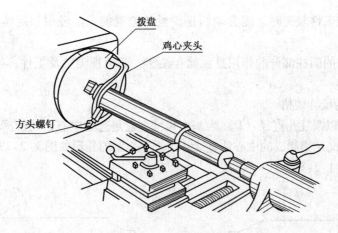

（a）一弯头鸡心夹头

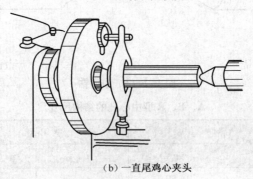

（b）一直尾鸡心夹头

图 1-2-11　两顶尖装夹

心孔。

（1）中心孔的结构形状和作用

GB/T 145—2001《中心孔》规定了中心孔有 4 种类型，即 A 型（不带护锥）、B 型（带护锥）、C 型（带螺纹孔）、R 型（带弧型）4 种，如图 1-2-12 所示。

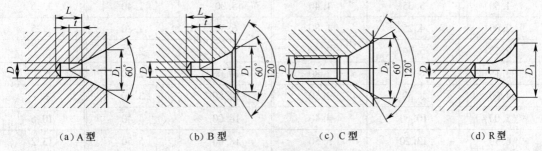

（a）A 型　　　　　　（b）B 型　　　　　　（c）C 型　　　　　　（d）R 型

图 1-2-12　中心孔的类型

①A 型中心孔，由圆柱部分和圆锥部分组成，圆锥孔的锥角为 60°，与顶尖锥面配合，因此锥面表面质量要求较高。一般适用于不需要多次装夹或不保留中心孔的工件。

②B 型中心孔，是在 A 型中心孔的端部多一个 120° 的圆锥面，目的是保护 60° 锥面，不让其拉毛碰伤。一般应用于多次装夹的工件。

③C 型中心孔，外端形似 B 型中心孔，里端有一个比圆柱孔还要小的内螺纹。可以将其他零件轴向固定在轴上，或将零件吊挂放置或便于轴的拆卸。

④R 型中心孔，是将 A 型中心孔的 60° 圆锥母线改为圆弧线。这样与顶尖锥面的配合变

为线接触，在轴类工件装夹时，能自动纠正少量的位置偏差。轻型和高精度轴上采用 R 型中心孔。

这 4 种中心孔的圆柱部分的作用是：储存油脂，避免顶尖触及工件，使顶尖与 60°圆锥面配合贴紧。

（2）中心孔的尺寸规格

中心孔的尺寸以圆柱孔直径（D）为基本尺寸，它是选取中心钻的依据。直径在 6.3 mm 以下的中心孔常用高速钢制成的中心钻直接钻出。中心钻的外形如图 1-2-13 所示。其尺寸规格见表 1-2-4 和表 1-2-5。

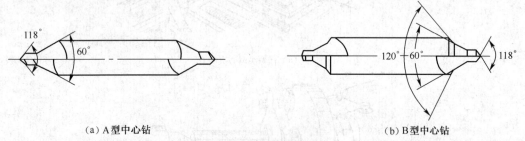

（a）A 型中心钻　　　　　　　　　　　　　（b）B 型中心钻

图 1-2-13　中心钻

表 1-2-4　　　　　　　　　　A、B、R 型中心孔的结构尺寸　　　　　　　　　（单位：mm）

D	A 型		B 型		R 型
	D_1	t	D_1	t（参考）	D_1
(0.50)	1.06	0.50			
(0.63)	1.32	0.60			
(0.80)	1.70	0.70			
1.00	2.12	0.90	3.15	0.90	2.12
(1.25)	2.65	1.10	4.00	1.10	2.65
1.60	3.35	1.40	5.00	1.40	3.35
2.00	4.25	1.80	6.30	1.80	4.25
2.50	5.30	2.20	8.00	2.20	5.3
3.15	6.70	2.80	10.00	2.80	6.7
4.00	8.50	3.50	12.50	3.50	8.5
(5.00)	10.60	4.40	16.00	4.40	10.6
6.30	13.20	5.50	18.00	5.50	13.2
(8.00)	17.00	7.00	22.40	7.00	17.0
10.00	21.20	8.70	28.00	8.70	21.2

注：1. 尽量避免选用括号内的尺寸。

　　2. 尺寸 D 取决于中心钻的长度，不能小于 t。

表 1-2-5　　　　　　　　　　C 型中心孔的结构尺寸　　　　　　　　　（单位：mm）

公称尺寸 D	M3	M4	M5	M6	M8
尺寸 D_2	5.8	7.4	8.8	10.5	13.2

公称尺寸 D	M10	M12	M16	M20	M24
尺寸 D_2	16.3	19.8	25.3	31.3	38.0

（3）在车床上钻中心孔的方法

① 在工件直径小于车床主轴内孔直径的棒料上钻中心孔。这时应尽可能把棒料伸进主轴内孔中去，用来增加工件的刚性。经校正、夹紧后把端面车平；把中心钻装夹在钻夹头中夹紧，当钻夹头的锥柄能直接和尾座套筒上的锥孔结合时，直接装入便可使用。如果锥柄小于锥孔，就必须在它们中间增加一个过渡锥套才能结合上。中心钻安装完毕，开车使工件旋转，均匀摇动尾座手轮来移动中心钻实现进给。待钻到所需的尺寸后，稍停留，使中心孔得到修光和圆整，然后退刀，如图 1-2-14 所示。

② 在工件直径大于车床主轴内孔直径，并且长度又较大的工件上钻中心孔。这时只靠一端用卡盘夹紧工件，不能可靠地保证工件的位置正确。要使用中心架来车平端面和钻中心孔。钻中心孔的操作方法和前一种方法相同，如图 1-2-15 所示。

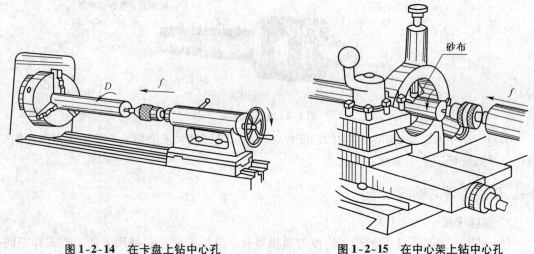

图 1-2-14　在卡盘上钻中心孔　　　　　图 1-2-15　在中心架上钻中心孔

2. 顶尖

顶尖的作用是确定中心、承受工件重力和切削力，根据其位置分为前顶尖和后顶尖。

（1）前顶尖

前顶尖有装夹在主轴锥孔内的前顶尖和卡盘上车成的前顶尖两种，如图 1-2-16 所示。工作时前顶尖随同工件一起旋转，与中心孔无相对运动，因此不产生摩擦。

（2）后顶尖

后顶尖有固定顶尖和回转顶尖两种。

固定顶尖的结构如图 1-2-17（a）、图 1-2-17（b）所示，其特点是刚性好，定心准确；但与工件中心孔间为滑动摩擦，容易产生过多热量而将中心孔和顶尖"烧坏"，尤其是普通固定顶尖，如图 1-2-17（a）所示。因此固定顶尖只适应于低速加工精度要求较高的工件。目前多使用镶硬质合金的固定顶尖，如图 1-2-17（b）所示。

回转顶尖如图 1-2-17（c）所示，它可使顶尖与中心孔之间的滑动摩擦变成顶尖内部轴承的滚动摩擦，能在很高的转速下正常工作，克服了固定顶尖的缺点，因此应用非常广

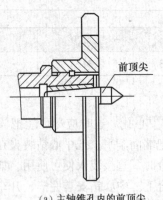
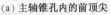
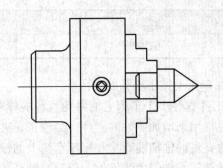

（a）主轴锥孔内的前顶尖　　　　　　　（b）卡盘上车成的前顶尖

图 1-2-16　前顶尖

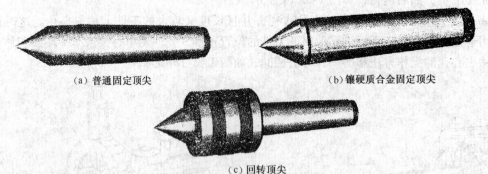

（a）普通固定顶尖　　　　　　　　　　（b）镶硬质合金固定顶尖

（c）回转顶尖

图 1-2-17　后顶尖

泛。但是，由于回转顶尖存在一定的装配积累误差，且滚动轴承磨损后会使顶尖产生径向圆跳动，从而降低了定心精度。

四、轴类工件的检测

1. 游标卡尺

游标卡尺是车工最常用的中等精度的通用量具，其结构简单，使用方便。按式样不同，游标卡尺可分为三用游标卡尺和双面游标卡尺。

（1）游标卡尺的结构

① 三用游标卡尺的结构形状如图 1-2-18 所示，主要由尺身和游标等组成。使用时，旋松固定游标用的紧固螺钉即可测量。下量爪用来测量工件的外径和长度，上量爪用来测量孔径和槽宽，深度尺用来测量工件的深度和台阶长度。测量时，移动游标使量爪与工件接触，取得尺寸后，最好把紧固螺钉旋紧后再读数，以防尺寸变动。

② 双面游标卡尺的结构形状如图 1-2-19 所示，为了调整尺寸方便和测量准确，在游标上增加了微调装置。旋紧固定微调装置的紧固螺钉，再松开紧固螺钉，用手指转动滚花螺母，通过小螺杆即可微调游标。其上量爪用来测量沟槽直径和孔距，下量爪用来测量工件的外径。测量孔径时，游标卡尺的读数值必须加下量爪的厚度 b（b 一般为 10mm）。

（2）游标卡尺的读数方法

游标卡尺的测量范围分别为 0～125mm、0～150mm、0～200mm、0～300mm 等。其测量精度有 0.02mm、0.05mm、0.1mm 这 3 种。常用的游标卡尺的测量精度为 0.02mm。

游标卡尺是以游标的"0"线为基准进行读数的，现以图 1-2-20 所示的游标测量精度

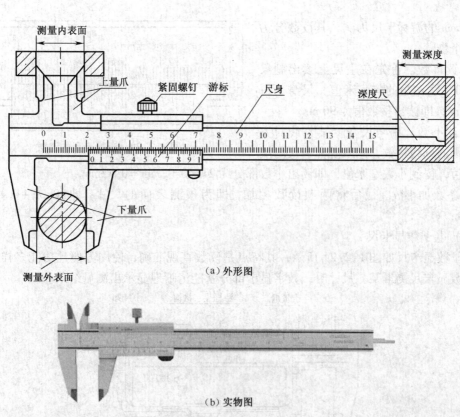

（a）外形图

（b）实物图

图 1-2-18　三用游标卡尺

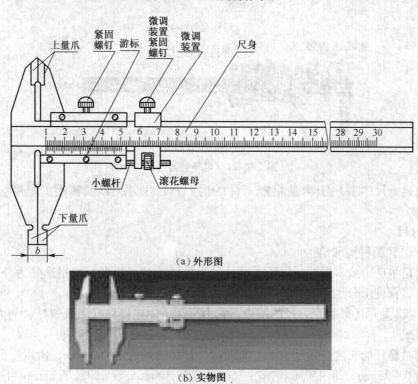

（a）外形图

（b）实物图

图 1-2-19　双面游标卡尺

为 0.02mm 的游标卡尺为例，其读数分为以下 3 个步骤。

① 读整数。首先在主尺上读出副尺游标"0"线左边的整毫米值，尺身上每格为 1mm；即读出整数值为 90mm。

② 读小数。用与尺身上某刻线对齐的游标上的刻线格数，乘以游标卡尺的测量精度值，得到小数毫米值，即读出小数部分为 21 × 0.02mm = 0.42mm.

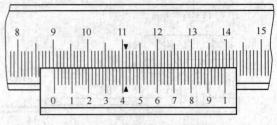

图 1-2-20　游标卡尺的读数

③ 整数加小数。最后将两项读数相加，即为被测表面的尺寸；即 90mm + 0.42mm = 90.42mm。

（3）电子数显卡尺

电子数显卡尺如图 1-2-21 所示，其特点是读数直观准确，使用方便且功能多样。当使用电子数显卡尺测量某一尺寸时，数字显示部分就能清晰地显示出测量结果。

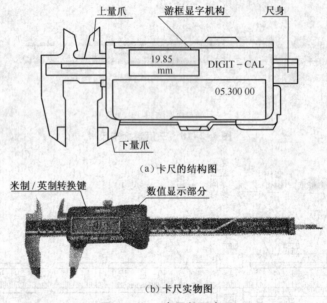

（a）卡尺的结构图

（b）卡尺实物图

图 1-2-21　电子数显卡尺

电子数显卡尺主要用于测量精密工件的内、外径尺寸，以及宽度、厚度、深度和孔距等。

2. 千分尺

（1）千分尺的种类和结构

千分尺是生产中最常用的一种精密量具。千分尺的种类很多，按用途分为外径千分尺、内径千分尺、深度千分尺、内测千分尺、螺纹千分尺和壁厚千分尺等。

图 1-2-22 所示为外径千分尺的结构，它由尺架、固定测砧、测微螺杆、测力装置和锁紧装置等组成。

由于测微螺杆的长度受到制造工艺的限制，其移动量通常为 25mm，所以千分尺的测量范围分别为 0 ~ 25mm、25 ~ 50mm、50 ~ 75mm、75 ~ 100mm 等。即每隔 25mm 为一挡。

（2）千分尺的读数方法

千分尺的固定套管上刻有基准线，在基准线的上下侧有两排刻线，上下两条相邻刻线的

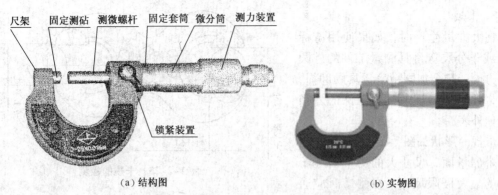

(a) 结构图　　　　　　　(b) 实物图

图 1-2-22　千分尺

间距为 0.5mm。微分筒的外圆锥面上刻有 50 格刻度，微分筒每转动一格，测微螺杆移动 0.01mm，所以千分尺的分度值为 0.01mm。测量工件时，先转动千分尺的微分筒，待测微螺杆的测量面接近工件被测表面时，再转动测力装置，使测微螺杆的测量面接触工件表面，当听到 2～3 声"咔咔"声响后即可停止转动，读取工件尺寸。为了防止尺寸变动，可转动锁紧装置，锁紧测微螺杆。

现以图 1-2-23 所示的 25～50mm 千分尺为例，介绍千分尺的读数方法。其读数步骤如下。

① 读出固定套管上露出刻线的整毫米数和半毫米数。注意固定套管上下两排刻线的间距为每格 0.5mm；即可读出 32mm。

② 读出与固定套管基准线对准的微分筒上的格数，乘以千分尺的分度值 0.01mm，即为 15 × 0.01mm = 0.15mm。

③ 两读数相加，即为被测表面的尺寸，其读数为 32mm + 0.15mm = 32.15mm。

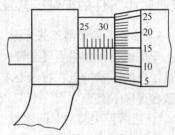

图 1-2-23　千分尺的读数

（3）数显千分尺

数显千分尺的外形图如图 1-2-24 所示，其分辨率为 0.001mm，测量范围分别为 0～25mm、25～50mm、50～75mm、75～100mm 等。即每隔 25mm 为一挡。

如果使用 25～50mm 的数显千分尺，按动置零钮，此时显示屏显示读数 25.000mm，这表示工作前的准备工作已经结束，即可开始所需的测量。

在测砧和测微螺杆两测量面洁净的前提下，旋转微分筒，使测砧与测微螺杆接触，随即再转动微分筒 1～2 圈，用以造成适度的测量力。此时即可在显示屏上读取测量的数值。读取工件尺寸时，为防止尺寸变动，可转动制动器，锁紧测微螺杆。

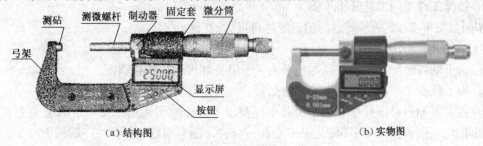

(a) 结构图　　　　　　　(b) 实物图

图 1-2-24　数显千分尺

3. 卡规

在大批量生产时，如果使用游标卡尺或千分尺等量具测量工件的外圆不太方便，且会加剧精密量具的磨损，因此，常使用卡规来检验工件的外径或其他外表面。

卡规的形状如图 1-2-25 所示，它有两个测量面，尺寸大的测量面等于外圆的最大极限尺寸，在测量时应通

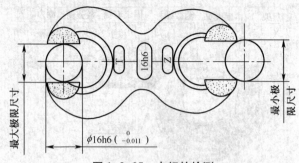

图 1-2-25 卡规的检测

过被测量的外圆，一般将此端称为通端 T；尺寸小的测量面等于外圆的最小极限尺寸，在测量时不应通过被测量的外圆，一般将此端称为止端 Z。

用卡规能直接判断工件外表面的尺寸是否合格，如果卡规通端能通过，止端不能通过，则说明被测表面的尺寸在允许的公差范围之内，为合格工件，否则为不合格工件。卡规的优点是测量方便，缺点是不能测量出被测表面的具体尺寸。

五、轴类工件的车削工艺及车削质量分析

1. 轴类工件车削工艺分析

车削轴类，如果毛坯余量大且不均匀，或精度要求较高，应将粗车和精车分开。另外，根据工件的形状特点、技术要求、数量多少和装夹方式，应对轴类工件进行车削工艺分析，一般考虑以下几个方面。

① 用两顶尖装夹车削轴类工件，至少要装夹 3 次，即粗车第一端，调头再粗车和精车另一端，最后精车第一端。

② 车短小的工件，一般先车某一端面，这样便于确定长度方向的尺寸。车铸铁件时，最好先适当倒角后再车削，这样刀尖就不易碰到型砂和硬皮，可避免车刀损坏。

③ 轴类工件的定位基准通常选用中心孔。加工中心孔时，应先车端面后钻中心孔，以保证中心孔的加工精度。

④ 车削台阶轴，应先车直径较大的一端，以避免过早地降低工件的刚度。

⑤ 在轴上车槽，一般安排在粗车或半精车之后、精车之前进行。如果工件刚度高或精度要求不高，也可在精车之后再车槽。

⑥ 车螺纹一般安排在半精车之后进行，待螺纹车好后再精车各外圆，这样可避免在车螺纹时轴发生弯曲而影响轴的精度。若工件精度要求不高，可安排最后车削螺纹。

⑦ 工件车削后还需磨削时，只需粗车或半精车，并注意留磨削余量。

2. 轴类工件车削工艺分析示例

车削如图 1-2-26 所示的台阶轴，工件每批为 60 件。

（1）车削工艺分析

① 由于轴各台阶之间的直径相差不大，所以毛坯可选用热扎圆钢。

② 为了减少工序，毛坯可直接调质处理。

③ 各主要轴颈必须经过磨削，而对车削要求不高，故可采用一夹一顶的装夹方式。但是必须注意，工件毛坯两端不能先钻中心孔，应将一端车削后，再在另一端搭中心架，钻中心孔。

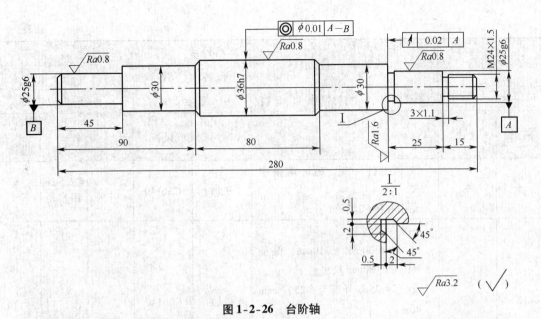

图1-2-26 台阶轴

④ 工件用一夹一顶装夹，装夹刚度高，轴向定位较准确，台阶长度容易控制。

⑤ $\phi 36h7$ 及两端$\phi 25g6$外圆的表面粗糙度值较小，同轴度要求高，需经磨削，车削时必须留磨削余量。

（2）机械加工工艺卡

台阶轴机械加工工艺卡见表1-2-6。

表1-2-6　　　　　　　　　　台阶轴机械加工工艺卡

××厂		机械加工工艺卡	产品名称		图号	
			零件名称	台阶轴	共1页	第1页
材料种类	热轧圆钢	材料牌号	45钢	毛坯尺寸	$\phi 40mm \times 282mm$	

工序	工种	工序内容	车间	设备	工艺装备		
					夹具	刃具	量具
1	热处理	调质后硬度为220~240HBS	热处理				
2	车	夹住毛坯外圆 ① 车端面 ② 钻中心孔$\phi 2.5mm$	机加	CA6140		$\phi 2.5mm$中心钻	
3	车	调头夹毛坯外圆 车端面控制总长至280mm	机加	CA6140			
4	车	一夹一顶装夹 ① 车$\phi 36h7$外圆至$\phi 36^{+0.6}_{+0.5}mm$ $\times 250mm$ ② 车$\phi 30mm$外圆至$\phi 30mm$ $\times 90mm$ ③ 车$\phi 25g6$外圆至$\phi 25^{+0.5}_{+0.4}mm$ $\times 45mm$ ④ 倒角C1	机加	CA6140			

续表

××厂	机械加工工艺卡		产品名称		图号	
			零件名称	台阶轴	共1页	第1页
材料种类	热轧圆钢	材料牌号 45钢	毛坯尺寸		$\phi 40mm \times 282mm$	

工序	工种	工序内容	车间	设备	工艺装备		
					夹具	刃具	量具
5	车	夹紧工件一端,另一端搭中心架 钻中心孔$\phi 2.5mm$	机加	CA6140		$\phi 2.5mm$ 中心钻	
6	车	一夹一顶装夹 ① 车$\phi 30mm \times 110mm$,保证$\phi 36h7$处的80mm尺寸 ② 车$\phi 25g6$外圆至$\phi 25^{+0.5}_{+0.4}mm \times 40mm$ ③ 车$M24 \times 1.5$外圆至$\phi 24^{-0.068}_{-0.082}mm \times 15mm$ ④ 倒角$C1$	机加	CA6140			
7	车	一端软卡爪夹紧,一端用顶尖顶住 ① 车$\phi 30mm$右端轴肩槽至尺寸 ② 车$3 \times 1.1mm$螺纹退刀槽至尺寸 ③ 车$M24 \times 1.5$螺纹至尺寸 ④ 检验 (以下略)	机加	CA6140			

3. 轴类工件的车削质量分析

车削轴类工件时,常常会产生废品,各种废品产生原因及预防方法见表1-2-7。

表1-2-7　　　　　车削轴类工件产生废品的原因及预防方法

废品种类	产 生 原 因	预 防 方 法
尺寸精度达不到要求	① 看错图样或刻度盘使用不当	① 必须看清图样的尺寸要求,正确使用刻度盘,看清刻度值
	② 没有进行试车削	② 根据加工余量算出背吃刀量,进行试切削,然后修正背吃刀量
	③ 量具的误差或测量不正确	③ 量具使用前必须检查和调整到零位,正确掌握测量方法
	④ 由于切削热的影响使工件尺寸发生变化	④ 不能在工件温度较高时测量,如测量,应掌握工件的收缩情况,或浇注切削液,降低工件温度
	⑤ 机动进给没有及时关闭,使车刀进给长度超过台阶长度	⑤ 注意及时关闭机动进给,或提前关闭机动进给,再用手动进给到长度尺寸

续表

废品种类	产生原因	预防方法
尺寸精度达不到要求	⑥ 车槽时，车槽刀的主切削刃太宽或太窄，使槽宽不正确	⑥ 根据槽宽刃磨车槽刀的主切削刃宽度
	⑦ 尺寸计算错误，使槽的深度不正确	⑦ 对留有磨削余量的工件，车槽时应考虑磨削余量
产生锥度	① 用一夹一顶或两顶尖装夹工件时，后顶尖轴线不在主轴轴线上	① 车削前必须通过调整尾座找正锥度
	② 用小滑板车外圆，小滑板的位置不正确，即小滑拖板的基准刻线跟中滑板的"0"刻线没有对准	② 必须事先检查小滑板基准刻线与中滑板的"0"刻线是否对准
	③ 用卡盘装夹纵向车削时，床身导轨与车床主轴轴线不平行	③ 调整车床主轴与床身导轨的平行度
	④ 工件装夹时悬伸较长，车削时因切削力的影响使前端让开而产生锥度	④ 尽量减少工件的伸出长度，或另一端用后顶尖支顶，以增加装夹刚度
	⑤ 车刀中途逐渐磨损	⑤ 选用合适的刀具材料，或适当降低切削速度
圆度超差	① 车床主轴间隙太大	① 车削前检查主轴间隙，并调整合适。如主轴轴承磨损严重，则需要更换轴承
	② 毛坯余量不均匀，切削过程中背吃刀量变化太大	② 半精车后再精车
	③ 工件用两顶尖装夹时，中心孔接触不良，或后顶尖顶得不紧，或前后顶尖产生径向圆跳动	③ 工件用两顶尖装夹时，必须松紧适当，若回转顶尖产生径向圆跳动，需及时修理或更换
表面粗糙度达不到要求	① 车床刚度低，如滑板镶条太松，传动零件（如带轮）不平衡或主轴太松引起振动	② 消除或防止由于车床刚度不足而引起的振动（如调整车床各部分的间隙）
	② 车刀刚度低或伸出太长引起振动	② 增加车刀刚度，正确装夹车刀
	③ 工件刚度低引起振动	③ 增加工件的装夹刚度
	④ 车刀几何参数不合理，如选用过小的前角、后角和主偏角	④ 选用合理的车刀几何参数（如适当增加前角、选用合理的后角和主偏角等）
	⑤ 切削用量选用不当	⑤ 进给量不宜太大，精车余量和切削速度应选用恰当

车 工

基础知识三　车削套类工件

在机械零件中，一般把轴套、衬套等零件称为套类零件。由于齿轮、带轮等工件的车削工艺与套类工件相似，在此将其作为套类工件分析。

为了与轴类工件相配合，套类工件上一般加工有精度要求较高的孔，尺寸精度为 IT7～IT8，表面粗糙度要求达到 $Ra0.8～1.6\mu m$。此外，有些套类工件还有形位公差的要求，如图 1-3-1 所示。

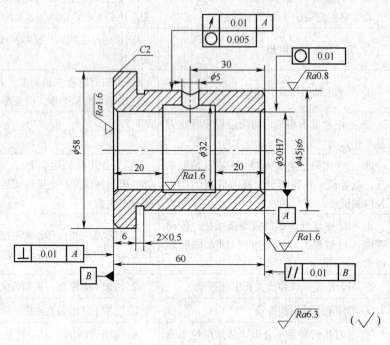

图 1-3-1　轴承套

一、钻孔

用钻头在实体材料上加工孔的方法称为钻孔。钻孔属于粗加工，其尺寸精度一般可达 IT11～IT12，表面粗糙度 $Ra12.5～25\mu m$。根据形状和用途的不同，钻头可分为中心钻、麻花钻、锪钻和深孔钻等，本节只介绍麻花钻。

1. 麻花钻的几何形状

（1）麻花钻的组成

麻花钻由柄部、颈部和工作部分组成，如图 1-3-2 所示。

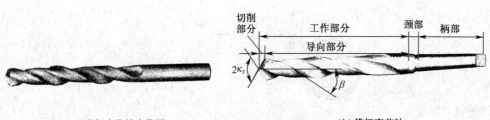

（a）直柄麻花钻实物图　　　　　　　（b）锥柄麻花钻

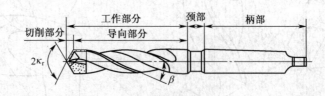

（c）镶硬质合金麻花钻

图 1-3-2　麻花钻的组成

① 柄部

麻花钻的柄部在钻削时起夹持定心和传递转矩的作用。

麻花钻的柄部有直柄和莫氏锥柄两种。直柄麻花钻的直径一般为 0.3~16mm。莫氏锥柄麻花钻的直径见表 1-3-1。

表 1-3-1　　　　　　　　　　　莫氏锥柄麻花钻的直径

莫氏锥柄号（MorseNo.）	No. 1	No. 2	No. 3	No. 4	No. 5	No. 6
钻头直径 d/mm	3~14	14~23.02	23.02~31.75	31.75~50.8	50.8~75	75~80

② 颈部

直径较大的麻花钻在颈部标有麻花钻的直径、材料牌号与商标。直径较小的直柄麻花钻没有明显的颈部。

③ 工作部分

工作部分是麻花钻的主要切削部分，由切削部分和导向部分组成。切削部分主要起切削作用；导向部分在钻削过程中能起到保持钻削方向、修光孔壁的作用，同时也是切削的后备部分。

（2）麻花钻工作部分的几何形状

麻花钻的几何形状如图 1-3-3 所示，它的切削部分可看成是正反两把车刀。所以其几何角度的概念和车刀基本相同，但也有其特殊性。

① 螺旋槽。麻花钻的工作部分有两条螺旋槽，其作用是构成主切削刃、排出切屑和通入切削液。螺旋槽上螺旋角的有关内容见表 1-3-2。

② 前面，指切削部分的螺旋槽面，切屑由此面排出。

③ 主后面，指麻花钻钻顶的螺旋圆锥面，即与工件过渡表面相对的表面。

④ 主切削刃，指前面与主后面的交线，担负着主要的切削工作。钻头有两个主切削刃。

⑤ 顶角 $2\kappa_r$，在通过麻花钻轴线并与两条主切削刃平行的平面上，两条主切削刃投影间的夹角称为顶角，用符号 $2\kappa_r$ 表示。一般麻花钻的顶角 $2\kappa_r$ 为 100°~140°，标准麻花钻的顶

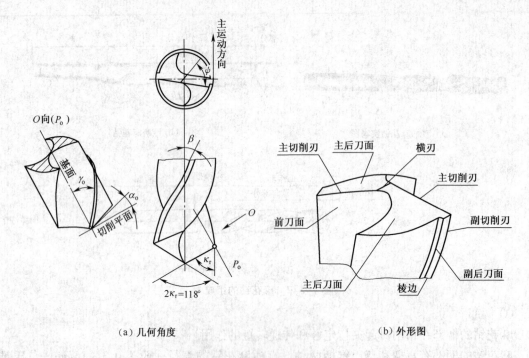

（a）几何角度

（b）外形图

图 1-3-3　麻花钻的几何形状

角 $2\kappa_r$ 为 118°。在刃磨麻花钻时可根据表 1-3-3 来判断顶角的大小。

⑥ 前角 γ_o，主切削刃上任一点的前角是过该点的基面与前刀面之间的夹角，如图 1-3-4 所示。用符号 γ_o 表示。其有关内容见表 1-3-2。

⑦ 后角 α_o。主切削刃上任一点的后角是该点正交平面与主后刀面之间的夹角，用符号 α_o 表示。后角的有关内容见表 1-3-2。前角和后角的变化如图 1-3-4 所示。为了测量方便，后角在圆柱面内测量，如图 1-3-5 所示。

表 1-3-2　　　　　　　麻花钻切削刃上不同位置处的螺旋角、前角和后角的变化

角度	螺旋角 β	前角 γ_o	后角 α_o
定义	螺旋槽上最外缘的螺旋线展开成直线后与麻花钻轴线之间的夹角	基面与前面间的夹角	切削平面与后面间的夹角
变化规律	麻花钻切削刃上的位置不同，其螺旋角 β、前角 γ_o 和后角 α_o 也不同		
	自外缘向钻心逐渐减小	自外缘向钻心逐渐减小，并且在 $d/3$ 处前角为 0°，再向钻心则为负前角	自外缘向钻心逐渐增大
靠近外缘处	最大（名义螺旋角）	最大	最小
靠近钻心处	较小	较小	较大
变化范围	18°～30°	−30°～+30°	8°～12°
关系	对麻花钻前角的变化影响最大的是螺旋角。螺旋角越大，前角就越大		—

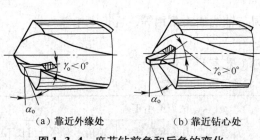

(a) 靠近外缘处	(b) 靠近钻心处

图 1-3-4 麻花钻前角和后角的变化　　　　图 1-3-5 在圆柱面内测量后角

表 1-3-3 麻花钻顶角的大小对切削刃和加工的影响

顶角	$2\kappa_r > 118°$	$2\kappa_r = 118°$	$2\kappa_r < 118°$
图示	>118° 凹形切削刃	118° 直线形切削刃	凸形切削刃 <118°
两主切削刃的形状	凹曲线	直线	凸曲线
对加工的影响	顶角大，则切削刃短、定心差，钻出的孔容易扩大；同时前角也增大，使切削省力	适中	顶角小，则切削刃长、定心准，钻出的孔不易扩大；同时前角也减小，使切削阻力大
适用的材料	适用于钻削较硬的材料	适用于钻削中等硬度的材料	适用于钻削较软的材料

⑧ 横刃，麻花钻两主切削刃的连接线称为横刃，也就是两个主后面的交线。横刃担负着钻心处的钻削任务。横刃太短，会影响麻花钻的钻尖强度；横刃太长，会使轴向力增大，对钻削不利。

⑨ 横刃斜角 ψ，在垂直于钻头轴线的端面投影中，横刃与主切削刃之间的夹角称为横刃斜角，用符号 ψ 表示。横刃斜角的大小与后角有关，后角增大时，横刃斜角减小，横刃也就变长。后角小时，情况相反，横刃斜角一般为 55°。

⑩ 棱边，也称刃带，它既是副切削刃，也是麻花钻的导向部分。在切削中能保持确定的钻削方向、修光孔壁及作为切削部分的后备部分。

2. 麻花钻的刃磨

（1）麻花钻的刃磨要求

麻花钻的刃磨质量直接关系到钻孔的尺寸精度、表面粗糙度和钻削效率。如同车刀的刃磨一样，它也是车工必须掌握的基本功。

麻花钻一般只刃磨两个主后面并同时磨出顶角、后角以及横刃斜角。麻花钻的刃磨要求如下。

① 保证顶角（$2\kappa_r$）和后角 α_0 大小适当。

② 两条主切削刃必须对称，即两主切削刃与轴线的夹角相等，且长度相等。

③ 横刃斜角 ψ 为 55°。

（2）麻花钻的刃磨情况对钻孔质量的影响（见表 1-3-4）

表 1-3-4　　　　　　　　　　麻花钻的刃磨情况对加工质量的影响

刃磨情况	麻花钻刃磨正确	麻花钻刃磨不正确		
		顶角不对称	切削刃长度不等	顶角不对称、刃长不等
图示	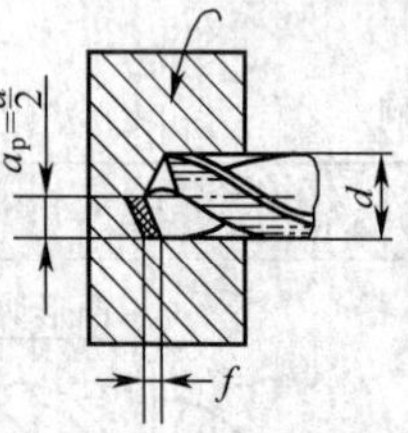	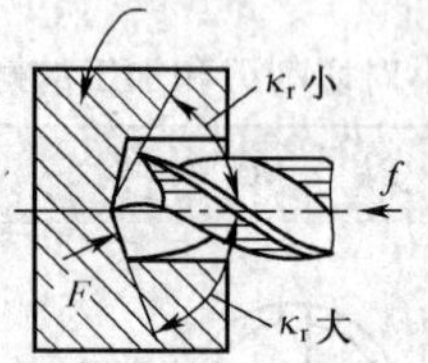	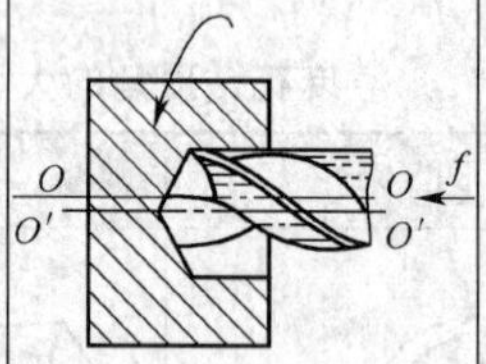	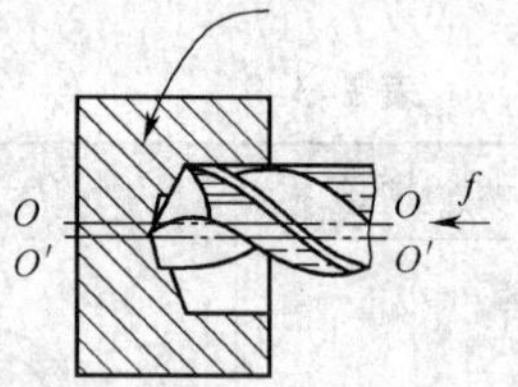
钻削情况	钻削时两条主切削刃同时切削，两边受力平衡，使钻头磨损均匀	钻削时只有一条切削刃切削，另一条不起作用，两边受力不平衡，使钻头很快磨损	钻削时，麻花钻的工作中心由 $O—O$ 移到 $O'—O'$，切削不均匀，使钻头很快磨损	钻削时两条主切削刃受力不平衡，而且麻花钻的工作中心由 $O—O$ 移到 $O'—O'$，使钻头很快磨损
对钻孔质量的影响	钻出的孔径不会扩大、倾斜和产生台阶	钻出的孔径扩大和倾斜	钻出的孔径扩大	钻出的孔径不仅扩大而且还会产生台阶

3. 钻孔的方法

（1）麻花钻的选用

① 对于精度要求不高的内孔，可用麻花钻直接钻出；对于精度要求较高的内孔，钻孔后还要再经过车削或扩孔、铰孔才能完成，在选用麻花钻时应留出下道工序的加工余量。

② 选用麻花钻长度时，一般应使麻花钻螺旋槽部分略长于工件孔深；麻花钻过长则刚性较差，不利于钻削，过短又会使排屑困难，也不宜钻穿孔。

（2）麻花钻的安装

① 钻夹头装夹

直柄麻花钻用钻夹头直接装夹，再将钻夹头的锥柄插入尾座套筒的锥孔中，如图 1-3-6（a）所示。

② 用过渡套安装

锥柄麻花钻可直接安装或用莫氏（Morse）过渡锥套（变径套）插入尾座锥孔中，如图 1-3-6（b）所示。

③ 专用工具装夹

有的时候，因加工需要，锥柄麻花钻也使用专用工具进行装夹，如图 1-3-7 所示。

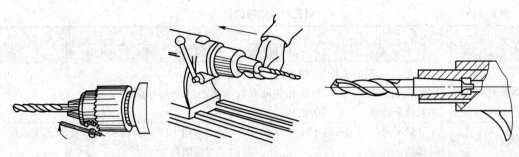

（a）直柄麻花钻的安装　　　　　　　　　（b）锥柄麻花钻的安装

图 1-3-6　麻花钻的安装

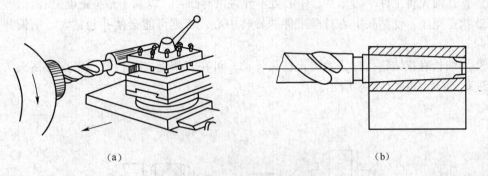

（a）　　　　　　　　　　　　　　　　　　（b）

图 1-3-7　用专用夹具装夹钻头

（3）钻孔时切削用量与切削液的选择

① 切削用量的选用

a. 切削用量包括 3 个要素。背吃刀量 a_p，钻孔时的背吃刀量为麻花钻的半径，即：

$$a_p = \frac{d}{2} \tag{1-3-1}$$

式中，a_p——背吃刀量（mm）；

$\quad\quad d$——麻花钻的直径（mm）。

b. 切削速度 v_c，可按下式计算：

$$v_c = \frac{\pi d n}{1000} \tag{1-3-2}$$

式中，v_c——切削速度（m/min）；

$\quad\quad d$——麻花钻直径（mm）；

$\quad\quad n$——车床转速（r/min）。

用高速钢麻花钻钻钢料时，切削速度一般取 $v_c = 15 \sim 30\text{m/min}$；钻铸铁时，切削取 $v_c = 10 \sim 25\text{m/min}$；钻铝合金时，取 $v_c = 75 \sim 90\text{m/min}$。

c. 进给量 f，在车床上钻孔时的进给量是用手转动尾座手轮来实现的。用小直径麻花钻钻孔时，进给量太大会使麻花钻折断。

用直径为 12 ~ 15mm 的麻花钻钻钢料时，选 $f = 0.15 \sim 0.35\text{mm/r}$；钻铸件时，进给量略大一些，一般选 $f = 0.15 \sim 0.4\text{mm/r}$。

② 切削液的选用

钻孔时切削液的选用见表 1-3-5。

车 工

表1-3-5　　　　　　　　　　　　钻孔时切削液的选用

麻花钻的种类	被钻削的材料		
	低碳钢	中碳钢	淬硬钢
高速钢麻花钻	用1%～2%的低浓度乳化液、电解质水溶液或矿物油	用3%～5%的中等浓度乳化液或极压切削油	用极压切削油
硬质合金麻花钻	一般不用，如用可选3%～5%的中等浓度乳化液		用10%～20%的高浓度乳化液或极压切削油

（4）钻孔步骤

① 钻孔前先将工件平面车平，中心处不允许留有凸台，以利于钻头正确定心。

② 找正尾座，使钻头中心对准工件的旋转中心，否则可能会使孔径钻大、钻偏甚至折断钻头。

③ 用细长麻花钻钻孔时，为防止钻头晃动，可在刀架上夹一挡铁，以支持钻头头部来帮助钻头定心，如图1-3-8所示。

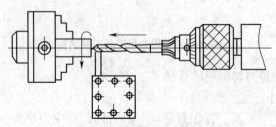

图1-3-8　用挡铁支顶钻头

具体操作是：先用钻头钻入工件端面少许，然后缓慢摇动中滑板，移动挡铁逐渐接近钻头前端，以使钻头的中心稳定在工件回转中心的位置上，但挡铁不能将钻头支顶过工件回转中心，否则容易折断钻头，当钻头已正确定心后，则可退出挡铁。

另一种办法是先将直径小于5mm麻花钻钻孔，钻孔前先在工件端面上钻出中心孔，这样既便于定心，又使钻出的孔同轴度好。

④ 在实体材料上钻孔，小径孔可一次钻出，若孔径超过30mm，不宜一次钻出。最好先用小直径钻头钻出底孔，再用大钻头钻出所需尺寸孔径，一般情况下，第一支钻头直径为第二支钻孔直径的0.5～0.7倍。

⑤ 钻不通孔与钻通孔的方法基本相同，不同的是钻不通孔时需要控制孔的深度。具体操作是：开动车床，摇动尾座手轮，当钻尖开始切入工件端面时，用金属直尺量出尾座套筒的伸出长度，那么钻不通孔的深度就应该控制为所测伸出长度加上孔深，如图1-3-9所示。

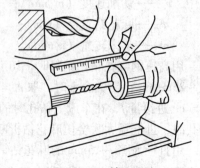

图1-3-9　钻不通孔

（5）钻孔时的注意事项

① 保证钻头轴线与工件旋转轴线相重合，否则钻削时会使钻头折断。

② 钻孔时，工件端面不能留有凸头。

③ 当钻头起钻时或是快钻穿孔时，手动进给要缓慢，以防钻头折断。

④ 在钻削过程中，要经常退出钻头清除切屑，以免切屑堵塞在孔内造成钻头被"咬死"或折断。

⑤ 在钻削钢料时必须浇注切削液，但在钻削铸件时可不用切削液。

二、扩孔和锪孔

1. 扩孔

用扩孔工具扩大工件孔径的加工方法称为扩孔。扩孔精度一般可达 IT9～IT10，表面粗糙度达 $Ra6.3\mu m$ 左右。常用的扩孔刀具有麻花钻和扩孔钻等。孔精度要求一般的扩孔可用麻花钻，精度要求较高的孔的半精加工可用扩孔钻。

（1）用麻花钻扩孔

在实体材料上钻孔时，孔径较小的孔可一直钻出，如果孔径较大（$D > 30mm$），则所用麻花钻直径也较大，横刃长，进给力大，钻孔时很费力，这时可分两次钻削。第一次钻出直径为 $(0.5～0.7)D$ 的孔，第二次扩削到所需的孔径 D。扩孔时的背吃刀量为扩孔余量的一半。

（2）用扩孔钻扩孔

扩孔钻一般有高速钢扩孔钻和镶硬质合金扩孔钻两种，其结构如图 1-3-10 所示。扩孔钻在自动车床和镗床上用得较多。

其主要特点如下。

① 扩孔钻的钻心粗，刚度高，且扩孔时的背吃刀量小、切屑少、排屑容易，能提高切削速度和进给量，如图 1-3-10 所示。

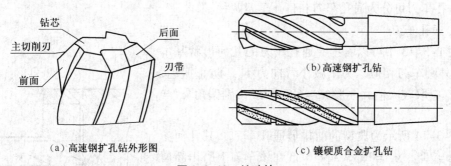

钻芯　主切削刃　前面　后面　刃带

（a）高速钢扩孔钻外形图

（b）高速钢扩孔钻

（c）镶硬质合金扩孔钻

图 1-3-10　扩孔钻

② 扩孔钻的刃齿一般有 3～4 齿，周边棱边数量增多，导向性比麻花钻好，能改善加工质量。

③ 扩孔时能避免横刃引起的不良影响，提高了生产效率，如图 1-3-11 所示。

2. 锪孔

用锪削的方法加工平底或锥形沉孔的方法称为锪孔。车削中常用圆锥形锪钻锪锥形沉孔。圆锥形锪钻有 60°、90° 和 120° 等几种，如图 1-3-12 所示。

60° 和 120° 锪钻用于锪削圆柱孔直径 $d > 6.3mm$ 中心孔的圆锥孔和护锥，90° 锪钻用于孔口倒角或锪埋头螺钉孔。锪内

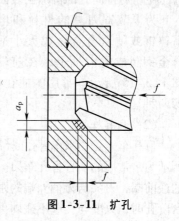

图 1-3-11　扩孔

圆锥时，为了减小表面粗糙度，应选取进给量$f \leqslant 0.05\mathrm{mm/r}$，切削速度$v_c \leqslant 5\mathrm{m/min}$。

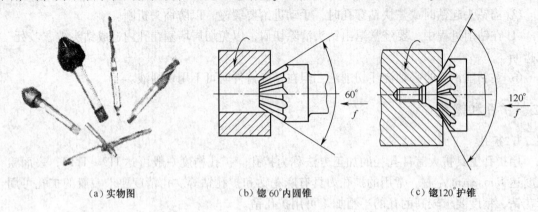

（a）实物图 （b）锪60°内圆锥 （c）锪120°护锥

图1-3-12 锪钻和锪内圆锥

三、车削内孔

铸造孔、锻造孔或用钻头钻出的孔，为了达到尺寸精度和表面粗糙度的要求，还需要车孔。车孔是常用的孔加工方法之一，既可以作为粗加工，也可作为精加工，加工范围很广。车孔精度可达IT7～IT8，表面粗糙度值可达$Ra1.6～3.2\mu\mathrm{m}$，精细车削后可达到更小（$Ra0.8\mu\mathrm{m}$），车孔还可以修正孔的直线度。

1. 内孔车刀

车孔的方法基本上和车外圆相同，但内孔车刀和外圆车刀相比有差别。根据不同的加工情况，内孔车刀可分为通孔车刀和盲孔车刀两种。

（1）通孔车刀

从图1-3-13中可以看出，通孔车刀的几何形状基本上与75°外圆车刀相似，为了减小背向力F_p，防止振动，主偏角κ_r应取较大值，一般$\kappa_r = 60°～75°$，副偏角$\kappa_r' = 15°～30°$。

图1-3-14所示为典型的前排屑通孔车刀，其几何参数为：$\kappa_r = 75°$，$\kappa_r' = 15°$，$\lambda_S = 6°$。在该车刀上磨出断屑槽，使切屑排向孔的待加工表面，即前排屑。

为了节省刀具的材料和增加刀柄的刚度，可以把高速钢或硬质合金做成大小适当的刀头，装在碳钢和合金钢制成的刀柄上，在前端或上面用螺钉紧固，如图1-3-15所示。常用的通孔车刀刀柄有圆刀柄和方刀柄两种。

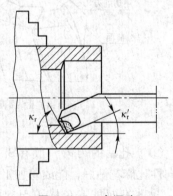

图1-3-13 车通孔

（2）盲孔车刀

盲孔车刀是用来车盲孔或台阶孔的，切削部分的几何形状基本上与偏刀相似。图1-3-16所示为最常用的一种盲孔车刀。其主偏角一般取$\kappa_r = 90°～95°$。车平底盲孔时，刀尖在刀柄的最前端，刀尖与刀柄外端的距离a应小于内孔半径R，否则孔的底平面就无法车平。车内台阶孔时，只要与孔壁不碰即可。

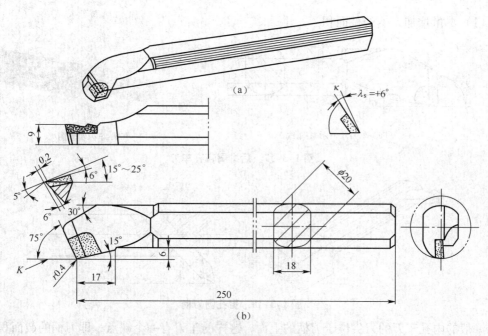

图 1-3-14 前排屑通孔车刀

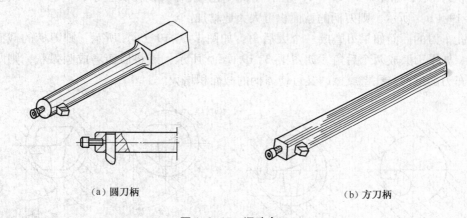

（a）圆刀柄　　　　　　　（b）方刀柄

图 1-3-15 通孔车刀

后排屑盲孔车刀的形状如图 1-3-17 所示，其几何参数为：$\kappa_r = 93°$，$\kappa'_r = 6°$，$\lambda_S = -2° \sim 0°$。其上磨有卷屑槽，使切屑成螺旋状沿尾座方向排出孔外，即后排屑。

如图 1-3-18 所示为盲孔圆刀柄，其上的方孔应加工成斜的。通孔圆刀柄与盲孔圆刀柄根据孔径大小及孔的深度制成几组，以便在加工时使用。

通孔圆刀柄与盲孔圆刀柄根据孔径大小及孔的深度制成几组，以便在加工时使用。

2. 车削内孔的关键技术

内孔车削的关键技术是解决内孔车刀的刚度和排屑问题。增加内孔车刀的刚度主要采取以下两项措施。

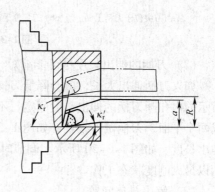

图 1-3-16 车盲孔

（1）尽量增加刀柄的截面积

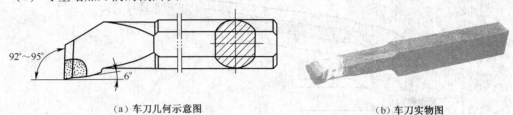

（a）车刀几何示意图　　　　　　　　　（b）车刀实物图

图 1-3-17　后排屑盲孔车刀

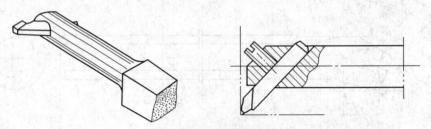

图 1-3-18　盲孔圆刀柄

　　一般的内孔车刀的刀尖位于刀柄的上面，这样的车刀有一个缺点，即刀柄的截面积小于孔截面积的 1/4，如图 1-3-19（a）所示。如果使内孔车刀的刀尖位于刀柄的中心线上，如图 1-3-19（b）所示，则刀柄的截面积可大大地增加。

　　内孔车刀的后面如果刃磨成一个大后角，如图 1-3-19（c）所示，则刀柄的截面积必然减小，如果刃磨成两个后角，如图 1-3-19（d）所示，或将后面磨成圆弧状，则既可防止内孔车刀的后面与孔壁摩擦，又可使刀柄的截面积增大。

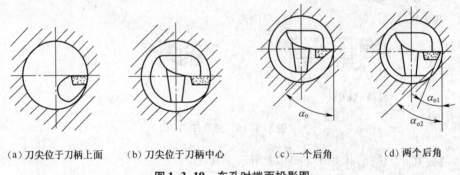

（a）刀尖位于刀柄上面　　（b）刀尖位于刀柄中心　　（c）一个后角　　（d）两个后角

图 1-3-19　车孔时端面投影图

　　（2）刀柄的伸出长度尽可能缩短

　　如果刀柄伸出太长，就会降低刀柄的刚度，容易引起振动。图 1-3-15（a）和图 1-3-18所示的内孔圆刀柄的伸出长度固定，不能适应各种不同孔深的工件。为此，可把内孔刀柄做成两个平面，刀柄做得很长，如图 1-3-15（b）所示，使用时根据不同的孔深调节刀柄的伸出长度，如图 1-3-20 所示。调节时只要刀柄的伸出长度大于孔深即可，这样有利于使刀柄以最大刚度状态工作。

　　（3）解决排屑问题

　　排屑问题主要是控制切屑流出的方向。精车内孔时，要求切屑流向待加工表面（即前排屑），前排屑主要采用正值刃倾角的内孔车刀，如图 1-3-14 所示。车削盲孔时，切屑从孔口排出（后排屑），后排屑主要采用负值刃倾角的内孔车刀，如图 1-3-17 所示。

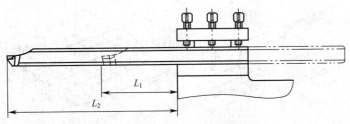

图 1-3-20　可调节伸出长度的刀柄

3. 车削内孔方法

（1）内孔车刀的安装

内孔车刀的安装应注意以下几点。

① 内孔车刀的刀尖应与工件中心线等高或略高。若刀尖低于工件的旋转中心，在切削抗力的作用下，容易将刀杆压低而产生扎刀现象，并可造成孔径扩大。

② 刀杆伸出刀架的长度不宜过长，对于通孔工件，内孔车刀一般要求比被加工的孔深长 5 ~ 6mm 即可。对于盲孔车刀，则要求其主切削刃与孔底平面成 3° ~ 5° 的夹角。在车削台阶内平面时，横向应有足够的退刀余地，而车平底孔时必须满足 $a < R$ 的条件，否则无法车平底孔。

③ 内孔车刀的刀杆应与工件轴线基本平行，否则在车削到一定深度时刀杆后半部容易碰到工件孔口。

④ 内孔车刀安装好后，在车削加工前，应将内孔车刀在孔内试走一遍，观察车刀与工件孔壁有无碰撞现象，以确保车削安全。

（2）内孔车削时的切削用量

内孔车刀的刀柄细长，刚度低，车孔时排屑困难，故车孔时的切削用量应选得比车外圆时要小些。

车孔时的背吃刀量 a_p 是车孔余量的 1/2；进给量 f 比车外圆时小 20% ~ 40%；切削速度 v_c 比车外圆时低 10% ~ 20%。

（3）车削内孔

孔的形状不同，车孔的方法也有差异。

① 车直孔

车直孔的车削方法与车外圆基本相同，只是进刀与退刀的方向相反。在粗车或精车时也要进行试切削，其横向进给量为径向余量的 1/2。当车刀纵向进给切削 2mm 长时，纵向快速退出车刀（横向不动，即中滑板不动），然后停车进行测试，如果孔的尺寸未达到要求，则需微调横向进给，再进行试切削、测试，直到符合孔径尺寸要求为止。

② 车台阶孔

车削直径较小的台阶孔时，由于观察困难，尺寸不易控制，故而常采用先粗、精车小孔，再粗、精车大孔的顺序进行加工。车大的台阶孔时，在便于测量小孔尺寸且视线又不受影响的情况下，一般先粗车大孔和小孔，再精车大孔和小孔。车大、小孔径相差较大的台阶孔时，最好先使用主偏角略小于 90°（一般 $\kappa_r = 85° ~ 88°$）的车刀进行粗车，然后再用后排屑盲孔车刀精车至达到要求。

对于台阶深度的控制则在粗车时常采用在刀杆上做记号［如图 1-3-21（a）所示］、安装限位铜片［如图 1-3-21（b）所示］以及利用床鞍刻度来控制等。精车时需要用小滑板刻度或游标深度尺来控制。

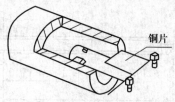

（a）刻线痕法　　　　　（b）铜片挡铁法

图 1-3-21　控制车孔深度的方法

③ 车平底孔

其操作步骤如下。

第一，先车端面、钻中心孔。

第二，再钻底孔。选择比孔径小 1.5 ～ 2mm 的钻头先钻底孔，其钻孔深度从麻花钻顶尖量起，并在麻花钻上刻线痕做记号。然后用相同直径的平头麻花钻将底孔扩成平底，底平面处留有余量 0.5 ～ 1mm，如图 1-3-22 所示。

第三，粗车孔和底平面，留精车余量 0.2 ～ 0.3mm。

第四，精车孔和底平面至达到要求。

4. 内孔的检测

（1）常用测量量具

套类工件的测量项目主要包括孔径的测量、形状精度的测量和位置精度的测量等。孔径的测量可采用游标卡尺、内卡钳、塞规、内测千分尺、内径千分尺、三爪内径千分尺和内径千分表来测量。

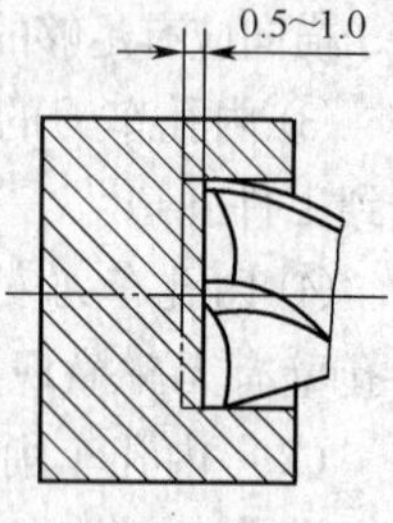

图 1-3-22　用平头麻花钻扩平底

测量孔径的量具都可以测量工件的形状精度，生产中常用内径千分表来测量。位置精度常用百分表或千分表来测量。

① 内卡钳

在孔口试车削或位置狭小时，使用内卡钳显得灵活方便，如图 1-3-23 所示。内卡钳与千分尺配合使用也能测量出精度较高（IT7 ～ IT8）的孔径。

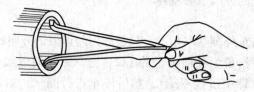

图 1-3-23　用内卡钳测量孔径

② 塞规

塞规如图 1-3-24 所示，塞规通端的基本尺寸等于孔的最小极限尺寸 L_{min}，止端的基本尺寸等于孔径的最大极限尺寸 L_{max}。用塞规检验孔径时，若通端进入工件的孔内，而止端不能进入工件的孔内，说明孔径合格。测量盲孔时，为了排除孔内的空气，常在塞规的外圆上开有通气槽或在轴心处轴向钻出通气孔。

③ 内测千分尺

内测千分尺的测量范围为 5 ～ 30mm 和 25 ～ 50mm 等，内测千分尺的分度值为 0.01mm。

测量精度较高、深度较小的孔径时，可采用内测千分尺，如图 1-3-25 所示。这种千分尺刻线方向与千分尺相反，当微分筒顺时针旋转时，活动量爪向右移动，测量值增大，固定量爪和活动量爪即可测量出工件的孔径尺寸。

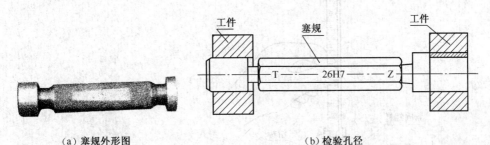

(a) 塞规外形图　　　　　　　　(b) 检验孔径

图1-3-24　用塞规检验孔径

④ 内径千分尺

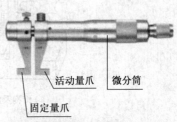

内径千分尺的测量范围为50～250mm、50～600mm、150～1 400mm 等，其分度值为 0.01mm。测量大于ϕ50mm 的精度较高、深度较大的孔径时，可采用内径千分尺。此时，内径千分尺应在孔内摆动，在直径方向应找出最大读数，轴向应找出最小读数，如图 1-3-26 所示。这两个重合读数就是孔的实际尺寸。

图1-3-25　内测千分尺

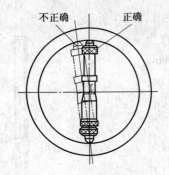
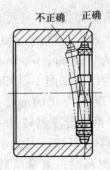

图1-3-26　内径千分尺的使用

⑤ 三爪内径千分尺

三爪内径千分尺的测量范围为 6～8mm、8～10mm、10～12mm、12～14mm、14～17mm、17～20mm、20～25mm、…、90～100mm；其分度值为 0.01mm 或 0.005mm。

测量ϕ6～ϕ100mm 的精度较高、深度较大的孔径时，可采用三爪内径千分尺，如图1-3-27所示。它的 3 个测量爪在很小幅度的摆动下，能自动地位于孔的直径位置，此时的读数即为孔的实际尺寸。

⑥ 深度游标卡尺

深度游标卡尺用来测量沟槽、台阶及孔的深度。读数方法与游标卡尺相同。使用尺子时，擦净尺架基准面和工件的测量基准面，左手握尺架，把尺架基准面贴在工件基准面上，右手将主尺插到沟槽或台阶的底部，旋紧紧固螺钉，读出测量尺寸，如图1-3-28、图 1-3-29 所示。

图 1-3-27　三爪内径千分尺

车　工

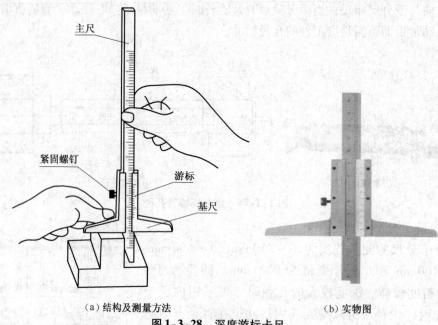

主尺

紧固螺钉

游标

基尺

（a）结构及测量方法

（b）实物图

图1-3-28　深度游标卡尺

⑦ 百分表

常用的百分表有钟面式和杠杆式两种，如图1-3-30所示。

a. 钟面式百分表，表面上一格的分度值为0.01mm，测量范围为0～3mm，0～5mm，0～10mm。

钟面式百分表的结构如图1-3-30（a）所示，在分度盘的一格分度值为0.01mm，沿圆周共有100个格。当大指针沿大分度盘转过一周时，小指针转一格，测量头移动1mm，因此小分度盘的一格分度值为1mm。测量时，测量头移动的距离等于小指针的读数加上大指针的读数。

b. 杠杆式百分表，体积较小，球面测杆可以根据测量需要改变位置，尤其是对小孔的测量或当钟面式百分表放不进去或测量杆无法垂直于工件被测表面时，杠杆式百分表就显得十分灵活方便。

杠杆式百分表表面上一格的分度值为0.01mm，测量范围为0～0.8mm，如图1-3-30（b）所示。

⑧ 千分表

千分表的测量范围为0～1mm，0～2mm，0～3mm，0～5mm；其分度值为0.001mm、0.002mm、0.005mm这3种，如图1-3-31所示。显

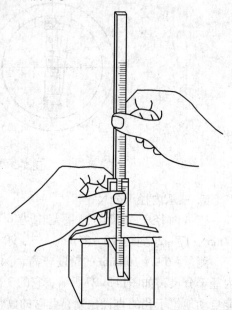

图1-3-29　用深度尺测量沟槽深度

然千分表适用于更高精度的测量。

千分表的外形结构与钟面式百分表相似，只是分度盘的分度值不同。大分度盘的一格分度值为0.001mm，沿圆周共有200格。当大指针沿大分度盘转过一周时，小指针转1格，测量头移动0.2mm，因此，小分度盘的一格分度值为0.2mm。

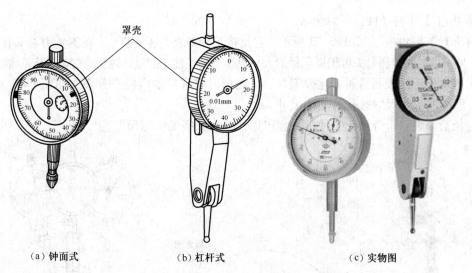

（a）钟面式　　　　　　　（b）杠杆式　　　　　　　（c）实物图

图 1-3-30　百分表

测量时，测量头移动的距离等于小指针的读数加上大指针的读数。图 1-3-31（a）所示的千分表的读数为 $0.2\text{mm} + 56 \times 0.001\text{mm} = 0.256\text{mm}$。

百分表和千分表是一种指示式测量仪。百分表和千分表应固定在测架或磁性表座上使用，测量前应转动罩壳使表的长指针对准"0"刻线。

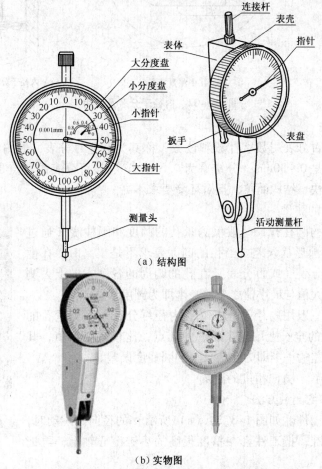

（a）结构图

（b）实物图

图 1-3-31　分度值为 0.001mm 的千分表

车　工

⑨ 内径千分表（或内径百分表）

内径千分表的结构如图1-3-32所示。它是将千分表装夹在测架上，在测量头端部有一活测量头，另一端的固定测量头可根据孔径的大小更换。为了便于测量，测量头旁装有定心器。

使用内径千分表测量属于比较测量法。测量时必须摆动内径千分表，如图1-3-32（c）所示，所得的最小尺寸是孔的实际尺寸。

内径千分表与千分尺配合使用，也可以比较出孔径的实际尺寸。

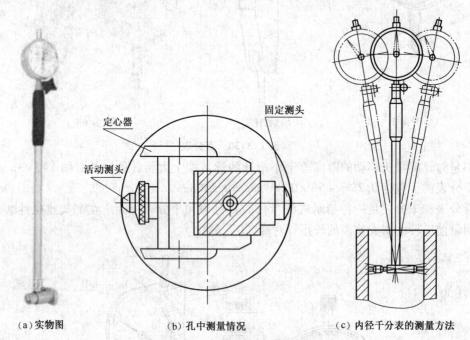

定心器

活动测头

固定测头

（a）实物图　　　　　（b）孔中测量情况　　　　　（c）内径千分表的测量方法

图1-3-32　内径千分表及使用

⑩ 数显百分表

新式的钟面式百分表用数字计数和读数，称其为数显百分表，如图1-3-33所示。数显百分表的测量范围是0～30mm，分辨率为0.01mm。数显百分表的特点是体积小、质量小、功耗小、测量速度快、结构简单，且对环境要求不高。

（2）形状精度的测量

在车床上加工的圆柱孔，一般仅测量孔的圆度和圆柱度（通过测量孔的锥度）两项形状误差。当孔的圆度要求不是很高时，在生产现场可用内径千分表（或百分表）在孔的圆周的各个方向上去测量，测量结果的最大值与最小值之差的一半即为圆度误差。

在生产现场，一般用内径千分表（或内径百分表）不测量孔的圆柱度，只要在孔的全长上取前、后、中几点，比较其测量值，其最大值与最小值之差的一半即为孔全长上的圆柱度误差。

（3）跳动、位置、方向精度的测量

① 径向圆跳动的测量方法

测量一般套类工件［如图1-3-34（a）所示］的径向圆跳动时，都可用内孔作为基准，把工件套在精度很高的小锥度心轴上，再把

图1-3-33　数显百分表

心轴支顶在两顶尖之间，用杠杆式百分表来测量，如图1-3-34（b）所示。工件转一周百分表所测的读数差就是径向圆跳动误差。

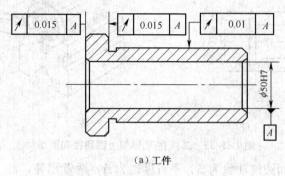

（a）工件

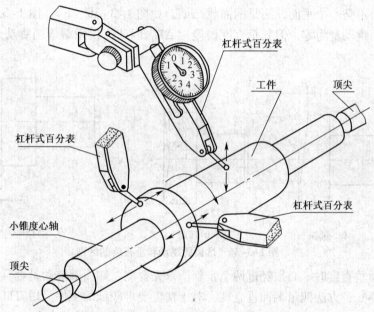

（b）测量方法

图1-3-34 工件在小锥度心轴上测量径向和端面圆跳动

对某些外形比较简单而内部形状比较复杂的套筒［如图1-3-35（a）所示］，不能装夹在心轴上测量径向圆跳动时，可把工件放在V形架上并轴向限位，以外圆为基准来测量。测量时将杠杆式百分表的测杆插入孔内，使杠杆圆头接触内孔表面，转动工件，观察百分表指针的跳动情况，如图1-3-35（b）所示。工件旋转一周，百分表的最大读数差就是工件的径向圆跳动误差。

② 端面圆跳动的测量方法

套类工件端面圆跳动的测量方法如图1-3-34（b）所示，先把工件装夹在精度很高的心轴上，利用心轴上极小的锥度使工件轴向定位，然后把杠杆式百分表的圆测头靠在需要测量的左侧或右侧端面上，转动心轴，测得百分表有读数差，就是端面圆跳动误差。

③ 端面对轴线垂直度的测量方法

端面圆跳动是当工件绕基准轴线作无轴向移动的回转时，所要求的端面上任一测量直径处的轴向跳动 Δ。而垂直度是整个端面的垂直度误差。图1-3-36（a）所示的工件，由于端

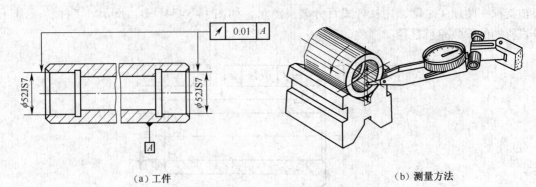

(a) 工件　　　　　　　　　　　　　(b) 测量方法

图 1-3-35　工作在 V 形架上测量径向圆跳动

面是一个平面，其端面圆跳动量为 Δ，垂直度也为 Δ，两者相等。

如果端面不是一个平面，而是凹面或凸面，如图 1-3-36（b）、图 1-3-36（c）所示，虽然其端面圆跳动量为零，但其垂直度误差为 ΔL。因此，仅用端面圆跳动来评定垂直度是不正确的。

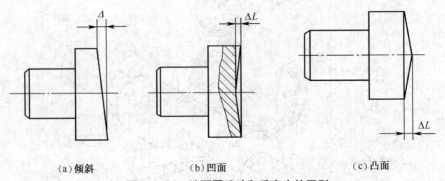

(a) 倾斜　　　　　　　　(b) 凹面　　　　　　　　(c) 凸面

图 1-3-36　端面圆跳动和垂直度的区别

测量端面垂直度时，必须经过两个步骤。首先要测量端面圆跳动是否合格，如果不符合要求，再用第二种方法测量端面垂直度。对于精度要求较低的工件可用刀口形直尺做透光检查，如图 1-3-37 所示。如果必须测出垂直度误差值，可把工件装夹在 V 形架的小锥度心轴上，并放在精度很高的平板上检查端面的垂直度。检查时，先找正心轴的垂直度，然后将杠杆式百分表从端面的最里一点向外拉出，如图 1-3-38 所示。百分表指示的读数差就是端面对内孔轴线的垂直度误差。

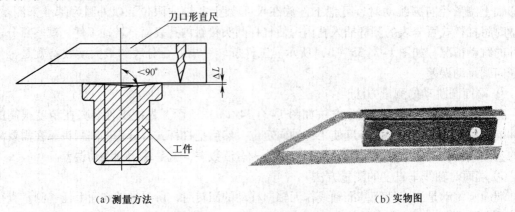

(a) 测量方法　　　　　　　　　　　(b) 实物图

图 1-3-37　用刀口形直尺测量垂直度

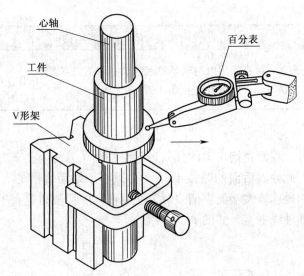

图 1-3-38　测量工件端面垂直度的方法

四、车削内沟槽、端面直槽和轴肩槽

在机械零件上，由于工作情况和结构工艺的需要，有各种不同断面的沟槽，本内容重点介绍内沟槽。但是，在车端面直槽和轴肩槽时，沟槽车刀的几何形状是外圆车刀与内孔车刀的综合，其中，左侧刀尖相当于车内孔。

1. 常见内沟槽的种类、结构、作用及车削方法

常见内沟槽的种类、结构、作用及车削方法见表 1-3-6。

表 1-3-6　　　　　　　　　常见内沟槽的种类、结构、作用及车削方法

类型	退刀槽	轴向定位槽	油气通道槽	内 V 槽（密封槽）
结构				
作用	在车螺纹、车孔、磨削外圆和内孔时作退刀用	在适当位置的轴向定位槽中嵌入弹性挡圈，以实现滚动轴承等的轴向定位	在液压或气动滑阀中车出内沟槽，用以通油或通气	在内 V 形槽内嵌入油毛毡，起防尘作用并防止轴上的润滑剂溢出
车削图				

类型	退刀槽	轴向定位槽	油气通道槽	内 V 槽（密封槽）
车削方法	车削狭窄的内沟槽时，可直接用内沟槽车刀准确地主切削刃宽度来保证；车较宽的内沟槽时，可以用多次车槽的方法来完成			一般先用内孔车槽刀车出直槽，然后用内成形刀车削成形

2. 车削端面直槽

在端面上车直槽时，端面直槽车刀的几何形状是外圆车刀与内孔车刀的综合。其中，刀尖 a 处相当于车内孔，此处副后面的圆弧半径 R 必须小于端面直槽的大圆半径，以防副后面与工件端面槽孔壁相碰。装夹端面直槽刀时，注意使其主切削刃垂直于工件轴线，以保证车出的直槽底面与工件轴线垂直，如图 1-3-39 所示。

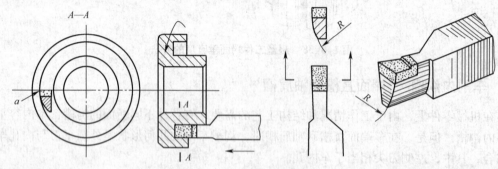

图 1-3-39　车削端面直槽

车削时控制车槽刀位置的方法是：在车直槽前，通常应先测量工件的外径，得出实际尺寸，然后减去沟槽外圆直径尺寸，除以 2，就是车槽刀外侧与工件外侧之间的距离 L，如图 1-3-40 所示。

例如，图中工件直径 D 为 60mm，直径为 50mm，求刀头外侧与工件外径之间的距离：

$$L = \frac{D-d}{2} = \frac{60-50}{2} = 5 \text{mm}$$

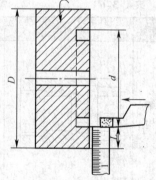

图 1-3-40　车槽刀位置控制

3. 车削轴肩槽

（1）车削 45°外沟槽

45°外沟槽车刀与一般端面直槽车刀几何形状相同，如图 1-3-41（a）所示，车削时，可把小滑板转过 45°，用小滑板进给车削沟槽。

（2）车削圆弧外沟槽

圆弧外沟槽车刀可根据沟槽圆弧 R 的大小相应地磨成圆弧形刀头来进行车削，如图 1-3-41（b）所示。车削端面直槽和轴肩槽时，沟槽车刀的左侧刀尖（图 1-3-41 中 a 处）相当于车孔，刀尖的副后面应相应地磨成圆弧 R，并保证一定的后角。

4. 内沟槽的测量

（1）内沟槽深度的测量

内沟槽深度（或内沟槽直径）一般用弹簧内卡钳配合游标卡尺或千分尺测量，如图 1-3-42所示。测量时，先将弹簧内卡钳收缩并放入内沟槽，然后调节卡钳螺母，使卡脚与

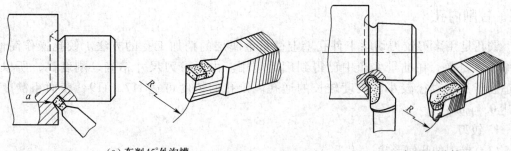

（a）车削45°外沟槽　　　　　　　　　　　　（b）车削圆弧沟槽

图1-3-41　车削轴肩槽

槽底径表面接触，松紧适度，将内卡钳收缩取出，恢复到原来尺寸，最后用游标卡尺或外径千分尺测出内卡钳张开的距离。

　　直径较大的内沟槽，可用弯脚游标卡尺测量，如图1-3-43所示。

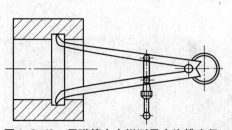

图1-3-42　用弹簧内卡钳测量内沟槽直径

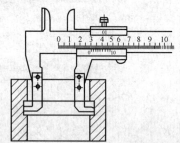

图1-3-43　用弯脚游标卡尺测量内沟槽直径

（2）内沟槽轴向尺寸的测量

内沟槽的轴向位置尺寸可用钩形深度游标卡尺测量，如图1-3-44所示。

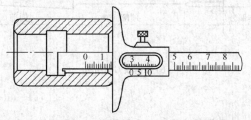

图1-3-44　用钩形深度游标卡尺测量内沟槽轴向位置

（3）内沟槽宽度的测量

内沟槽宽度可用样板检测，如图1-3-45所示。当孔径较大时可用游标卡尺测量，如图1-3-46所示。

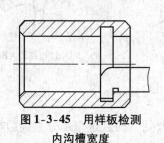

图1-3-45　用样板检测
内沟槽宽度

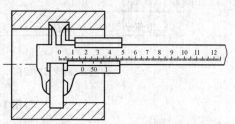

图1-3-46　用游标卡尺检测内沟槽宽度

五、铰削内孔

铰孔是用多刃铰刀切除工件孔壁上微量金属层的精加工孔的方法。铰孔操作简便，效率高，目前，在批量生产中已得到广泛应用。由于铰刀尺寸精确、刚度高，所以特别适合于加工直径较小、长度较长的通孔。铰孔的精度可达 IT7 ~ IT9，表面粗糙度值可达 $0.4\mu m$。

1. 铰刀

（1）铰刀的几何形状

铰刀的形状如图 1-3-47 所示，它由工作部分、颈部和柄部组成，工作部分由引导部分 l_1、切削部分 l_2、修光部分 l_3 和倒锥 l_4 组成。铰刀的柄部有圆柱形、圆锥形和方榫形 3 种。

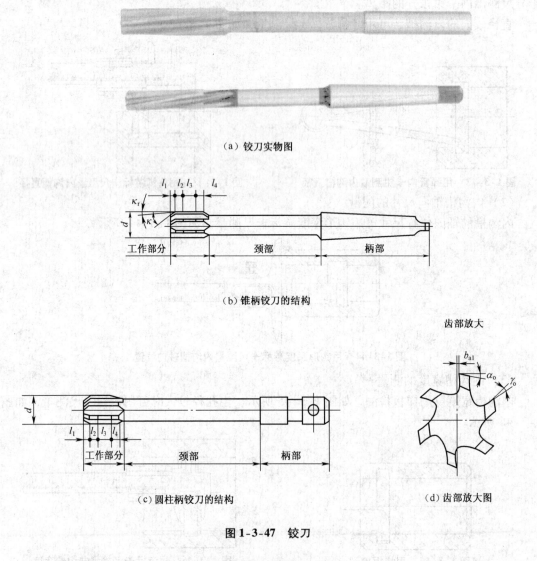

（a）铰刀实物图

（b）锥柄铰刀的结构

齿部放大

（c）圆柱柄铰刀的结构

（d）齿部放大图

图 1-3-47　铰刀

铰刀最容易磨损的部位是切削部分和修光部分的过渡处，而且这个部分直接影响工件的表面粗糙度，因而该处不能有尖棱。

铰刀的刃齿数一般为 4 ~ 10，为了测量直径方便，应采用偶数齿。

（2）铰刀的种类

① 铰刀按用途可分为机用铰刀和手用铰刀。机用铰刀的柄部有直柄和锥柄两种，铰孔时由车床的尾座定向，因此机用铰刀工作部分较短，主偏角较大，标准机用铰刀的主偏角 $\kappa_r = 15°$。手用铰刀的柄部做成方榫形，以便套入铰杠铰削工件。手用铰刀工作部分较长，主偏角较小，一般为 $\kappa_r = 40' \sim 4°$。

② 铰刀按切削部分的材料分为高速钢和硬质合金铰刀。

（3）铰刀尺寸的选择

铰孔的精度主要取决于铰刀的尺寸。铰刀的基本尺寸与孔基本尺寸相同。铰刀的公差是根据孔的精度等级、加工时可能出现的扩大或收缩及允许铰刀的磨损量来确定的。一般可按下面的计算方法来确定铰刀的上、下极限偏差：

$$上极限偏差（es）= 2/3\ 被加工孔的公差$$
$$下极限偏差（ei）= 1/3\ 被加工孔的公差$$

即铰刀公差带的位置在孔公差带中间 1/3 位置。

如铰 $\phi 20H7$（$^{+0.021}_{0}$）mm 孔时，铰刀尺寸最好选择 $\phi 20^{+0.014}_{+0.007}$ mm 尺寸的铰刀。

2. 铰孔方法

（1）铰刀的装夹

在车床上铰孔时，一般将机用铰刀的锥柄插入尾座套筒的锥孔中，并调整尾座套筒轴线与主轴轴线相重合，同轴度误差应小于 0.02mm，但对于一般精度的车床要求其主轴轴线与尾座轴线非常精确地在同一轴线上是比较困难的，为了保证工件的同轴度，常采用浮动套筒来装夹铰刀，如图 1-3-48 所示。铰刀通过浮动套筒插入孔中，利用套筒与主体，轴销与套筒之间存在一定的间隙，而产生浮动。铰削时，铰刀通过微量偏移来自动调整其中心线与孔中心线重合，从而消除由于车床尾座套筒锥孔与主轴同轴误差而对铰孔质量的影响。

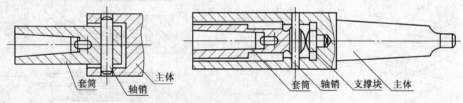

图 1-3-48　浮动套筒

（2）铰削余量的确定

铰孔之前，一般先车孔或扩孔，并留出铰削余量，余量的大小直接影响铰孔的质量。余量太小，往往不能把前道工序所留下的加工痕迹铰去。余量太大，切屑挤满在铰刀的齿槽中，使切削液不能进入切削区，严重影响表面粗糙度；或使切削刃负荷过大而迅速磨损，甚至崩刀。

铰削余量：高速钢铰刀为 0.08 ~ 0.12mm，硬质合金铰刀为 0.15 ~ 0.20mm。

（3）铰孔方法

① 准备工作

a. 找正尾座中心。铰刀中心线必须与车床主轴轴线重合，若尾座中心偏离主轴轴线，则会使铰出孔的尺寸扩大或孔口形成喇叭口。

b. 尾座应固定在床身上适当的位置，使铰孔时尾座套筒伸出的长度在 50 ~ 60mm 范围内，为此，可移动尾座，使铰刀离工件端面 5～10mm 处，然后锁紧尾座。

c. 选好铰刀。铰刀的尺寸精度和表面粗糙度在很大程度上取决于铰刀的质量，所以铰孔前应检查铰刀刃口是否锋利和完好无损，以及铰刀尺寸公差是否适宜。

② 铰孔方法

● 铰通孔

a. 摇动尾座手轮，使铰刀的引导部分轻轻进入孔口，深度为 1～2mm。

b. 启动车床，加注充分的切削液，双手均匀摇动尾座手轮，进给量约为 0.5mm/r，均匀地进给至铰刀切削部分的 3/4，超出孔末端时，即反向摇动尾座手轮，将铰刀从孔中退出，如图 1-3-49（a）所示。此时工件应继续做主运动。

c. 将内孔擦干净后，检查孔径尺寸。

● 铰盲孔

a. 开启车床，加切削液，摇动尾座手轮进行铰孔，当铰刀端部与孔底接触后会对铰刀产生轴向切削抗力，手动进给当感觉到轴向切削抗力明显增加时，表明铰刀端部已到孔底，应立即将铰刀退出。

b. 铰较深盲孔时，切屑排出比较困难，通常中途应退刀数次，用切削液和刷子清除切屑后再继续铰孔，如图 1-3-49（b）所示。

铰削时，切削速度越低，表面粗糙度值越小，一般最好小于 5m/min，而进给量取大些，一般可取 0.2～1mm/r。铰削时应充分加注切削液。一般新铰刀铰钢件时，可用 10%～15% 的乳化液，以不致使孔径扩大，旧铰刀则用油类作切削液，可使孔稍微扩大一点；铰铸件孔时，新铰刀一般用煤油可减小表面粗糙度值，旧铰刀则采用干切削。

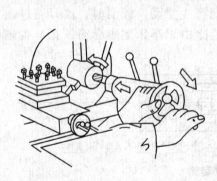

(a) 铰通孔

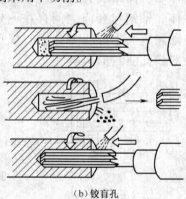

(b) 铰盲孔

图 1-3-49　铰孔

3. 切削液的选择

（1）切削液对铰孔质量的影响

铰孔时，必须加注切削液，以冲去切屑和降低温度。不同的切削液对铰出孔的质量影响见表 1-3-7。

表 1-3-7　　　　　　　　　　　不同切削液对铰孔质量的影响

切削液性质	孔径变化情况	表面粗糙度 Ra 值
水溶性切削液（乳化液）	实际孔径最小	小
油类切削液（机油、柴油、煤油）	比使用乳化液铰出的孔径稍大，而煤油比用机油铰出的孔径大	中
干铰	最大	大

（2）常用切削液的选用

① 铰削钢件及韧性材料：乳化液、极压乳化液。

② 铰削铸铁、脆性材料：煤油、煤油与矿物油的混合油。

③ 铰削青铜或铝合金：$2^{\#}$锭子油或煤油。

六、套类工件形位公差的保证方法

套类工件是机械零件中精度要求较高的工件之一。套类工件的主要加工表面是内孔、外圆和端面。这些表面不仅有尺寸精度和表面粗糙度要求，而且彼此间还有较高的形状精度和位置精度要求。因此应选用合理的装夹方法。

1. 尽可能在一次装夹中完成车削

车削套类工件时，如单件小批量生产，可在一次装夹（俗称一刀下）中尽可能把工件全部或大部分表面车削完毕。这种方法不存在因装夹而产生的定位误差，如果车床精度较高，可获得较高的形位公差要求。但采用这种方法车削时，需要经常转换刀架。车削图1-3-50所示的工件，可轮流使用90°车刀、45°车刀、麻花钻、铰刀和切断刀等刀具加工。如果刀架定位精度较差，则尺寸较难控制，切削用量也要时常改变。

2. 以外圆为基准保证位置精度

在加工外圆直径很大、内孔直径较小、定位长度较短的工件时，多以外圆为基准来保证工件的位置精度。此时一般应用软卡爪装夹工件。软卡爪是未经淬火的45钢制成，这种卡爪是在本车床上车削成形的，因而可确保装夹精度。其次，当装夹已加工表面或软金属时，不易夹伤工件表面。另外，还可根据工件的特殊形状相应地加工软爪，以装夹工件。因此，软卡爪在工厂中已得到越来越广泛的使用。

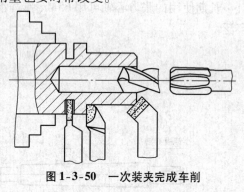

图1-3-50 一次装夹完成车削

软卡爪的形状及制作如图1-3-51所示，车削夹紧工件的软卡爪的内限位台阶时，定位圆柱应放在卡爪的里面，用卡爪底部夹紧。

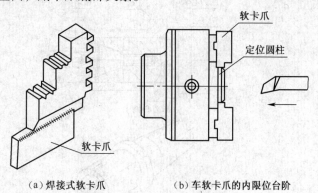

（a）焊接式软卡爪　　　　（b）车软卡爪的内限位台阶

图1-3-51 软卡爪的形状及制作

3. 以内孔为基准保证位置精度

车削中小型轴套、带轮和齿轮等工件时，一般可用已加工好的内孔为定位基准，并根据内孔配置一根合适的心轴，再将套装工件的心轴对顶在车床上，精加工套类工件的外圆、端面等。常用的心轴有实体心轴和胀力心轴等。

（1）实体心轴

实体心轴分不带台阶和带台阶两种。

不带台阶的实体心轴又称小锥度心轴或过盈配合心轴，如图 1 - 3 - 52（a）所示，其锥度 $C = 1 : 1000 \sim 1 : 5000$，这种心轴的特点是制造容易、定心精度高（能保证的同轴度可达 $0.005 \sim 0.01\,\text{mm}$），但轴向无法定位，承受切削力较小，工件装卸时不太方便。

带台阶的心轴又称间隙配合心轴，如图 1 - 3 - 52（b）所示，其配合圆柱面与工件孔保持较小的配合间隙，工件先靠螺母压紧，常用来一次装夹多个工件。若装上快换垫圈，则装卸工件就更为方便，但其定心精度较低，只能保证 $0.02\,\text{mm}$ 左右的同轴度。

（2）胀力心轴

胀力心轴依靠材料弹性变形产生的胀力来胀紧工件，图 1 - 3 - 52（c）所示就是装夹在主轴锥孔中的胀力心轴，胀力心轴的圆锥角度最好为 30° 左右，最薄部分的壁厚 $3 \sim 6\,\text{mm}$。为了使胀力均匀，槽可做成三等分。使用时先把工件套在胀力心轴上，拧紧锥堵的方榫，使胀力心轴胀紧工件。

长期使用的胀力心轴可用 65Mn 弹簧钢制成。胀力心轴装卸方便，定心精度高，故应用广泛。

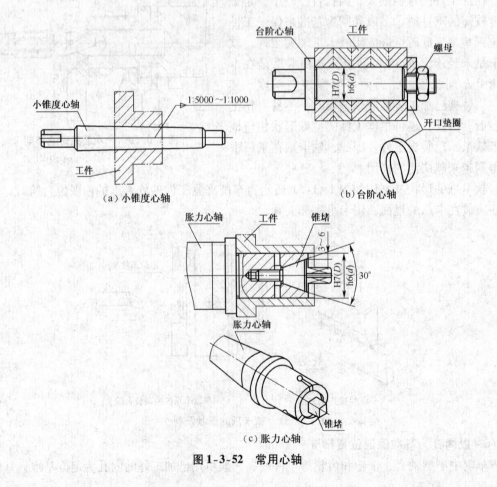

（a）小锥度心轴　　（b）台阶心轴　　（c）胀力心轴

图 1 - 3 - 52　常用心轴

七、套类工件的车削工艺分析及车削质量分析

套类工件一般由外圆、内孔、端面、台阶和内沟槽等结构要素组成。其主要特点是内外圆柱面和相关端面间的形状精度和位置精度要求较高。

1. 车削套类工件的工艺分析

车削各种轴承套、齿轮和带轮等套类工件，虽然工艺方案各异，但也有一些共性可供遵循，现简要说明如下。

① 在车削短而小的套类工件时，为了保证内外圆的同轴度，最好在一次装夹中把内孔、外圆及端面加工完毕。

② 内沟槽应在半精车之后，精车之前加工，还应注意内孔精车余量对槽深的影响。

③ 车削精度要求较高的孔可考虑以下两种方案。

第一种方案：粗车端面→钻孔→粗车孔→半精车孔→精车端面→铰孔。

第二种方案：粗车端面→钻孔→粗车孔→半精车孔→精车端面→磨孔。

④ 加工平底孔时，先用麻花钻钻孔，再用平底钻锪平，最后用盲孔车刀精车孔。

⑤ 如果工件以内孔定位车外圆，在内孔精车后，对端面也应进行一次精车，以保证端面与内孔的垂直度要求。

2. 套类工件的车削质量分析

车削套类工件时，可能产生废品的原因及预防方法，见表 1-3-8。

表 1-3-8　　　　　　　　车削套类工件时产生废品的原因及预防方法

废品种类	产　生　原　因	预　防　方　法
孔的尺寸大	① 车孔时，没有仔细测量 ② 铰孔时，主轴转速太高，铰刀温度上升，切削液供应不足 ③ 铰孔时，铰刀尺寸大于要求，尾座偏移	① 仔细测量和进行试车削 ② 降低主轴转速，加注充足的切削液 ③ 检查铰刀尺寸，校正尾座轴线，采用浮动套筒
孔的圆柱度超差	① 车孔时，刀柄过细，刀刃不锋利，造成让刀现象，使孔径外大内小 ② 车孔时，主轴中心线与导轨不平行 ③ 铰孔时，由于尾座偏移等原因使孔口扩大	① 增加刀柄刚度，保持车刀锋利 ② 调整主轴轴线与导轨的平行度 ③ 校正尾座，或采用浮动套筒
孔的表面粗糙度大	① 车孔与车轴类工件表面粗糙度达不到要求的原因相同，其中内孔车刀磨损和刀柄产生振动尤其突出 ② 铰孔时，铰刀磨损或切削刃上有崩口、毛刺 ③ 铰孔时，切削液和切削速度选用不当，产生积屑瘤 ④ 铰孔余量不均匀和铰孔余量过大或过小	① 要保持车刀的锋利和采用刚度较高的刀柄 ② 修磨铰刀，刃磨后保管好，以防碰毛 ③ 铰孔时，采用 5m/min 以下的切削速度，并正确选用和加注切削液 ④ 正确选择铰孔余量

续表

废品种类	产　生　原　因	预　防　方　法
同轴度和垂直度超差	① 用一次装夹方法车削时，工件移位或车床精度不高 ② 用软卡爪装夹时，软卡爪没有车好 ③ 用心轴装夹时，心轴中心孔碰毛，或心轴本身同轴度超差	① 工件装夹牢固，减小切削用量，调整车床精度 ② 软卡爪应在车床上车出，直径与工件装夹尺寸基本相同 ③ 心轴中心孔应保护好，如碰毛可研修中心孔，如心轴弯曲可校直或更换

基础知识四　车削圆锥面、成形面及滚花

在机床和工具中，有许多使用圆锥面配合的场合，如车床主轴锥孔与顶尖的配合，车床尾座锥孔与麻花钻锥柄的配合等，如图 1-4-1 所示。常见的圆锥零件有圆锥齿轮、锥形主轴、钻套、锥形手柄等，如图 1-4-2 所示。另外，由于设计和使用方面的需要，有些工件的表面的素线不是直线，而是一些曲线，如手柄、手轮和圆球等成形面，如图 1-4-3 所示。

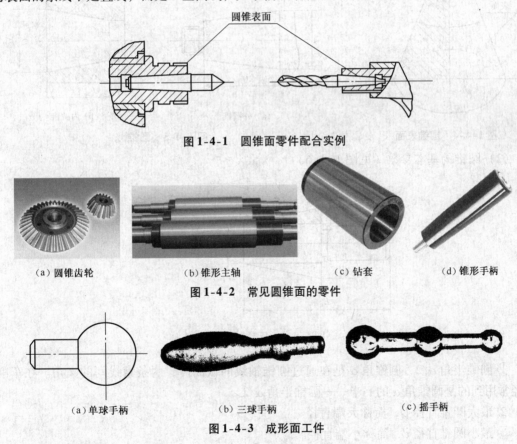

圆锥表面

图 1-4-1　圆锥面零件配合实例

（a）圆锥齿轮　　　（b）锥形主轴　　　（c）钻套　　　（d）锥形手柄

图 1-4-2　常见圆锥面的零件

（a）单球手柄　　　　（b）三球手柄　　　　（c）摇手柄

图 1-4-3　成形面工件

一、车削圆锥面

1. 圆锥面的特点

圆锥面配合的主要特点如下。

① 当圆锥角较小（在 3° 以下）时，可以传递很大的转矩。

② 圆锥配合同轴度较高，能做到无间隙配合。

③ 装卸方便，虽经多次装卸，仍能保证精确的定心作用。

加工圆锥面时，除了尺寸精度、形位精度和表面粗糙度具有较高要求外，还有角度（或锥度）的精度要求。角度的精度用加、减角度的分或秒表示。对于精度要求较高的圆锥面，常用涂色法检验，其精度以接触面的大小来评定。

2. 圆锥的各部分名称及尺寸计算

（1）圆锥表面和圆锥

圆锥表面是由与轴线成一定角度且一端相交于轴线的一条直线段（母线），绕该轴线旋转一周所形成的表面，如图1-4-4所示。由圆锥表面和一定轴向尺寸、径向尺寸所限定的几何体，称为圆锥。圆锥又可以分为外圆锥和内圆锥两种，如图1-4-5所示。

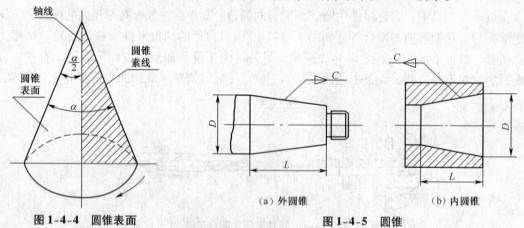

图1-4-4　圆锥表面　　　　　　　　　　　图1-4-5　圆锥
　　　　　　　　　　　　　　　　　　　　　（a）外圆锥　　（b）内圆锥

（2）圆锥的基本参数（见图1-4-6）

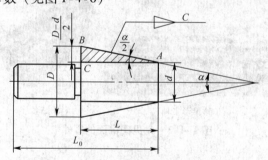

图1-4-6　圆锥的计算

① 圆锥半角 $\alpha/2$，圆锥角 α 是在通过圆锥轴线的截面内，两条素线间的夹角。在车削时经常用到的是圆锥角 α 的一半——圆锥半角 $\alpha/2$。

② 最大圆锥直径 D，简称大端直径。

③ 最小圆锥直径 d，简称小端直径。

④ 圆锥长度 L，最大圆锥直径处与最小圆锥直径处的轴向距离。

⑤ 锥度 C，圆锥大、小端直径之差与长度之比，即：

$$C = \frac{D-d}{L} \tag{1-4-1}$$

锥度 C 确定后，圆锥半角 $\alpha/2$ 则能计算出。因此，圆锥半角 $\alpha/2$ 与锥度 C 属于同一基本参数。

（3）圆锥的各部分尺寸计算

由上可知，圆锥具有 4 个基本参数，只要已知其中任意 3 个参数，便可以计算出其他一个未知参数。

1）圆锥半角 $\alpha/2$ 与其他 3 个参数的关系

在图样上，一般常标注 D、d、L，而在车圆锥时，往往需要将小滑板由 0° 转动一定的角度，而转动的角度正好是圆锥半角 $\alpha/2$，因此必须计算出圆锥半角 $\alpha/2$。

在图 1-4-6 中，

$$\tan\frac{\alpha}{2}=\frac{BC}{AC} \quad BC=\frac{D-d}{2} \quad AC=L$$

$$\tan\frac{\alpha}{2}=\frac{D-d}{2L} \tag{1-4-2}$$

其他 3 个参数与圆锥半角 $\alpha/2$ 的关系：

$$D=d+2L\tan\alpha/2 \tag{1-4-3}$$

$$D=D-2L\tan\alpha/2 \tag{1-4-4}$$

$$L=\frac{D-d}{2\tan\alpha/2} \tag{1-4-5}$$

应用（1-4-2）计算 $\alpha/2$，须查三角函数表（比较麻烦）。当圆锥半角 $\alpha/2<6°$ 时，可以用下列近似公式计算：

$$\frac{\alpha}{2}\approx28.7°\times\frac{D-d}{L}=28.7°\times C \tag{1-4-6}$$

采用近似公式计算圆锥半角 $\alpha/2$ 时，应注意以下几点。

① 圆锥半角在 6° 以内。

② 计算结果是"度"，度以后的小数部分是十进位的，而角度是 60 进位。应将含有小数部分的计算结果转化成度、分、秒、例如，2.35° 并不等于 2°35′。因此，要用小数部分去乘 60′，即 $60\times0.35=21′$，所以 2.35° 应为 2°21′。

【例 1-4-1】有一外圆锥，已知 $D=26$mm，$d=24$mm，$L=30$mm，试分别用查三角函数表和近似法计算圆锥半角 $\alpha/2$。

解：① 查三角函数表法，用式（1-4-2）

$$\tan\frac{\alpha}{2}=\frac{D-d}{2L}=\frac{26-24}{2\times30}\approx0.03333$$

$$\alpha/2=1°54′$$

② 近似法，用式（1-4-6）：

$$\alpha/2\approx28.7°\times\frac{26-24}{30}=28.7°\times\frac{1}{15}$$

$$\alpha/2=1.90°=1°54′$$

两种方法计算结果相同。

【例 1-4-2】有一个外圆锥，已知圆锥半角 $\alpha/2=7°7′30″$，$D=56$mm，$L=44$mm，试计算小端直径 d。

解：根据式（(1-4-4)得：

$$d=D-2L\tan\alpha/2=56-2\times44\tan7°7′30″$$

$$d=45\text{mm}$$

2）锥度 C 与其他 3 个参数的关系

有配合要求的圆锥，一般标注锥度符号，如图 4-13 所示。

根据式（1-4-1）：

$$C = \frac{D - d}{L}$$

推导出 D、d、L 三个参数与 C 的关系：为

$$D = d + CL \tag{1-4-7}$$
$$d = D - CL \tag{1-4-8}$$
$$L = \frac{D - d}{C} \tag{1-4-9}$$

圆锥半角 $\alpha/2$ 与锥度 C 的关系为：

$$\tan \frac{\alpha}{2} = \frac{C}{2} \text{ 或 } C = 2\tan \frac{\alpha}{2} \tag{1-4-10}$$

【例1-4-3】图 1-4-7 所示磨床主轴圆锥，已知锥度 $C = 1:5$，大端直径 $D = 45\text{mm}$，圆锥长度 $L = 50\text{mm}$，求小端直径 d 和圆锥半角 $\alpha/2$。

解：根据式（1-4-8）

$$d = D - CL = 45 - \frac{1}{5} \times 50 = 35\text{mm}$$

根据式（1-4-10）

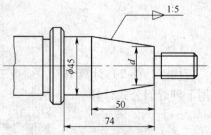

图 1-4-7 标准锥度的零件

$$\tan \frac{\alpha}{2} = \frac{C}{2} = \frac{1}{5} \times \frac{1}{2} = 0.1$$
$$\alpha/2 = 5°42'38''$$

3. 标准工具圆锥

为了制造和使用方便，降低生产成本，常用的工具、刀具上的圆锥都已经标准化。即圆锥的各部分尺寸，都符合几个号码的规定，使用时，只要号码相同，则能互换。标准工具的圆锥已在国际上通用，不论哪个国家生产的机床或工具，只要符合标准圆锥都能达到互换要求。

常用标准工具的圆锥有下面两种。

（1）莫氏圆锥

莫氏圆锥是机器制造业中应用最为广泛的一种，如车床主轴锥孔、顶尖、钻头柄、铰刀柄等都是莫氏圆锥。莫氏圆锥分为 0 号、1 号、2 号、3 号、4 号、5 号和 6 号七种，最小的是 0 号，最大的是 6 号。莫氏圆锥号码不同，圆锥的尺寸和圆锥半角都不同，莫氏圆锥的各部分尺寸可以从有关资料中查得。莫氏圆锥的锥度见表 1-4-1。

表 1-4-1　　　　　　　　　　　　莫氏圆锥的锥度

号数	锥度 C	圆锥角 α	圆锥半角 $\alpha/2$	$\tan \alpha/2$
0	1:19.212 = 0.05205	2°58′54″	1°29′27″	0.026
1	1:20.047 = 0.04988	2°51′26″	1°25′43″	0.0249
2	1:20.020 = 0.04995	2°51′40″	1°25′50″	0.025
3	1:19.922 = 0.050196	2°52′32″	1°26′16″	0.0251
4	1:19.254 = 0.05194	2°58′31″	1°29′15″	0.026
5	1:19.002 = 0.05263	3°00′53″	1°30′26″	0.0263
6	1:19.180 = 0.05214	2°59′12″	1°29′36″	0.0261

（2）米制圆锥

米制圆锥分 4 号、6 号、80 号、100 号、120 号、140 号、160 号和 200 号 8 种，其中，140 号较少采用。它们的号码表示的是大端直径，锥度固定不变，即 $C = 1:20$。如 200 号米制圆锥的大端直径为 200mm，锥度 $C = 1:20$。米制圆锥的优点是锥度不变，记忆方便，其各部分尺寸可以从有关资料中查得。

除了常用标准工具的圆锥外，还经常遇到各种专用的标准圆锥，其锥度大小及应用场合见表 1-4-2。

表 1-4-2   常用标准圆锥的锥度

锥度 C	圆锥角 α	圆锥半角 $\alpha/2$	应 用 举 例
1:4	14°15′	7°7′30″	车床主轴法及轴头
1:5	11°25′16″	5°42′38″	易于拆卸的连接，砂轮主轴与砂轮法兰的结合，锥形摩擦离合器等
1:7	8°10′16″	4°5′8″	管件的开关塞、阀等
1:12	4°46′19″	2°23′9″	部分滚动轴承内环锥孔
1:15	3°49′6″	1°54′33″	主轴与齿轮的配合部分
1:16	3°34′47″	1°47′24″	圆锥管螺纹
1:20	2°51′51″	1°25′56″	米制工具圆锥，锥形主轴颈
1:30	1°54′35″	0°57′17″	锥柄的铰刀和扩孔钻与柄的配合
1:50	1°8′45″	0°34′28″	圆锥定位销及锥铰刀
7:24	16°36′39″	8°17′50″	铣床主轴孔及刀杆的锥体
7:64	6°15′38″	3°7′40″	刨齿机工作台的心轴孔

4. 车削圆锥的方法

因圆锥既有尺寸精度，又有角度要求，因此，在车削中要同时保证尺寸精度和圆锥角度。一般先保证圆锥角度，然后精车控制其尺寸精度。车外圆锥面主要有：转动小滑板法、偏移尾座法、仿形法和宽刃刀车削法 4 种。

（1）转动小滑板法

转动小滑板法，是把小滑板按工件的圆锥半角 $\alpha/2$ 要求转动一个相应角度，使车刀的运动轨迹与所要加工的圆锥素线平行，如图 1-4-8 和图 1-4-9 所示。转动小滑板操作简便，调整范围广，主要适用于单件、小批量生产，特别适用于工件长度较短、圆锥角较大的圆锥面。

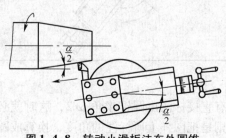

图 1-4-8 转动小滑板法车外圆锥

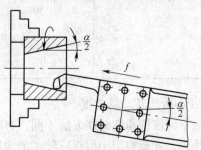

图 1-4-9 转动小滑板法车内圆锥

① 小滑板的转动方向

车外圆锥面和内圆锥工件时，如果最大圆锥直径靠近主轴，最小圆锥直径靠近尾座，小滑板应沿逆时针方向转一个圆锥半角 α/2，反之则应顺时针方向转动一个圆锥半角 α/2。小滑板转动方向见表1-4-3。

表1-4-3　　　　　　　　　图样上标注的角度和小滑板应转过的角度

图例	小滑板应转过的角度	车削示意图
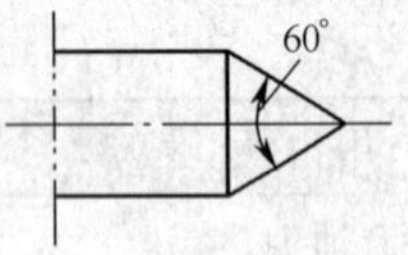	逆时针 30°	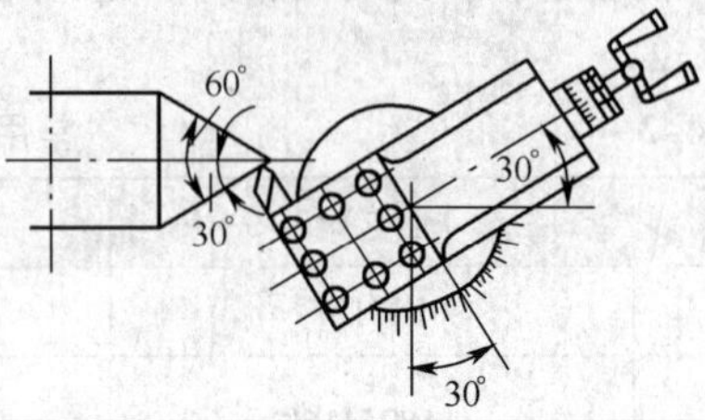
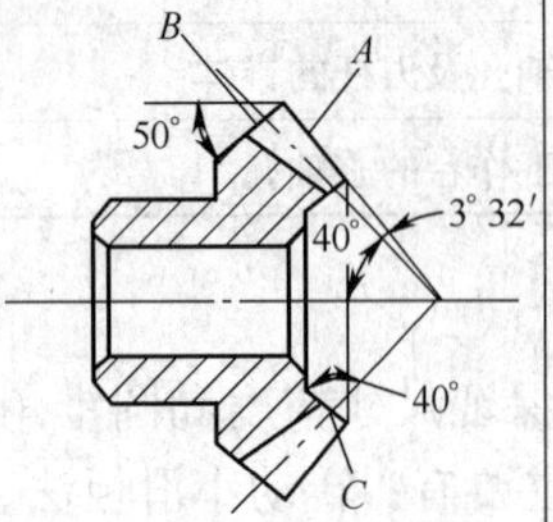	车 A 面逆时针 43°32′	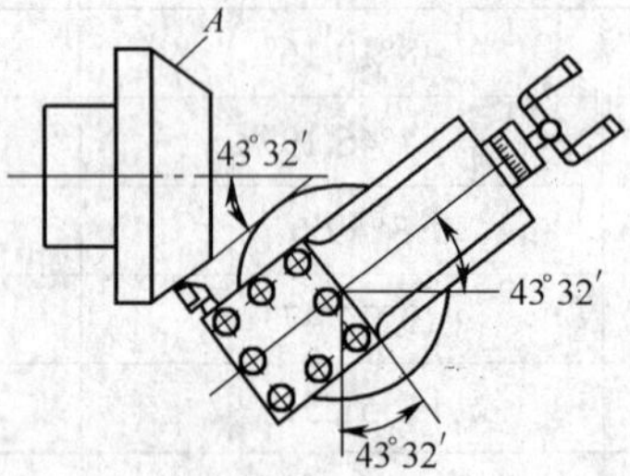
	车 B 面顺时针 50°	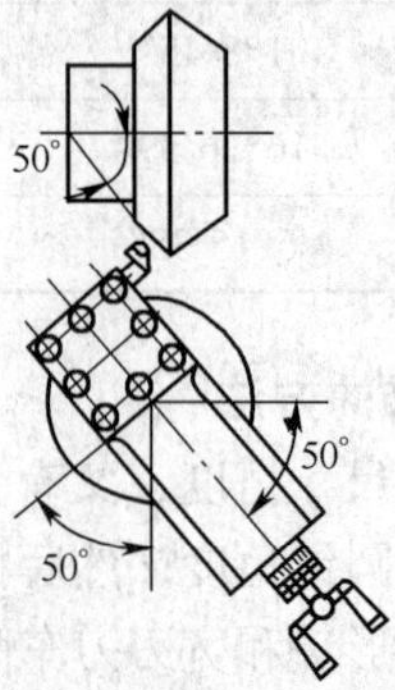
	车 C 面顺时针 50°	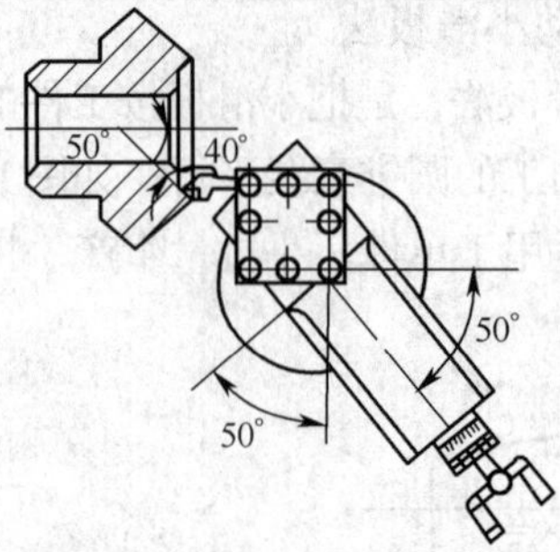

② 小滑板转动的角度

由于圆锥的角度标注方法不同，有时图样上没有直接标注出圆锥半角 α/2，这时就必须经过换算，才能得出小滑板应转动的角度。换算原则是把图样上所标注的角度，换算成圆锥素线与车床主轴轴线的夹角 α/2。α/2 就是车床小滑板应转过的角度，具体见表1-4-3。

车削常用标准工具圆锥和专用的标准圆锥时，小滑板转动角度可参考表 1-4-4。

③ 转动小滑板法车圆锥的特点

a. 可以车削各种角度的内外圆锥，适用范围广。

b. 操作简便，能保证一定的车削精度。

c. 由于小滑板只能用手动进给，故劳动强度较大，表面粗糙度也较难控制；而且车削锥面的长度受小滑板行程的限制。

转动小滑板法适用于加工圆锥半角较大且锥面不长的工件。

表 1-4-4 　　　　　　　　　车削常用锥度和标准度时小滑板转动角度

名称		锥度	小滑板转动角度	名称		锥度	小滑板转动角度
莫氏	0	1:19.212	1°29′27″	标准锥度	0°17′11″	1:200	0°08′36″
	1	1:20.047	1°25′43″		0°34′23″	1:100	0°17′11″
	2	1:20.020	1°25′50″		1°8′45″	1:50	0°34′28″
	3	1:19.922	1°26′16″		1°54′35″	1:30	0°57′17″
	4	1:19.254	1°29′15″		2°51′51″	1:20	1°25′56″
	5	1:19.002	1°30′26″		3°49′6″	1:15	1°54′33″
	6	1:19.180	1°29′36		4°46′19″	1:12	2°23′09″
标准锥度	30°	1:1.866	15°		5°43′29″	1:10	2°51′15″
	45°	1:1.207	22°30′		7°9′10″	1:8	3°34′35″
	60°	1:0.866	30°		8°10′16″	1:7	4°05′08″
	75°	1:0.625	37°30′		11°25′16″	1:5	5°42′38″
	90°	1:0.5	45°		18°55′29″	1:3	9°27′44″
	120°	1:0.289	60°		16°35′32″	7:24	8°17′50″

（2）偏移尾座法

偏移尾座法适用于加工锥度小、锥形部分较长的工件。

采用偏移尾座法车外圆锥面，须将工件装夹两顶尖间、把尾座向里（用于车正外圆锥面）或者向外（用于车倒外圆锥面）横向移动一端距离 S 后，使工件回转轴线与车床主轴轴线相交一个角度，并使其大小等于圆锥半角 $\alpha/2$。由于床鞍进给是沿平行于主轴轴线的进给方向移动的，当尾座横向移动一端距离 S 后，工件就车成一个圆锥体，如图 1-4-10 所示。

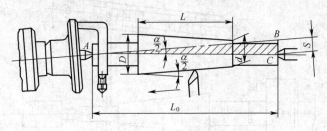

图 1-4-10　偏移尾座法车圆锥

① 偏移尾座量 S 的计算

用偏移尾座法车削圆锥时，尾座的偏移量不仅与圆锥长度 L 有关，而且还与两个顶尖之间的距离有关，这段距离一般可近似看做工件全长 L_0。尾座偏移量 S 可以根据下列近似公式计算：

$$S = L_0 \tan \frac{\alpha}{2} = L_0 \times \frac{D-d}{2L} \text{或} S = \frac{C}{2}L_0 \qquad (1-4-11)$$

式中，S——尾座偏移量（mm）；

　　　D——最大圆锥直径（mm）；

　　　d——最小圆锥直径（mm）；

　　　L——圆锥长度（mm）；

　　　L_0——工件全长（mm）；

　　　C——锥度。

【例 1-4-4】用偏移尾座法车一外圆锥工件，已知 $D = 75\text{mm}$，$d = 70\text{mm}$，$L = 100\text{mm}$，$L_0 = 120\text{mm}$，求尾座偏移量 S。

解：根据式（1-4-11）：

$$S = \frac{D-d}{2L}L_0 = \frac{75-70}{2 \times 100} \times 120 = 3\text{mm}$$

【例 1-4-5】用偏移尾座法车一外圆锥工件，已知 $D = 30\text{mm}$，$C = 1:20$，$L = 60\text{mm}$，$L_0 = 100\text{mm}$，求尾座偏移量 S。

解：根据式（1-4-11）：

$$S = \frac{C}{2}L_0 = \frac{1/20}{2} \times 100 = 2.5\text{mm}$$

② 偏移尾座法车外圆锥面的特点

a. 适宜于加工锥度小、精度不高、锥体较长的工件，因受尾座偏移量的限制，不能加工锥度大的工件。

b. 可以采用纵向自动进给，使表面粗糙度 Ra 值减小，工件表面质量较好。

c. 因顶尖在中心孔中是歪斜的，接触不良，所以顶尖和中心孔磨损不均匀。

d. 不能加工整锥体或内圆锥。

（3）仿形法

仿形法车圆锥是刀具按照仿形装置（靠模）进给对工件进行加工的方法，如图 1-4-11 所示。在卧式车床上安装一套仿形装置，该装置能使车刀作纵向进给的同时，又做横向进给，从而使车刀的运动轨迹与圆锥面的素线平行，加工所需的圆锥面。

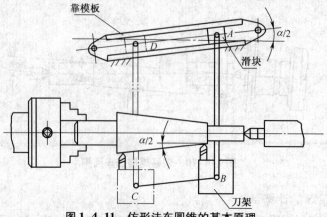

图 1-4-11　仿形法车圆锥的基本原理

① 仿形法的基本原理

仿形法又称靠模法，它是在车床床身后面安装一固定靠模板，其斜角可以根据工件的圆锥半角 $\alpha/2$ 调整；取出中滑板丝杠，刀架通过中滑板与滑块刚性连接。这样，当床鞍纵向进给时，滑块沿着固定靠模块中的斜槽滑动，带动车刀作平行于靠模板斜面的运动，使车刀刀尖的运动轨迹平行于靠模块的斜面，这样就车出了外圆锥面，如图 1-4-11 所示。

② 靠模的结构

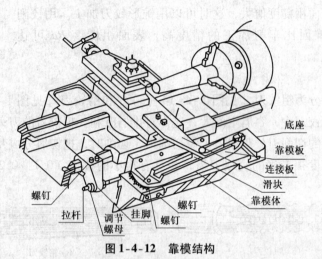

底座
靠模板
连接板
滑块
靠模体

螺钉
拉杆
调节螺母
挂脚
螺钉
螺钉

图 1-4-12　靠模结构

如图 1-4-12 所示，底座固定在车床床鞍上，它下面的燕尾导轨和靠模体上的燕尾槽均为滑动配合。当需要加工圆锥工件时，用螺钉通过挂脚、调节螺母及拉杆把靠模体固定在车床床身上。靠模体上标有角度刻度，它上面装有可以绕中心旋转到车床主轴轴线相交成所需圆锥半角 $\alpha/2$ 的锥度靠模板。螺钉用来调整靠模板与车床主轴轴线相交的斜角，当调整到所需的圆锥半角 $\alpha/2$ 后用螺钉固定。抽出中滑板丝杠，用一连接板一端与中滑板相连，另一端与滑块连接，滑块可以沿靠模块中的斜槽自由滑动。当床鞍作纵向移动时，滑块沿靠模板的斜槽滑动，同时通过连接板带动中滑板沿靠模板横向进给，使车刀合成斜进给运动，从而加工出所需的圆锥面。小滑板需旋转 90°，以便于横向进给以控制锥体尺寸。当不需要使用靠模时，将两只螺钉松开，取下连接板，装上中滑板丝杠，床鞍将带动整个附件一起移动，从而使靠模失去作用。

此外，还可以通过特殊结构的中滑板丝杠与滑块相连，使中滑板既可以手动横向进给，又可以通过滑块沿靠模块横向进给。

③ 仿形法车外圆锥面的特点

a. 调整锥度准确、方便、生产效率高，因而适合于批量生产。

b. 能够自动进给，表面粗糙度 Ra 值较小，表面质量好。

c. 靠模装置角度调整范围较小，一般适用于圆锥半角 $\alpha/2$ 在 12° 以内的工件。

（4）宽刃刀车削法

宽刃刀车外圆锥面，实质上也属于成形法车削，即用成形刀具对工件进行加工。它是在车刀安装后，使主切削刃与主轴轴线的夹角等于工件的圆锥半角 $\alpha/2$，采用横向进给的方法加工出外圆锥面，如图 1-4-13 所示。

宽刃刀车外圆锥面时，切削刃必须平直，刃倾角应为零度。车床及车刀必须具有很好的刚性；而且背吃刀量应小于 0.1mm，切削速度宜低些，否则容易引起振动。

宽刃刀车削法主要适用于较短外圆锥面的精车工序。当工件的圆锥斜面长度大于切削刃长度时，可以采用多次接刀的方法加工，但接刀处必须平直。

（5）铰内圆锥面法

在加工直径较小的内圆锥面时，因为刀柄的刚性差，加工出的内圆锥面精度差，表面粗糙度值大，这时可以用锥形铰刀加工。用铰削方法加工的内圆锥面比车削加工的精度高，表面粗糙度 Ra 可达到 $1.6 \sim 0.8\mu m$。

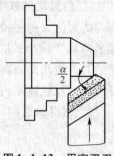

图 1-4-13　用宽刃刀车圆锥

① 锥形铰刀

锥形铰刀一般分为粗铰刀［见图 1-4-14（a）］和精铰刀［见图 1-4-14（b）］两种。粗铰刀的槽数比精铰刀少，容屑空间大，这样对排屑有利。粗铰刀的刀刃上切了一条螺旋分屑槽，把原来很长的切削刃分割成若干短切削刃，切削时，把切屑分成几段，使切屑容易排除。精铰刀做成锥度很准确的直线刀齿，并且有很小的棱边（$0.1 \sim 0.2mm$），以保证锥孔的质量。

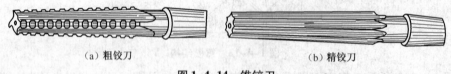

（a）粗铰刀　　　　　（b）精铰刀

图 1-4-14　锥铰刀

② 铰内圆锥的方法

铰圆锥孔时，将铰刀安装在尾座套筒内，铰孔前必须用百分表把尾座中心调整到与主轴轴线重合的位置，否则铰出的锥孔不正确，表面质量也不高。

根据锥孔直径大小、锥度大小和精度高低不同，铰内圆锥面有以下三种工艺方法：

a. 钻→车→铰内圆锥面。当内圆锥的直径和锥度较大，且有较高的位置精度时，可以先钻底孔，然后粗车成锥孔，并在直径上留铰削余量 $0.1 \sim 0.2mm$，再用铰刀铰削。

b. 钻→铰内圆锥面。当内圆锥的直径和锥度较小时，可以先钻底孔，然后用锥形粗铰刀铰锥孔，最后用精铰刀铰削成形。

c. 钻→扩→铰内圆锥面。当内圆锥的长度较长，余量较大，有一定的位置精度要求时，可以先钻锥孔，然后用扩孔钻扩孔，最后用粗铰刀、精铰刀铰孔。

③ 铰内圆锥面时切削用量的选择

铰内圆锥面时，参加切削的切削刃长，切屑面积大，排屑较困难，所以切削用量要选得小些。切削速度一般为 5m/min 以下，进给要均匀。进给量应根据锥度大小选取，锥度大，进给量要小些，反之可以大些。如铰莫氏锥孔时，钢件进给量一般为 $0.15 \sim 0.3mm/r$，铸铁件进给量一般为 $0.3 \sim 0.5mm/r$。

铰内圆锥面时必须浇充足的切削液，以减小表面粗糙度 Ra 值。铰钢件可以使用乳化液或切削油，铰合金钢或低碳钢可以使用植物油，铰铸件可以使用煤油或柴油。

④ 铰内圆锥面时的注意事项

a. 铰内圆锥面时，铰刀轴线必须与主轴轴线重合；铰内圆锥面时，可以将铰刀装夹在浮动夹头上，浮动夹头装在尾座套筒锥孔中，以免因铰孔时由于轴线偏斜而引起工件孔径扩大。

b. 内圆锥的精度和表面质量是由铰刀的切削刃保证的，因而铰刀刀刃必须很好保护，不准碰毛，使用前要先检查刀刃是否完好；铰刀磨损后，应在工具磨床上修磨（不要用油石研磨刃带）；铰刀用毕要擦干净，涂上防锈油，并妥善保管。

c. 铰锥孔时，要求孔内清洁、无切屑及较小的表面粗糙度 Ra 值；在铰孔过程中应经常退出铰刀，清除切屑，并加注充足的切削油冲刷孔内切屑，以防止由于切屑过多使铰刀在铰孔过程中卡住，造成工件报废。

d. 铰内圆锥面时，车床主轴只能顺转，不能反转，否则会使铰刀切削刃损坏。

e. 铰锥孔时，若碰到铰刀锥柄在尾座套筒内打滑旋转，必须立即停车，绝不能用手抓，以防划伤手；铰孔完毕后，应先退铰刀后停车。

f. 铰内圆锥面，手动进给应慢而均匀。

5. 圆锥面的技术测量

对于相配合的锥度或角度工件，根据用途不同，规定不同的锥度公差和角度公差。圆锥的检测主要是指圆锥角度和尺寸精度的检测。

（1）角度和锥度的检测

① 用游标万能角度尺检测

a. 结构

游标万能角度尺的结构如图 1-4-15 所示，它可以测量 0°～320° 范围内的任意角度。

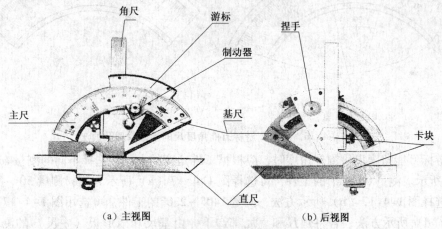

（a）主视图　　　　　　　　　（b）后视图

（c）实物图

图 1-4-15　游标万能角度尺

游标万能角度尺由主尺、角尺、游标、制动器、基尺、直尺、卡块、捏手等组成。测量时基尺带着主尺沿着游标转动，当转到所需角度时，可以用制动器锁紧。卡块将 90° 角尺和直尺固定在所需的位置上。在测量时，转动背面的捏手，通过小齿轮转动扇形齿轮，使基尺改变角度。

b. 读数原理

游标万能角度尺的示值一般分为5′和2′两种。下面仅介绍示值为2′的读数原理。

主尺刻度每格为1°，游标上总角度为29°，并等分为30格，如图1-4-16（a）所示，每格所对的角度为：

$$\frac{29°}{30} = \frac{60' \times 29}{30} = 58'$$

因此，主尺一格与游标一格相差：

$$1° - \frac{29°}{30} = 60' - 58' = 2'$$

即此游标万能角度尺的测量精度为2′。

游标万能角度尺的读数方法与游标卡尺的读数方法相似，即先从主尺上读出游标零线前面的整读数，然后在游标上读出分的数值，两者相加就是被测件的角度数值。图1-4-16（b）所示读数为10°50′。

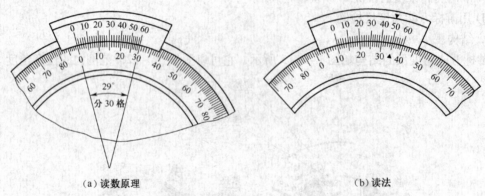

（a）读数原理   （b）读法

图1-4-16　示值2′游标万能角度尺的读数原理及读法

用游标万能角度尺检测外角度时，应根据工件角度的大小，选择不同的测量方法，如图1-4-17所示。测量0°~50°的工件，可选择图1-4-17（a）所示方法；测量50°~140°的工件，可选择图1-4-17（b）所示方法；测量140°~230°的工件，可选用图1-4-17（c）、图1-4-17（d）所示方法；若将角尺和直尺都卸下，由基尺和扇形板（主尺）的测量面形成的角度，还可测量230°~320°的工件。

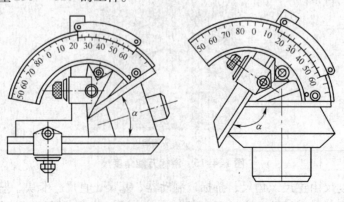

（a）   （b）

图1-4-17　用游标万能角度尺测量工件的方法

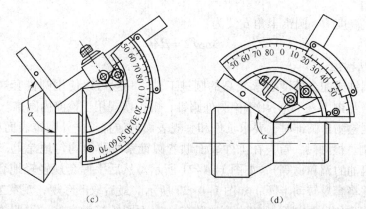

图 1-4-17 用游标万能角度尺测量工件的方法（续）

② 用角度样板检测

角度样板属于专用量具，常用在成批和大量生产时，以减少辅助时间。图 1-4-18 所示为角度样板测量圆锥齿轮角度的情况。

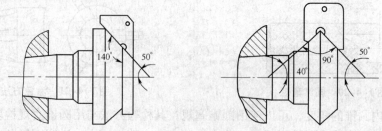

图 1-4-18 用样板测量圆锥齿轮的角度

③ 用正弦规检测

正弦规是利用三角函数中正弦（sin）关系来进行间接测量角度的一种精密量具。它由一块准确的钢质长方体和两个相同的精密圆柱体组成，如图 1-4-19（a）所示。两个圆柱之间的中心距要求很精确，中心连线与长方体工作平面严格平行。

测量时，将正弦规安放在平板上，圆柱的一端用量块垫高，被测工件放在正弦规的平面上，如图 1-4-19（b）所示。量块组高度可以根据被测工件圆锥半角进行精确计算获得。然后用百分表检验工件圆锥的两端高度，若读数值相同，就说明圆锥半角正确。用正弦规测量 3° 以下的角度，可以达到很高的测量精度。

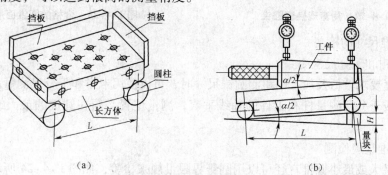

图 1-4-19 正弦规及使用方法

已知圆锥半角 $\alpha/2$，需垫进量块组高度为：

$$H = L\sin\alpha/2 \tag{1-4-12}$$

93

已知量块组高度 H，圆锥半角 $\alpha/2$ 为：

$$\sin\alpha/2 = H/L \qquad\qquad (1-4-13)$$

④ 用涂色法检测

对于标准圆锥或配合精度要求较高的圆锥工件，一般可以使用圆锥套规和圆锥塞规检测。圆锥套规（见图 1-4-20）用于检测外圆锥，圆锥塞规用于检测内圆锥。

用圆锥套规检测外圆锥时，要求工件和套规表面清洁且工件外圆锥表面粗糙度 Ra 小于 $3.2\mu m$ 且无毛刺。检测时，首先在工件表面顺着圆锥素线薄而均匀地涂上三条显示剂（印油、红丹粉、机油的调和物等），如图 1-4-21 所示。然后手握套规轻轻地套在工件上，稍加轴向推力，并将套规转动半圈，如图 1-4-22 所示。最后取下套规，观察工件表面显示剂擦去的情况。若 3 条显示剂全长擦去痕迹均匀，表面圆锥接触良好，说明锥度正确，如图 1-4-23所示；若小端擦去，大端未擦去，说明圆锥角小了；若大端擦去，小端未擦去，则说明圆锥角大了。

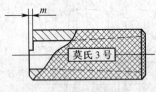

图 1-4-20 圆锥套规

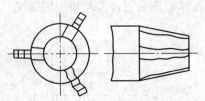

图 1-4-21 涂色方法

如果检验内圆锥的角度，可以使用圆锥塞规，其检验方法与用圆锥套规检验外圆锥基本相同，只是显示剂应涂在圆锥塞规上。若小端擦去，大端未擦去，说明圆锥角大了；若大端擦去，小端未擦去，则说明圆锥角小了。

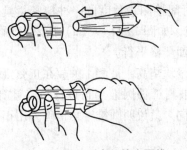

图 1-4-22 用套规检查圆锥

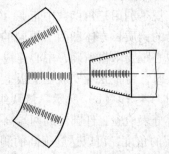

图 1-4-23 合格的圆锥面展开图

（2）圆锥尺寸的检测

① 用卡钳和千分尺检测

圆锥精度要求较低及加工中粗测圆锥尺寸时，可以使用卡钳和千分尺测量。测量时必须注意卡钳脚或千分尺测量杆和工件的轴线垂直，测量位置必须在圆锥的最大或最小圆锥直径处。

② 用圆锥量规检测

圆锥的最大或最小圆锥直径可以用圆锥界限量规来检验，如图 1-4-24 所示。塞规和套规除了有一个精确的圆锥表面外，端面上分别有一个台阶（或刻线）。台阶长度（或刻线之间的距离）m 就是最大或最小圆锥直径的公差范围。

检验内圆锥时，若工件的端面位于圆锥塞规的台阶（或两刻线）之间，则说明内圆锥的最大圆锥直径为合格，如图 1-4-24（a）所示；若工件的端面位于圆锥套规的台阶（或两刻线）之间，则说明外圆锥的最小圆锥直径为合格，如图 1-4-24（b）所示。

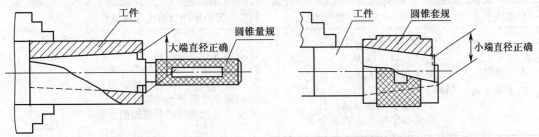

（a）检验内圆锥的最大圆锥直径　　　　　　　（b）检验外圆锥的最小圆锥直径

图 1-4-24　用圆锥界限量规检验

（3）圆锥面的车削质量分析

加工内、外圆锥面时，会产生很多缺陷。例如，锥度（角度）或尺寸不正确、双曲线误差、表面粗糙度 Ra 值过大等。对所产生的缺陷必须根据具体情况进行仔细分析，找出原因，并采用相应的措施加以解决，现将主要的废品产生原因及预防方法列于表 1-4-5。

表 1-4-5　　　　　　　　　　　　车圆锥时产生废品的原因及预防措施

废品种类	产 生 原 因	预 防 措 施
锥度（角度）不正确	（1）用转动小滑板法车削时 ① 小滑板转动角度计算差错或小滑板角度调整不当 ② 车刀没有固紧 ③ 小滑板移动时松紧不均	① 仔细计算小滑板应转动的角度、方向、反复试车校正 ② 紧固车刀 ③ 调整镶条间隙，使小滑板移动均匀
	（2）用偏移尾座法车削时 ① 尾座偏移位置不正确 ② 工件长度不一致	① 重新计算和调整尾座偏移量 ② 若工件数量较多，其长度必须一致，或两端中心孔深度一致
	（3）用仿形法车削时 ① 靠模角度调整不正确 ② 滑块与锥度靠模板配合不良	① 重新调整锥度靠模板角度 ② 调整滑块和锥度靠边模板之间间隙
	（4）用宽刃刀法车削时 ① 装刀不正确 ② 切削刀不直 ③ 刃倾角 $\lambda_s \neq 0$	① 调整切削刃的角度和对准中心 ② 修磨切削刃的直线度 ③ 重磨刃倾角，使 $\lambda_s = 0$
	（5）铰内圆锥时 ① 铰刀锥度不正确 ② 铰刀轴线与主轴轴线不重合	① 修磨铰刀 ② 用百分表和试棒调整尾座套筒轴线
大小端尺寸不正确	① 未经常测量大小端直径 ② 控制刀具进给错误	① 经常测量大小端直径 ② 及时测量，用计算法或移动床鞍法控制切削深度 a_p

续表

废品种类	产生原因	预防措施
双曲线误差	车刀刀尖未对准工件轴线	车刀刀尖必须严格对准工件轴线
表面粗糙度达不到要求	① 切削用量选择不当 ② 手动进给错误 ③ 车刀角度不正确，刀尖不锋利 ④ 小滑板镶条间隙不当 ⑤ 未留足精车或铰车余量	① 正确选择切削用量 ② 手动进给要均匀，快慢一致 ③ 刃磨车刀，角度要正确，刀尖要锋利 ④ 调整小滑板镶条间隙 ⑤ 要留有适当的精车或铰削余量

车圆锥时，虽经多次调整小滑板或锥度靠模板的转角，但仍不能校正，再用圆锥套规检测锥体时，发现两端将显示剂擦去，中间不接触；用圆锥塞规检测内圆锥时，发现中间显示剂擦去，两端没有擦去。出现以上几种情况的原因，则是因车刀刀尖没有严格对准工件轴线而形成了双曲线误差所致，如图 1-4-25 所示。

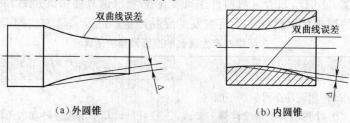

（a）外圆锥　　　　　　　　　　（b）内圆锥

图 1-4-25　圆锥表面的双曲线误差

因此，车圆锥面时，一定要把车刀刀尖严格对准工件中心。当车刀在中途刃磨后再装刀时，必须重新调整垫片的厚度，使车刀刀尖严格对准工件的中心。

二、车削成形面

有些工件的表面的素线不是直线，而是一些曲线，如手柄、手轮和圆球等，如图 1-4-3 所示，这类表面称为成形面或特形面。在加工成形面时，应根据工件的特点、精度的高低及批量的大小等情况，采用不同的车削方法。

1. 车削成形面的方法

（1）双手控制法

① 车削方法

在车削时，用右手控制小滑板的进给，用左手控制中滑板的进给，通过双手的协同操作，使圆弧刃车刀（见图 1-4-26）的运动轨迹与工件成形面的素线一致，车出所要求的成形面。成形面也可利用床鞍和中滑板的合成运动进行车削。

图 1-4-26　圆弧刃车刀

车削如图1-4-27（a）所示的单球手柄时，应先按圆球直径 D 和柄部直径 d 车成两级外圆（留精车余量0.2～0.3mm），并车准球状部分长度 L，再将球面车削成形。一般多采用由工件的高处向低处车削的方法，如图1-4-27（b）所示。

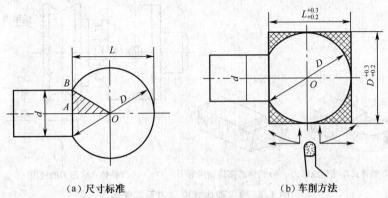

（a）尺寸标准　　　　（b）车削方法

图1-4-27　单球手柄的车削

② 球状部分长度 L 的计算

如图1-4-27（a）所示，在直角三角形 Rt△AOB 中，

$$OA = \sqrt{\left(\frac{D}{2}\right)^2 - \left(\frac{d}{2}\right)^2}$$

$$= \frac{1}{2}\sqrt{D^2 - d^2}$$

$$L = \frac{D}{2} + OA$$

则

$$L = \frac{1}{2}\left(D + \sqrt{D^2 - d^2}\right) \qquad (1\text{-}4\text{-}14)$$

式中，L——球状部分长度（mm）；

　　　D——圆球直径（mm）；

　　　d——柄部直径（mm）。

【例1-4-6】 车削图1-4-28所示的带锥柄的单球手柄，求球状部分的长度 L。

解： 根据公式1-4-15

$$L = \frac{1}{2}\left(D + \sqrt{D^2 - d^2}\right)$$

$$L = \frac{1}{2}\left(30 + \sqrt{30^2 - 18^2}\right)$$

$$= 27\text{mm}$$

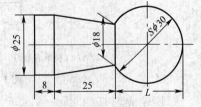

图1-4-28　带锥柄的单球手柄

（2）成形法

成形法是用成形车刀对工件进行加工的方法。切削刃的形状与工件成形表面轮廓形状相同的车刀称为成形刀，又称为样板刀。数量较多、轴向尺寸较小的成形面可用成形法车削。

① 成形刀的种类

a. 整体式成形刀

这种成形刀与普通车刀相似，其特点是将切削刃磨成和成形面表面轮廓素线相同的曲线形状，如图1-4-29（a）和图1-4-29（b）所示。对车削精度不高的成形面，其切削刃可用手工刃磨；对车削精度较高的成形面，切削刃应在工具磨床上刃磨。该成形车刀常用于车削简单的成形面，如图 1-4-29（c）所示。

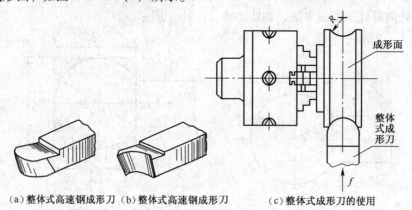

（a）整体式高速钢成形刀 （b）整体式高速钢成形刀 （c）整体式成形刀的使用

图 1-4-29　整体式成形刀及其使用

b. 棱形成形刀

这种成形刀由刀头和弹性刀柄两部分组成，如图 1-4-30 所示。刀头的切削刃按工件的形状在工具磨床上磨出，刀头后部的燕尾块装夹在弹性刀柄的燕尾槽中，并用紧固螺栓紧固。

棱形成形刀磨损后，只需刃磨前刀面，并将刀头稍向上升即可继续使用。该车刀可以一直用到刀头无法夹持为止。棱形成形刀加工精度高，使用寿命长，但制造复杂，主要用于车削较大直径的成形面。

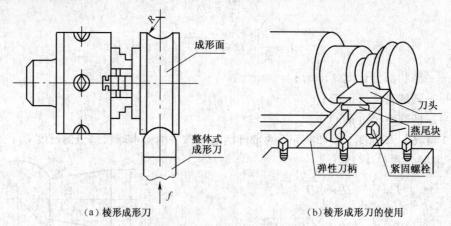

（a）棱形成形刀　　　　　　　　　　　（b）棱形成形刀的使用

图 1-4-30　棱形成形刀及其使用

c. 圆轮成形刀

这种成形刀做成圆轮形，在圆轮上开有缺口，从而形成前刀面和主切削刃。使用时圆轮成形刀装夹在刀柄或弹性刀柄上。为防止圆轮成形刀转动，侧面有端面齿，使之与刀柄侧面上的端面齿啮合，如图 1-4-31（a）所示。圆轮成形刀的主切削刃与圆轮中心等高，其背后角 $\alpha_p = 0°$，如图 1-4-31（b）所示。当主切削刃低于圆轮中心后，可产生背后角 α_p，如图 1-4-31（c）所示。主切削刃低于中心 O 的距离 H 可按下式计算：

$$H = \frac{D}{2}\sin\alpha_p \qquad (1-4-15)$$

式中，D——圆轮成形刀直径（mm）；

α_p——成形刀的背后角，一般取 $\alpha_p = 6° \sim 10°$。

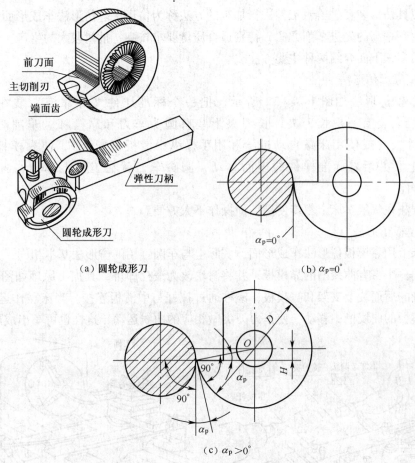

（a）圆轮成形刀   （b）$\alpha_p = 0°$

（c）$\alpha_p > 0°$

图 1-4-31 圆轮成形刀的使用

【例 1-4-7】已知圆轮成形刀的直径 $D = 50\text{mm}$，需要保证背后角 $\alpha_p = 8°$，求主切削刃低于中心的距离 H。

解：根据公式 1-4-16

$$H = \frac{D}{2}\sin\alpha_p = \frac{50}{2} = \times \sin8° = 25 \times 0.1392 = 3.48 \text{（mm）}$$

圆轮成形刀允许重磨的次数较多，较易制造，常用于车削直径较小的成形面。

② 成形法车削的注意事项

a. 车床要有足够的刚度，车床各部分的间隙要调整得较小。

b. 成形刀角度的选择要恰当。成形刀的后角一般选得较小（$\alpha_0 = 2° \sim 5°$），刃倾角宜取 $\lambda_S = 0°$。

c. 成形刀的刃口要对准工件的轴线，装高容易扎刀，装低会引起振动。必要时，可以将成形刀反装，采用反切法进行车削。

d. 为降低成形刀切削刃的磨损，减少切削力，最好先用双手控制法把成形面粗车成形，然后再用成形刀进行精车。

e. 应采用较小的切削速度和进给量，合理选用切削液。

（3）仿形法

按照刀具仿形装置进给对工件进行加工的方法称为仿形法。仿形法车成形面是一种加工质量好、生产率高的先进车削方法，特别适合质量要求较高、批量较大的生产。仿形车成形面的方法很多，下面介绍两种主要方法。

① 尾座靠模仿形法

尾座靠模仿形法如图1-4-32所示，把一个标准样件（即靠模）装在尾座套筒内。在刀架上装上一把长刀夹，长刀夹上装有圆头车刀和靠模杆。车削时，用双手操纵中小滑板（或使用床鞍自动进给和用手操纵中滑板相配合），使靠模杆始终贴在标准样件上，并沿着标准样件的表面移动，圆头车刀就在工件上车出与标准样件相同的成形面。

这种方法在一般车床上都能使用，但操作不太方便。

② 靠模板仿形法

在车床上用靠模板仿形法车成形面，实际上与车圆锥用的仿形法基本相同，只需把锥度靠模板换上一个带有曲线槽的靠模板，并将滑块改为滚柱即可，其加工原理如图1-4-33所示，在床身的后面装上支架和靠模板，滚柱通过拉杆与中滑板连接。当床鞍作运动移动时，滚柱在靠模板的曲线槽中移动，使车刀刀尖做相应的曲线运动，这样也可车出成形面工件。

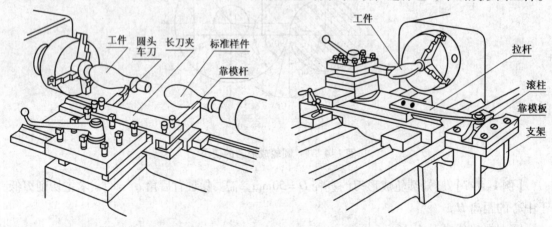

图1-4-32　尾座靠模仿形法　　　　　　　图1-4-33　靠模板仿形法

与仿形法车圆锥类似，中滑板的丝杠应抽出，并将小滑板转过90°以代替中滑板进给。

这种方法操作方便，生产率高，成形面形状准确，质量稳定，但只能加工成形面形状变化不大的工件。

（4）用专用工具车成形面

① 利用圆筒形刀具车圆球面

圆筒形刀具的结构如图1-4-34（a）所示，切削部分是一个圆筒，其前端磨斜15°，形成一个圆的切削刃口。其尾柄和特殊刀柄应保持0.5mm的配合间隙，并用销轴浮动连接，以自动对准圆球面中心。

用圆筒形刀具车圆球面工件时，一般应先用圆弧刃车刀大致粗车成形，再将圆筒形刀具的径向表面中心调整到与车床主轴轴线成一夹角α，最后用圆筒形刀具把圆球面车削成形，如图1-4-34（b）所示。

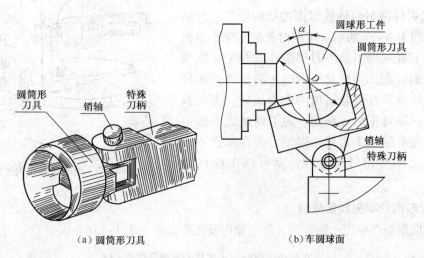

（a）圆筒形刀具　　　　　　　　　（b）车圆球面

图 1-4-34　圆筒形刀具车圆球面

　　该方法简单方便，易于操作，加工精度较高；适用于车削青铜、铸铝等脆性金属材料的带柄圆球面工件。

　　② 用铰链推杆车球面内孔

　　较大的球面内孔可用图 1-4-35 所示的方法车削。有球面内孔的工件装夹在卡盘中，在两顶尖间装夹刀柄，圆弧刃车刀反装，车床主轴仍然正转，刀架上安装推杆，推杆两端铰链连接。当刀架纵向进给时，圆头车刀在刀柄中转动，即可车出球面内孔。

　　③ 用蜗杆副车成形面

　　a. 用蜗杆副车成形面的车削原理。外圆球面、外圆弧面和内圆球面

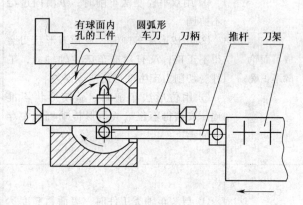

图 1-4-35　用铰链推杆车球面内孔

等成形面的车削原理如图 1-4-36 所示。车削成形面时，必须使车刀刀尖的运动轨迹为一个圆弧，车削的关键是保证刀尖做圆周运动，其运动轨迹的圆弧半径与成形面圆弧半径相等，同时使刀尖与工件的回转轴线等高。

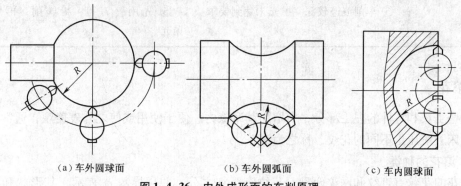

（a）车外圆球面　　　　　　　（b）车外圆弧面　　　　　　　（c）车内圆球面

图 1-4-36　内外成形面的车削原理

b. 用蜗杆副车内外成形面的结构原理。其结构原理如图1-4-37所示。车削时先把车床小滑板拆下，装上成形面工具。刀架装在圆盘上，圆盘下面装有蜗杆副。当转动手柄时，圆盘内的蜗杆就带动蜗轮使车刀绕着圆盘的中心旋转，刀尖做圆周运动，即可车出成形面。为了调整成形面半径，在圆盘上制出T形槽，以使刀架在圆盘上移动。当刀尖调整超过中心时，就可以车削内成形面。

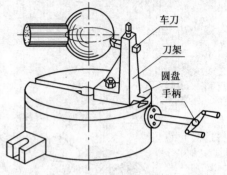

车刀
刀架
圆盘
手柄

图1-4-37 用蜗杆副车内外成形面

2. 成形面的车削质量分析

车削成形面产生废品的种类、产生原因及预防措施见表1-4-6。

表1-4-6　　　　　　　车削成形面时产生废品的原因及预防方法

废品种类	产 生 原 因	预 防 方 法
成形面轮廓不正确	① 用双手控制法车削时，纵横向进给不协调 ② 用成形法车削时，成形刀形状刃磨得不正确；没有对准车床主轴轴线，工件受切削力产生变形而造成误差 ③ 用仿形法车削时，靠模形状不准确，安装得不正确或仿形传动机构中存在间隙	① 加强车削练习，使左右手的纵横向进给配合协调 ② 仔细刃磨成形刀，车刀高度装夹准确，适当减小进给量 ③ 使靠模形状准确，安装正确，调整仿形传动机构中的间隙，使车削均匀
表面粗糙度达不到要求	① 与"车轴类工件时，表面粗糙度达不到要求的原因"相同 ② 材料切削性能差，未经预备热处理，车削困难 ③ 产生积屑瘤 ④ 切削液选用不当 ⑤ 车削痕迹较深，抛光未达到要求	① 见"车轴类工件时，表面粗糙度达不到要求的预防措施" ② 对工件进行预备热处理，改善切削性能 ③ 控制积屑瘤的产生，尤其是避开产生积屑瘤的切削速度 ④ 正确选用切削液 ⑤ 先用锉刀粗、精锉削，再用砂布抛光

三、滚花

有些工具和零件的捏手部分，为增加其摩擦力、便于使用或使之外表美观，通常对其表面在车床上滚压出不同的花纹，称之为滚花。

1. 滚花的种类

滚花的花纹有直纹和网纹两种。花纹有粗细之分，并用模数 m 表示。其形状和各部分尺寸见图 1-4-38 和表 1-4-7。

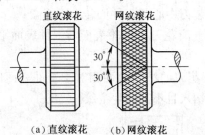

(a) 直纹滚花 　(b) 网纹滚花

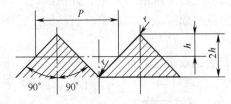

图 1-4-38　滚花的种类

表 1-4-7　　　　　　　　　　滚花的各部分尺寸（GB6403.3—86）　　　　　　　（单位：mm）

模数 m	h	r	节距 P
0.2	0.132	0.06	0.628
0.3	0.198	0.09	0.942
0.4	0.264	0.12	1.257
0.5	0.326	0.16	1.571

滚花的规定标记示例如下。

模数 $m = 0.2$，直纹滚花，其规定标记为：

直纹 $m0.2$ GB6403.3—86

模数 $m = 0.3$，网纹滚花，其规定

标记为：

网纹 $m0.3$ GB6403.3—86

2. 滚花刀的种类

滚花刀可做成单轮、双轮和六轮
3 种，如图 1-4-39 所示。

单轮滚花刀由直纹滚轮和刀柄组
成，如图 1-4-39（a）所示，通常用
来滚直纹。

双轮滚花刀由两只不同旋向的滚
轮和浮动连接头及刀柄组成，如图
1-4-39（b）所示，用来滚网纹。

六轮滚花刀由 3 对滚轮组成，并
通过浮动连接头支持这 3 对滚轮，可
以分别滚出粗细不同的 3 种模数的网
纹，如图 1-4-39（c）所示。

3. 滚花方法

由于滚花过程是用滚轮来滚压被
加工表面的金属层，使其产生一定的
塑性变形而形成花纹的，所以，滚花时产生的径向压力很大。

滚花前，应根据工件材料的性质和滚花节距 P 的大小，将工件滚花表面车小（0.8 ～

(a) 直纹滚花刀

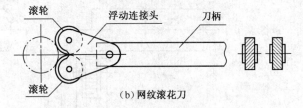

(b) 网纹滚花刀

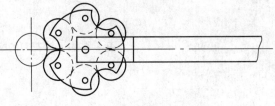

(c) 六轮滚花刀

图 1-4-39　滚花刀的种类

1.6）m（m 为模数）。

滚花刀装夹在车床的刀架上，并使滚花刀的装刀中心与工件回转中心等高。

滚压有色金属或滚花表面要求较高的工件时，滚花刀的滚轮表面与工件表面平行安装，如图 1-4-40（a）所示。

滚压碳素钢或滚花表面要求一般的工件，滚花刀的滚轮表面相对于工件表面向左倾斜 3°～5°安装，如图 1-4-40（b）所示。这样便于切入且不易产生乱纹。

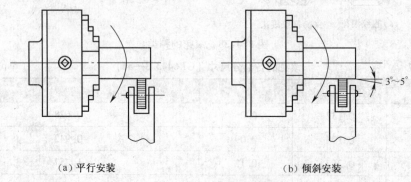

（a）平行安装　　　　　　　　　　（b）倾斜安装

图 1-4-40　滚花刀的安装

4. 滚压注意事项

① 开始滚压时，必须使用较大的压力进刀，使工件刻出较深的花纹，否则易产生乱纹。

② 为了减小开始滚压的径向压力，可以使滚轮表面 1/2～1/3 的宽度与工件接触，如图 1-4-41 所示。这样滚花刀就容易压入工件表面。在停车检查花纹符合要求后，即可纵向机动进刀。如此反复滚压 1～3 次，直至花纹凸出为止。

③ 滚花时，切削速度应选低一些，一般为 5～10m/min。纵向进给量选大一些，一般为 0.3～0.6mm/r。

④ 滚压时还须浇注切削油以润滑滚轮，并经常清除滚压产生的切屑。

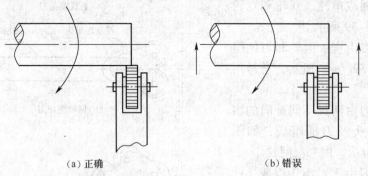

（a）正确　　　　　　　　　　（b）错误

图 1-4-41　滚花刀的横向进给位置

基础知识五　车削螺纹和蜗杆

　　螺纹在各种机器中应用非常广泛，如在车床方刀架上有 4 个螺钉实现对车刀的装夹，在车床丝杠与开合螺母之间利用螺纹传递动力。螺纹的加工方法有很多种，在专业生产中多采用滚压螺纹、轧螺纹和搓螺纹等一系列的先进加工工艺；而在一般的机械加工中，通常采用车螺纹的方法。丝杠及蜗杆如图 1-5-1 所示。

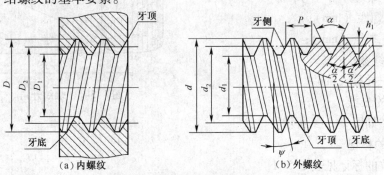

（a）丝杠及丝杠传动

（b）蜗杆

图 1-5-1　丝杠及蜗杆

一、螺纹基础知识

1. 螺纹的基本要素

　　螺纹牙型是在通过螺纹轴线剖面上的螺纹轮廓形状。下面以普通螺纹的牙型为例（见图1-5-2），介绍螺纹的基本要素。

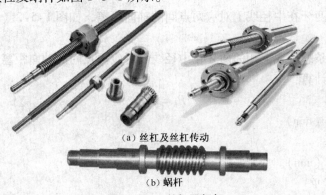

（a）内螺纹

（b）外螺纹

图 1-5-2　普通螺纹的基本要素

（1）牙型角 α

牙型角是在螺纹牙型上，相邻两牙侧间的夹角。

（2）牙型高度 h_1

牙型高度是在螺纹牙型上，牙顶到牙底在垂直于螺纹轴线方向上的距离。

（3）螺纹大径 (d, D)

螺纹大径是指与外螺纹牙顶或内螺纹牙底相切的假想圆柱或圆锥的直径。外螺纹和内螺纹的大径分别用 d 和 D 表示。

（4）螺纹小径 (d_1, D_1)

螺纹小径是指与外螺纹牙底或内螺纹牙顶相切的假想圆柱或圆锥的直径。外螺纹和内螺纹的小径分别用 d_1 和 D_1 表示。

（5）螺纹中径 (d_2, D_2)

螺纹中径是指一个假想圆柱或圆锥的直径，该圆柱或圆锥的素线通过牙型上沟槽和凸起宽度相等的地方。同规格的外螺纹中径 d_2 和内螺纹中径 D_2 的公称尺寸相等。

（6）螺纹公称直径

螺纹公称直径是代表螺纹尺寸的直径，一般是指螺纹大径的基本尺寸。

（7）螺距 P

螺距是指相邻两牙在中径线上对应两点间的轴向距离，如图 1-5-2（b）所示。

（8）导程 P_h

导程是指同一条螺旋线上相邻两牙在中径线上对应两点间的轴向距离。

导程可按下式计算：

$$P_h = nP \qquad (1\text{-}5\text{-}1)$$

式中，P_h——导程（mm）；

$\quad n$——线数；

$\quad P$——螺距（mm）。

（9）螺纹升角 Ψ

在中径圆柱或中径圆锥上，螺旋线的切线与垂直于螺纹轴线的平面的夹角称为螺纹升角，如图 1-5-3 所示。

螺纹升角可按下式计算：

$$\tan \Psi = \frac{P_h}{\pi d_2} = \frac{nP}{\pi d_2} \quad (1\text{-}5\text{-}2)$$

式中，Ψ——螺纹升角（°）；

$\quad P$——螺距（mm）；

$\quad d_2$——中径（mm）；

$\quad n$——线数；

$\quad P_h$——导程（mm）。

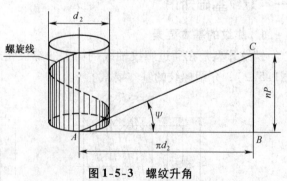

图 1-5-3　螺纹升角

2. 螺纹的分类

螺纹分类如图 1-5-4 所示。

3. 螺纹的标记

常用螺纹的标记见表 1-5-1。

4. 螺纹车刀切削部分的材料及角度的变化

（1）螺纹车刀切削部分材料的选用

一般情况下，螺纹车刀切削部分的材料有高速钢和硬质合金两种，在选用时应注意以下问题。

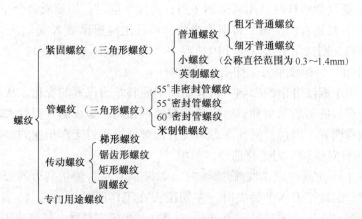

图 1-5-4　螺纹分类

表 1-5-1　　　　　　　　　　　　常用螺纹的标记

螺纹种类		特征代号	牙型角	标记实例	标记方法
普通螺纹	粗牙	M	60°	M16LH—6g—L 示例说明: M——粗牙普通螺纹 16——公称直径 LH——左旋 6g——中径和顶径公差带代号 L——长旋合长度	① 粗牙普通螺纹不标螺距 ② 右旋不标注旋向代号 ③ 旋合长度有长旋合长度 L、中等旋合长度 N 和短旋合长度 S,中等旋合长度不标注 ④ 螺纹公差带代号中,前者为中径公差带代号,后者为顶径公差带代号,两者相同时则只标注一个
	细牙			M16×1—6H7H 示例说明: M——细牙普通螺纹 16——公称直径 1——螺距 6H——中径公差带代号 7H——顶径公差带代号	
梯形螺纹		T_r	30°	T_r36×12(P6)—7H 示例说明: T_r——梯形螺纹 36——公称直径 12——导程 P6——螺距为 6mm 7H——中径公差带代号 右旋,双线,中等旋合长度	① 单线螺纹只标注螺距,多线螺纹应同时标注导程和螺距 ② 右旋不标注旋向代号 ③ 旋合长度只有长旋合长度和中等旋合长度两种,中等旋合长度不标注 ④ 只标注中径公差带代号
矩形螺纹			0°	矩形 40×8 示例说明: 40——公称直径 8——螺距	

① 低速车削螺纹和蜗杆时，用高速钢车刀；高速车削时，用硬质合金车刀。

② 如果工件材料是有色金属、铸钢或橡胶，可选用高速钢或 K 类硬质合金（如 K30）；若工件材料是钢料，则选用 P 类（如 P10）或 M 类硬质合金（M10 等）。

（2）螺纹升角 ψ 对螺纹车刀工作角度的影响

车螺纹时，由于螺纹升角的影响，引起切削平面和基面位置的变化，从而使车刀工作时的前角和后角与车刀的刃磨前角和刃磨后角的数值不相同。螺纹的导程越大，对工作时的前角和后角的影响越明显。因此，必须考虑螺纹升角对螺纹车刀工作角度的影响。

① 螺纹升角 ψ 对螺纹车刀工作前角的影响

如图 1-5-5（a）所示，车削右旋螺纹时，如果车刀左右侧切削刃的刃磨前角均为 0°，即 $\gamma_{OL} = \gamma_{OR} = 0°$，螺纹车刀水平装夹时，左切削刃在工作时是正前角（$\gamma_{OeL} > 0°$），切削比较顺利；而右切削刃在工作时是负前角（$\gamma_{OeR} < 0°$），切削不顺利，排屑也困难。

为了改善上述状况，可采用以下措施。

a. 将车刀左右两侧切削刃组成的平面垂直于螺旋线装夹（法向装刀），这时两侧刀刃的工作前角都为 0°，即 $\gamma_{OeL} = \gamma_{OeR} = 0°$，如图 1-5-5（b）所示。

b. 车刀仍然水平装夹，但在前面上沿左右两侧的切削刃上磨有较大前角的卷屑槽，如图 1-5-5（c）所示。这样可使切削顺利，并利于排屑。

c. 法向装刀时，在前面上也可磨出有较大前角的卷屑槽，如图 1-5-5（d）所示，这样切削更顺利。

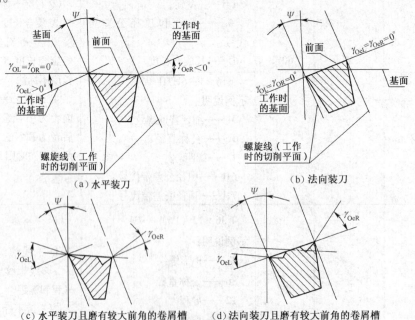

（a）水平装刀　　　　　　　　（b）法向装刀

（c）水平装刀且磨有较大前角的卷屑槽　　（d）法向装刀且磨有较大前角的卷屑槽

图 1-5-5　螺纹升角对螺纹车刀工作前角的影响

② 螺纹升角 ψ 对螺纹车刀工作后角的影响

螺纹车刀的工作后角一般为 3°～5°。当不存在螺纹升角时（如横向进给车槽）车刀左右切削刃的工作后角与刃磨后角相同。但在车螺纹时，由于螺纹升角的影响，车刀左右切削刃的工作后角与刃磨后角不相同，如图 1-5-6 所示。因此，螺纹车刀左右切削刃刃磨后角的确定可查阅表 1-5-2。

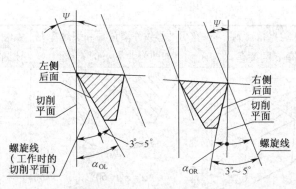

（a）左侧切削刃　　　　　　（b）右侧切削刃

图 1-5-6　车右旋螺纹时螺纹升角对螺纹车刀工作后角的影响

表 1-5-2　　　　　　　　　螺纹车刀左右切削刃刃磨后角的计算公式

螺纹车刀的刃磨后角	左侧切削刃的刃磨后角 α_{OL}	右侧切削刃的刃磨后角 α_{OR}
车右旋螺纹	$\alpha_{\text{OL}} = （3° \sim 5°）+ \Psi$	$\alpha_{\text{OR}} = （3° \sim 5°）- \Psi$
车左旋螺纹	$\alpha_{\text{OL}} = （3° \sim 5°）- \Psi$	$\alpha_{\text{OR}} = （3° \sim 5°）+ \Psi$

【**例 1-5-1**】车削螺纹升角 $\Psi = 6°30'$ 的右旋螺纹，螺纹车刀两侧切削刃的后角各应刃磨成多少度？

解：已知 $\Psi = 6°30'$，并选工作后角为 $3°30'$，则

$$\alpha_{\text{OL}} = （3° \sim 5°）+ \Psi = 3°30' + 6°30' = 10°$$
$$\alpha_{\text{OR}} = （3° \sim 5°）- \Psi = 3°30' - 6°30' = -3°$$

（3）螺纹车刀的背前角 γ_{p} 对螺纹牙型角 α 的影响

螺纹车刀两切削刃夹角 ε_{r}' 的大小，取决于螺纹的牙型角 α。螺纹车刀的背前角 γ_{p} 对螺纹加工和螺纹牙型的影响，见表 1-5-3。

因此，精车刀的背前角应取得较小（一般 $\gamma_{\text{p}} = 0°$），才能达到理想的效果。

表 1-5-3　　　　　　　　螺纹车刀的背前角 γ_{p} 对螺纹加工和螺纹牙型的影响

背前角 γ_{p}	螺纹车刀两刃夹角 ε_{r}' 和螺纹牙型角 α 的关系	车出的螺纹牙型角 α 和螺纹车刀的两刃夹角 ε_{r}' 的关系	螺纹牙侧	应　　用
0°	$\varepsilon_{\text{r}} = 60°$ α_{OL} $\varepsilon_{\text{r}}' = \alpha = 60°$	$\alpha = 60°$ $\alpha = \varepsilon_{\text{r}}' = 60°$	直线	适用于车削精度要求较高的螺纹。同时可增大螺纹车刀两侧切削刃的后角，来提高切削刃的锋利程度，减小螺纹牙型两侧表面粗糙度值
>0°	$\varepsilon_{\text{r}} = 60°$ $\gamma_{\text{p}} > 0°$ α_{OL} $\varepsilon_{\text{r}}' = \alpha = 60°$	$60°$ α $\alpha > \varepsilon_{\text{r}}'$，即 $\alpha > 60°$，前角 γ_{p} 越大，牙型角的误差也越大	曲线	不允许，必须对车刀两切削刃夹角 ε_{r} 进行修正

续表

背前角 γ_p	螺纹车刀两刃夹角 ε'_r 和螺纹牙型角 α 的关系	车出的螺纹牙型角 α 和螺纹车刀的两刃夹角 ε'_r 的关系	螺纹牙侧	应　用
$5° \sim 15°$	$\gamma_p = 5° \sim 15°$ $\varepsilon_r = 59° \pm 30'$ α_{OL} $\varepsilon'_r < \alpha$ 选 $\varepsilon'_r = 58°30' \sim 59°30'$	$\alpha = \varepsilon'_r = 60°$ 如左下图所示： $\tan\dfrac{\theta}{2} = \dfrac{p}{2AC}$ $\cos\gamma_p = \dfrac{AB}{AC}$ $\tan\dfrac{\varepsilon_r}{2} = \dfrac{P}{2AB}$ $\tan\dfrac{\theta}{2} = \tan\dfrac{\varepsilon_r}{2} \cdot \cos\gamma_p$ 因为 $\cos\gamma_p \leqslant 1$ 所以 $\tan\dfrac{\theta}{2} \leqslant \tan\dfrac{\varepsilon_r}{2}$ 即 $\dfrac{\theta}{2} \leqslant \dfrac{\varepsilon_r}{2}$（$\gamma_p = 0°$时，$\varepsilon_r = \alpha$） 所以，当 $\gamma_p > 0°$时，$\theta < \alpha$ 一般小 $1/2° \sim 1\frac{1}{2}°$	曲线	车削精度要求不高的螺纹或粗车螺纹

5. 车螺纹时车床的调整及乱牙的预防

（1）车螺纹时车床的调整

① 传动比的计算

图 1-5-7 所示为 CA6140 型卧式车床车螺纹时的传动示意图。从图中不难看出，当工件旋转一周时，车刀必须沿工件轴线方向移动一个螺纹的导程 $nP_工$。在一定的时间内，车刀的移动距离等于工件转数 $n_工$ 与工件螺纹导程 $nP_工$ 的乘积，也等于丝杠转数 $n_丝$ 与丝杠螺距 $P_丝$ 的乘积。即

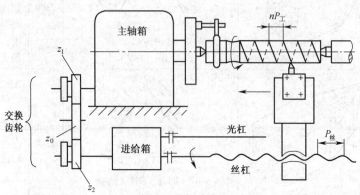

图 1-5-7　CA6140 型卧式车床车螺纹时的传动示意图

$$n_工 n P_工 = n_丝 P_丝$$

$$\frac{n_丝}{n_工} = \frac{n P_工}{P_丝}$$

$\frac{n_丝}{n_工}$ 称为传动比，用 i 表示。由于 $\frac{n_丝}{n_工} = \frac{z_1}{z_2} = i$，所以可以得出车螺纹时的交换齿轮计算公式，即

$$i = \frac{n_丝}{n_工} = \frac{n P_工}{P_丝} = \frac{z_1}{z_2} = \frac{z_1}{z_0} \times \frac{z_0}{z_2} \qquad (1\text{-}5\text{-}3)$$

式中，$n_工$——工件转速（r/min）；

$\quad\quad n_丝$——丝杠转速（r/min）；

$\quad\quad P_工$——螺纹螺距（mm）；

$\quad\quad n$——螺纹线数；

$\quad\quad n P_工$——螺纹导程（mm）；

$\quad\quad P_丝$——丝杠螺距（mm）；

$\quad\quad z_1$——主动齿轮齿数；

$\quad\quad z_0$——中间轮齿数；

$\quad\quad z_2$——从动齿轮齿数。

② 车螺纹或蜗杆时交换齿轮的调整和手柄位置的变换

a. 变换手柄位置的步骤。

在 CA6140 型车床上车削常用螺距（或导程）的螺纹时，变换手柄位置分 3 个步骤。

首先，变换主轴箱外手柄的位置，可用来车削的螺纹和蜗杆（见表 1-5-4）。

表 1-5-4　　　　　　　　　　　车削螺纹和蜗杆时主轴箱外的手柄位置

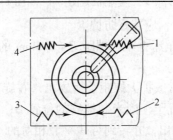

手柄位置	位置 1	位置 2	位置 3	位置 4
可以车削的螺纹和蜗杆	右旋正常螺距（或导程）	右旋扩大螺距（或导程）	左旋扩大螺距（或导程）	左旋正常螺距（或导程）

其次，在进给箱外，先将内手柄 1 置于位置 B 或 D，如图 1-5-8 所示；位置 B 可用来车削米制螺纹和米制蜗杆，位置 D 可用来车削英制螺纹和英制蜗杆。再将外手柄 2 置于 I、II、III、IV 或 V 的位置上。然后将进给箱外左侧的圆盘式手轮 [见图 1-5-8（a）] 拉出，并转到与 "▽" 相对的 1~8 的某一位置后，再把圆盘式手轮推进去。

最后在交换齿轮箱内调整交换齿轮。

车削米制螺纹和英制螺纹时，用 $\frac{z_1}{z_0} \times \frac{z_0}{z_2} = \frac{A}{B} \times \frac{B}{C} = \frac{63}{100} \times \frac{100}{75}$；

车削米制蜗杆和英制蜗杆时，用 $\frac{z_1}{z_0} \times \frac{z_0}{z_2} = \frac{A}{B} \times \frac{B}{C} = \frac{64}{100} \times \frac{100}{97}$。

在有进给箱的车床上车削常用螺距（或导程）的螺纹和蜗杆时，一般只要按照车床进给箱铭牌上标注的数据（见表1-5-5）变换主轴箱外和进给箱外的手柄位置，并配合更换交换齿轮箱内的交换齿轮就可以得到需要的螺距（或导程）。

b. 交换齿轮组装时的注意事项。

第一，组装时，必须先切断车床电源。

第二，齿轮相互啮合不能太紧或太松，必须保证齿侧有 0.1～0.2mm 的啮合间隙，否则在转动时会产生很大的噪声，并易损坏齿轮。

第三，齿轮的轴套之间应经常加润滑油。有些车床的齿轮心轴上装有脂油杯，应定期把油杯盖旋紧一些（见图1-5-9），将润滑脂压入齿轮的轴套间，并注意经常向脂油杯内加入润滑脂。

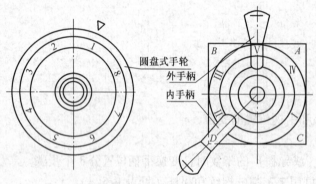

（a）圆盘式手轮位置图　　　　　　　　（b）手柄位置图

图1-5-8　CA6140型车床进给箱外手轮、手柄位置图　　　图1-5-9　交换齿轮心轴的润滑脂润滑

第四，交换齿轮组装完毕后，应装好防护罩。

【例1-5-2】在 CA6140 型车床上车削螺距 $P = 2.5$mm 的米制螺纹，问：手柄位置如何变换？交换齿轮如何变换？

解：① 在主轴箱外，将正常或扩大螺距手柄放在"右旋正常螺距"位置Ⅰ。

② 进给箱外，先将内手柄置于车削米制螺纹的位置 B；再将外手柄置于位置Ⅱ；然后将进给箱外左侧的圆盘式手轮拉出，并转到与"▽"相对的"6"的位置后把圆盘式手轮推进去。

③ 最后在交换齿轮箱内变换交换齿轮。

车削米制螺纹时，用 $\frac{z_1}{z_0} \times \frac{z_0}{z_2} = \frac{A}{B} \times \frac{B}{C} = \frac{63}{100} \times \frac{100}{75}$。

但是，当铭牌上的数据不够用或在无进给箱的车床上车削螺纹或蜗杆时，必须计算出交换齿轮的齿数，并通过正确组装，才能车出正确导程的螺纹。

（2）车螺纹时乱牙的预防

车螺纹和蜗杆时，都要经过几次进给才能完成。如果在第二次进给时，车刀刀尖偏离前一次进给车出的螺旋槽，把螺旋槽车乱，称为乱牙。

① 产生乱牙的原因

当丝杠转一转时，工件未转过整数转是产生乱牙的主要原因。

表 1-5-5　CA6140 型车床进给箱铭牌（部分）

米制螺纹 P		英制螺纹 n/1		英制蜗杆 D_p		米制蜗杆 $m\pi$		纵向走刀 mm			横向走刀 mm
B		D		D		B		A	C		A
$A=63$, $B=100$		$A=64$, $C=75$				$B=100$, $C=97$		$A=63$, $B=100$	$A=63$, $B=100$, $C=75$		$C=75$

米制螺纹（B）

	Ⅱ	Ⅲ	Ⅳ	ⅢⅠ	Ⅱ Ⅲ Ⅳ
1					
2	1.75	3.5	7	14	28
3	2	4	8	16	32　64　128
4	2.25	4.5	9	18	36　72　144
5				19	
6	1.25　2.5	5	10	20	40　80　160
7		5.5	11	22	44　88　176
8	1.5	3	6	12	24　48　96　192

英制螺纹（D）・英制蜗杆（D_p）

	Ⅰ	Ⅱ	Ⅲ	Ⅳ
1				
2	3½	3¾		
3	4			
4	4½			
5	5			
6	1¼	2½	5	10　20　40　80
7		2¾	5.5	11　22　44　88
8	1½	3	6	12　24　48　96

米制蜗杆（B）

	Ⅰ	Ⅱ	Ⅲ	Ⅳ
1	0.25	0.5	3.25	6.5　13　26
2			3.5	7　14　28
3			4	8　16　36
4			4.5	9　18
5				
6	1.25	2.5	5	10　20　40
7		275	5.5	11　22　44
8	1.5	3	6	12　24　48

纵向走刀 mm（A　C）

	Ⅰ	Ⅱ	Ⅲ	Ⅳ	Ⅰ Ⅳ Ⅲ Ⅱ
1	0.028	0.08	0.16	0.33　0.66	1.59　3.16　6.33
2	0.032	0.09	0.18	0.36　0.71	1.47　2.93　5.87
3	0.036	0.10	0.20	0.41　0.81	1.29　2.57　5.14
4	0.039	0.11	0.23	0.46　0.91	1.15　2.28　4.56
5	0.043	0.12	0.24	0.48　0.96	1.09　2.16　4.32
6	0.046	0.13	0.25	0.51　1.02	1.03　2.05　4.11
7	0.050	0.14	0.28	0.56　1.12	0.94　1.88　3.74
8	0.054	0.15	0.30	0.61　1.22	0.86　1.71　3.42

横向走刀 mm（A）

	Ⅰ	Ⅱ	Ⅲ	Ⅳ
1	0.014	0.040	0.08	0.16　0.33　0.79　1.58
2	0.016	0.045	0.09	0.17　0.35　0.73　1.46
3	0.018	0.050	0.10	0.20　0.40　0.64　1.28
4	0.019	0.055	0.11	0.22　0.45　0.57　1.14
5	0.021	0.060	0.12	0.24　0.48　0.54　1.08
6	0.023	0.065	0.13	0.25　0.50　0.51　1.02
7	0.025	0.070	0.14	0.28　0.56　0.47　0.94
8	0.027	0.075	0.15	0.30　0.61　0.43　0.86

注：① ● 主轴转速为 40～125r/min。
　　○ 主轴转速为 10～32r/min。
　　②应用此表时应和主轴箱上加大螺距手柄及进给箱手柄 1、2、3 上的各标牌符号配合使用。

车螺纹和蜗杆时，工件和丝杠都在旋转，如提起开合螺母之后，至少要等丝杠转过一转，才能重新按下。当丝杠转过一转时，工件转了整数转，车刀就能进入前一次进给车出的螺旋槽内，不会产生乱牙。如丝杠转过一转后，工件没有转过整数转，就要产生乱牙。

是否产生乱牙的判断方法：$\dfrac{P_丝}{nP_工}$ = 整数，则不会产生乱牙，否则会产生乱牙。

【例 1-5-3】 在丝杠螺距为 6mm 的车床上，车削螺距为 3mm 和 12mm 的两种单线螺纹，试分别判断是否会乱牙？

解： ① 车削螺距为 3mm 单线螺纹时：由于 $\dfrac{P_丝}{P_工} = \dfrac{6}{3} = 2$（整数），故不会产生乱牙。

② 车削螺距为 12mm 的单线螺纹时：由于 $\dfrac{P_丝}{nP_工} = \dfrac{6}{12} = 0.5$（不是整数），故会产生乱牙。

车英制螺纹和蜗杆时，由于米制单位与英制单位换算的原因，车床丝杠螺距不可能是英制螺纹的螺距和蜗杆导程的整数倍，所以都可能产生乱牙。

② 预防乱牙的方法

常用预防乱牙的方法是开倒顺车。即在一次行程结束时，不提起开合螺母，把车刀沿径向退出后，将主轴反转，使螺纹车刀沿纵向退回，再进行第二次车削。这样的往复车削过程中，因主轴、丝杠和刀架之间的传动没有分离，车刀刀尖始终在原来的螺旋槽中，所以不会产生乱牙。

采用倒顺车时，主轴换向不能过快，否则车床传动部分受到瞬时冲击，易使传动机件损坏。

6. 螺纹的检测

车削螺纹时，应根据不同的质量要求和生产批量的大小，相应地选择不同的检测方法。常见的检测方法有单项测量法和综合检验法两种。

（1）单项测量法

① 螺纹顶径的测量

螺纹顶径是指外螺纹的大径或内螺纹的小径，一般用游标卡尺或千分尺测量。

② 螺距（或导程）的测量

车削螺纹前，先用螺纹车刀在工件外圆上画出一条很浅的螺旋线，再用金属直尺、游标卡尺或螺纹样板对螺距（或导程）进行测量，如图 1-5-10 所示。车削螺纹后螺距（或导程）的测量，也可用同样的方法，如图 1-5-11 所示。

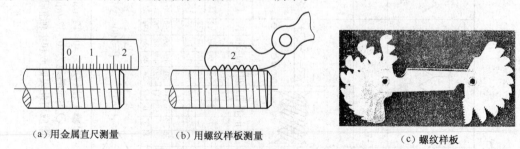

（a）用金属直尺测量　（b）用螺纹样板测量　（c）螺纹样板

图 1-5-10　车削螺纹前螺距（或导程）的测量

用金属直尺或游标卡尺进行测量时，最好量 5 个或 10 个牙的螺距（或导程长度），然后取其平均值，如图 1-5-10（a）和图 1-5-11（a）所示。英制螺纹还可以通过测量

25.4mm（1in）长度中的牙数来计算螺距。

螺纹样板［见图1-5-10（c）］又称为螺距规或牙规，有米制和英制两种。测量时将螺纹样板中的钢片沿着通过工件轴线的方向嵌入螺旋槽中，若完全吻合，则说明被测螺距（或导程）是正确的，如图1-5-10（b）和图1-5-11（b）所示。

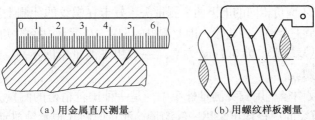

（a）用金属直尺测量　　　　　　　　（b）用螺纹样板测量

图1-5-11　车削螺纹后螺距或导程的测量

③ 牙型角的测量

一般螺纹的牙型角可以用螺纹样板［见图1-5-11（b）］或牙型角样板（见图1-5-12）来检验。

梯形螺纹和锯齿形螺纹可用游标万能角度尺来测量，其测量方法如图1-5-13所示。

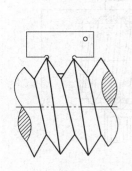

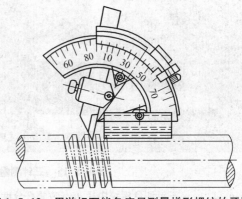

图1-5-12　用牙型角样板检验　　　　图1-5-13　用游标万能角度尺测量梯形螺纹的牙型角

④ 螺纹中径的测量

a. 用螺纹千分尺测量螺纹中径。三角形螺纹的中径可用螺纹千分尺测量，如图1-5-14所示。

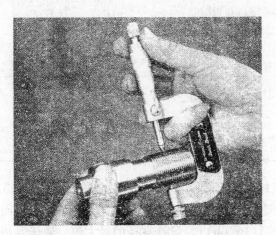

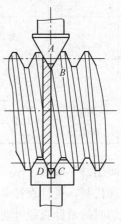

（a）测量方法　　　　　　　　　　　（b）测量原理

图1-5-14　用螺纹千分尺测量螺纹中径

螺纹千分尺的读数原理与千分尺相同，但不同的是，螺纹千分尺有60°和55°两套适用于不同牙型角和不同螺距的测量头。测量头可以根据测量的需要进行选择，然后分别插入千分尺的测杆和砧座的孔内。但必须注意，在更换测量头后，必须调整砧座的位置，使千分尺对准"0"位。

测量时，跟螺纹牙型角相同的上下两个测量头正好卡在螺纹的牙侧上。从图1-5-14（b）中可以看出，$ABCD$ 是一个平行四边形，因此测得的尺寸 AD 就是中径的实际尺寸。

螺纹千分尺的误差较大，为0.1mm左右。一般用来测量精度不高、螺距（或导程）为0.4~6mm的三角形螺纹。

b. 三针测量螺纹中径。用三针测量螺纹中径是一种比较精密的测量方法。三角形螺纹、梯形螺纹和锯齿形螺纹的中径均可采用三针测量。测量时将3根量针放置在螺纹两侧相对应的螺旋槽内，用千分尺量出两边量针顶点之间的距离 M（见图1-5-15）。根据 M 的值可以计算出螺纹中径的实际尺寸。三针测量时，M 值和中径 d_2 的计算公式见表1-5-6。

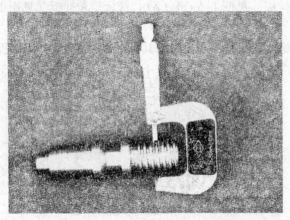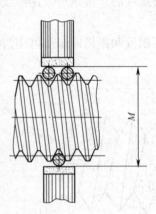

图1-5-15　三针测量螺纹中径

表1-5-6　　　　三针测量螺纹中径 d_2（或蜗杆分度圆直径 d_1）的计算公式　　　　（单位：mm）

螺纹或蜗杆	牙型角 α	M 值的计算公式	量针直径 d_D		
			最大值	最佳值	最小值
普通螺纹	60°	$M = d_2 + 3d_D - 0.866P$	$1.01P$	$0.577P$	$0.505P$
英制螺纹	55°	$M = d_2 + 3.166d_D - 0.961P$	$0.894P - 0.029$	$0.564P$	$0.481P - 0.016$
梯形螺纹	30°	$M = d_2 + 4.864d_D - 1.866P$	$0.656P$	$0.518P$	$0.486P$
米制蜗杆	20°（齿形角）	$M = d_1 + 3.924d_D - 4.316m_x$	$2.446m_x$	$1.672m_x$	$1.610m_x$

测量时所用的3根直径相等的圆柱形量针，是由量具厂专门制造的，也可用3根新直柄麻花钻的柄部代替。量针直径 d_D 不能太小或太大。最佳量针直径是指量针横截面与螺纹中径处牙侧相切时的量针直径［见图1-5-16（b）］。量针直径的最大值、最佳值和最小值可用表1-5-6中的公式计算出。选用量针时，应尽量接近最佳值，以便获得较高的测量精度。

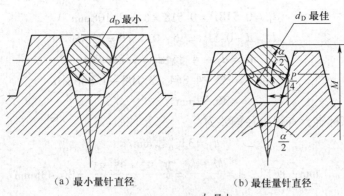

（a）最小量针直径　　　（b）最佳量针直径

（c）最大量针直径

图 1-5-16　量针直径的选择

【例 1-5-4】用三针测量法测量 Tr40×7 的丝杠，已知螺纹中径的基本尺寸和极限偏差为 $\phi 36.5^{-0.125}_{-0.480}$mm，使用 $\phi 3.5$mm 的量针，求千分尺的读数 M 值的范围。

解：已知量针直径 $d_D = 3.5$mm，$P = 7$ mm。根据表 1-5-6 中 30°梯形螺纹 M 值的计算公式：

$$M = d_2 + 4.864d_D - 1.866P$$
$$= 36.5 + 4.864 \times 3.5 - 1.866 \times 7$$
$$= 40.46\text{mm}$$

根据规定的极限偏差，M 值应在 39.98~40.335mm 的范围内。

c. 单针测量螺纹中径。用单针测量螺纹中径的方法如图 1-5-17 所示，这种方法比三针测量法简单。测量时只需使用一根量针，另一侧利用螺纹大径作基准，在测量前应先量出螺纹大径的实际尺寸，其原理与三针测量法相同。

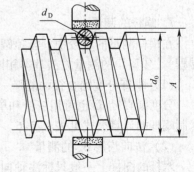

单针测量时，千分尺测得的读数值可按下式计算：

$$A = \frac{M + d_0}{2} \qquad (1-5-4)$$

式中，d_0——螺纹大径的实际尺寸（mm）；

图 1-5-17　单针测量螺纹中径

M——用三针测量时千分尺的读数（mm）。

【例 1-5-5】用单针测量 Tr36×6—8e 螺纹时，量得工件实际外径 $d_0 = 35.95$mm，求单针测量值 A 应为多少才合适？

解：查表 1-5-6，选取量针最佳直径 d_D，并计算 M 值：

$$d_D = 0.518P = 0.518 \times 6 = 3.108\text{mm}$$

$$d_2 = d - 0.5P = 36 - 0.5 \times 6 = 33\text{mm}$$

$$M = d_2 + 4.864d_D - 1.866P$$

$$= 33 + 4.864 \times 3.108 - 1.866 \times 6$$

$$= 36.92\text{mm}$$

根据有关国家标准，查得中径偏差为：

$$d_2 = 33^{-0.118}_{-0.543}\text{mm}$$

则 $M = 36.92^{-0.118}_{-0.543}\text{mm}$，所以，$A = \dfrac{M + d_0}{2} = \dfrac{36.92 + 35.95}{2} = 36.435\text{mm}$

单针测量值 A 的极限偏差值应为中径极限偏差的一半。因此，$A = 36.435^{-0.059}_{-0.272} = 36.5^{-0.124}_{-0.337}\text{mm}$ 为合适。

直径较大的梯形螺纹和锯齿形螺纹，如果螺纹外径比较精确，并能以外径作为基准时，可用单针测量螺纹中径。但单针测量，尤其是车削过程中的测量没有三针测量精确。

（2）综合检验法

综合检验法是用螺纹量规对螺纹各基本要素进行综合性检验。螺纹量规（见图1-5-18）包括螺纹塞规和螺纹环规，螺纹塞规用来检验内螺纹，螺纹环规用来检验外螺纹。它们分别有通规 T 和止规 Z，在使用中要注意区分，不能搞错。如果通规难以拧入，应对螺纹的各直径尺寸、牙型角、牙型半角和螺距等进行检查，经修正后再用通规检验。当通规全部拧入，止规不能拧入时，说明螺纹各基本要素符合要求。

对三角形螺纹和梯形螺纹均可采用综合检验法。

（a）螺纹塞规　　　　　　　　　　（b）螺纹环规

图1-5-18　螺纹量规

7. 蜗杆的测量

在蜗杆测量的参数中，齿顶圆直径、齿距（或导程）、齿形角和螺纹的大径、螺距（或导程）、牙型角的测量方法基本相同。下面重点介绍蜗杆分度圆直径和法向齿厚的测量。

（1）蜗杆分度圆直径的测量

分度圆直径 d_1 也可用三针和单针测量，其原理及测量方法与测量螺纹相同。三针测量米制蜗杆的计算公式见表1-5-6。

（2）法向齿厚 S_n 的测量

蜗杆的图样上一般只标注轴向齿厚 S_x，在齿形角正确的情况下，分度圆直径处的轴向齿厚与齿槽宽度应相等。但轴向齿厚无法直接测量，常通过对法向齿厚 S_n 的测量来判断轴向齿厚是否正确。

蜗杆的法向齿厚 S_n 是一个很重要的参数，法向齿厚 S_n 的换算公式如下：

$$S_n = S_x \cos\gamma = \frac{\pi m_x}{2}\cos\gamma \tag{1-5-5}$$

　　法向齿厚可以用齿厚游标卡尺进行测量，如图 1-5-19 所示，齿厚游标卡尺由互相垂直的齿高卡尺和齿厚卡尺组成。测量时卡脚的测量面必须与齿侧平行，也就是把刻度所在的卡尺平面与蜗杆轴线相交一个蜗杆导程角。

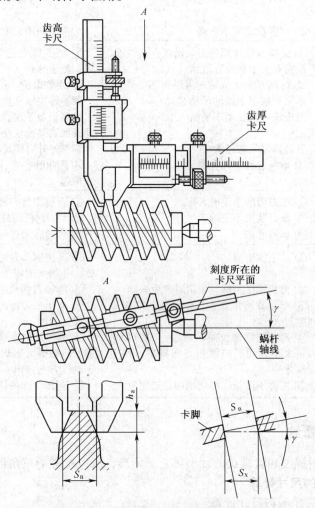

图 1-5-19　用齿厚游标卡尺测量法向齿厚

　　测量时应把齿高卡尺读数调整到齿顶高 h_a 的尺寸（必须注意齿顶圆直径尺寸的误差对齿顶高的影响），齿厚卡尺所测得的读数就是法向齿厚的实际尺寸。这种方法的测量精度比三针测量差。

　　【例 1-5-6】 车削轴向模数 $m_x = 4mm$ 的三头蜗杆，其导程角 $\gamma = 15°15'$，求齿顶高 h_a 和法向齿厚 S_n。

　　解：
$$h_a = m_x = 4mm$$

$$S_n = \frac{\pi m_x}{2}\cos\gamma = \frac{3.14 \times 4}{2} \times \cos 15°15'$$

$$= 6.28mm \times 0.965 = 6.06mm$$

即齿高卡尺应调整到齿顶高 $h_a = 4mm$ 的位置，齿厚卡尺测得的法向齿厚应为 $S_n = 6.06mm$。

　　8. 车螺纹及蜗杆时的质量分析

　　车螺纹及蜗杆时产生废品的原因及预防方法见表 1-5-7。

表 1-5-7　　　　　　　　　　车螺纹及蜗杆时产生废品的原因及预防方法

废品种类	产生原因	预防方法
中径（或分度圆直径）不正确	① 车刀切入深度不正确 ② 刻度盘使用不正确	① 经常测量中径（或分度圆直径）尺寸 ② 正确使用刻度盘
螺距（或轴向齿距）不正确	① 交换齿轮计算或组装错误；主轴箱、进给箱有关手柄位置扳错 ② 局部螺距（或轴向齿距）不正确 车床丝杠和主轴的窜动过大 溜板箱手轮转动不平衡 开合螺母间隙过大 ③ 车削过程中开合螺母抬起	① 在工件上先车出一条很浅的螺旋线，测量螺距（或轴向齿距）是否正确 ② 调整螺距 调整好主轴和丝杠的轴向窜动量 将溜板箱手轮拉出，使之与传动轴脱开或加装平衡块使之平衡 调整好开合螺母的间隙 ③ 用重物挂在开合螺母手柄上防止中途抬起
牙型（或齿形）不正确	① 车刀刃磨不正确 ② 车刀装夹不正确 ③ 车刀磨损	① 正确刃磨和测量车刀角度 ② 装刀时使用对刀样板（见图1-5-20） ③ 合理选用切削用量并及时修磨车刀
表面粗糙度大	① 产生积屑瘤 ② 刀柄刚度不够，切削时产生振动 ③ 车刀背前角太大，中滑板丝杠螺母间隙过大产生扎刀 ④ 高速切削螺纹时，最后一刀的背吃刀量太小或切屑向倾斜方向排出，拉毛螺纹牙侧 ⑤ 工件刚度低，而切削用量选用过大	① 高速钢车刀切削时，应降低切削速度，并加切削液 ② 增加刀柄截面积，并减小悬伸长度 ③ 减小车刀背向前角，调整中滑板丝杠螺母间隙 ④ 高速切削螺纹时，最后一刀的背吃刀量一般要大于0.1mm，并使切屑垂直于轴线方向排出 ⑤ 选择合理的切削用量

二、车削三角形螺纹

普通螺纹、英制螺纹和管螺纹的牙型都是三角形，所以统称为三角形螺纹。

1. 三角形螺纹的尺寸计算

（1）普通螺纹的牙型和尺寸计算

普通螺纹是应用最广泛的一种三角形螺纹，它分为粗牙普通螺纹和细牙普通螺纹两种。当公称直径相同时，细牙普通螺纹比粗牙普通螺纹的螺距小。粗牙普通螺纹的螺距不是直接标注的。普通螺纹的牙型如图 1-5-21 所示，牙型角为 60°。其基本要素的计算公式见表 1-5-8。

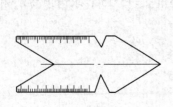

图 1-5-20　对刀样板

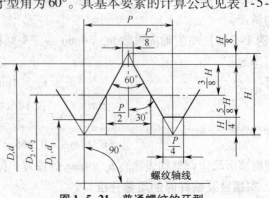

图 1-5-21　普通螺纹的牙型

表1-5-8		普通螺纹基本要素的计算公式	
基本参数	外螺纹	内螺纹	计算公式
牙型角	α		$\alpha = 60°$
螺纹大径（公称直径）/mm	d	D	$D = D$
螺纹中径/mm	d_2	D_2	$d_2 = D_2 = d - 0.6495P$
牙型高度/mm	h_1		$h_1 = 0.5413P$
螺纹小径/mm	d_1	D_1	$d_1 = D_1 = d - 1.0825P$

（2）英制螺纹

在我国设计新产品时不使用英制螺纹，只有在某些进口设备中和维修旧设备时应用。

英制螺纹的牙型如图1-5-22所示，它的牙型角为55°（美制螺纹为60°），公称直径是指内螺纹的大径，用in表示。螺距P以1in（25.4mm）中的牙数n表示，如1in中有12牙，则螺距为1/12in。

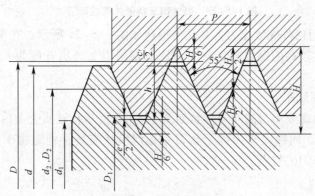

图1-5-22 英制螺纹的牙型

英制螺距与米制螺距的换算如下：

$$P = \frac{1\text{in}}{n} = \frac{25.4}{n} \ (\text{mm}) \tag{1-5-6}$$

英制螺纹1in内的牙数及各基本要素的尺寸，可从有关手册中查出。

2. 三角形螺纹车刀

（1）刀尖角

三角形螺纹车刀的刀尖角ε_r有60°和55°两种，这两种车刀可以车削的三角形螺纹，见表1-5-9。

表1-5-9 两种刀尖角的螺纹车刀可以车削的三角螺纹

三角形螺纹车刀的刀尖角ε_r	60°	55°
可以车削的螺纹	普通螺纹、60°密封管螺纹和米制锥螺纹	英制螺纹、55°非密封性管螺纹和55°密封管螺纹

下面以刀尖角$\varepsilon_r = 60°$的三角形螺纹车刀为例进行介绍。

（2）三角形外螺纹车刀

① 高速钢三角形外螺纹车刀，其形状如图1-5-23所示。为了车削顺利，粗车刀应选用较大

121

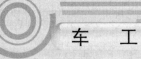

的背前角（$\gamma_p = 15°$）。为了获得较正确的牙型，精车刀应选用较小的背前角（$\gamma_p = 6° \sim 10°$）。

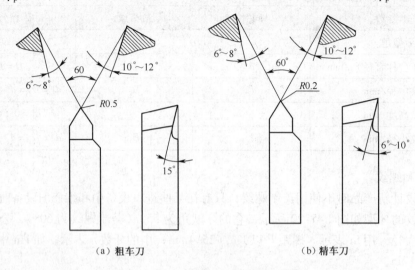

（a）粗车刀　　　　　　　　　　（b）精车刀

图 1-5-23　高速钢三角形外螺纹车刀

② 硬质合金三角形外螺纹车刀，其几何形状如图 1-5-24 所示，在车削较大螺距（$p > 2mm$）以及材料硬度较高的螺纹时，在车刀两侧切削刃上磨出宽度为 $b_{r1} = 0.2 \sim 0.4mm$ 的倒棱。

（3）三角形内螺纹车刀

高速钢三角形内螺纹车刀的几何形状如图 1-5-25 所示；硬质合金内螺纹车刀的几何形状如图 1-5-26 所示。内螺纹车刀除了其刀刃几何形状应具有外螺纹车刀的几何形状特点外，还应具有内孔车刀的特点。

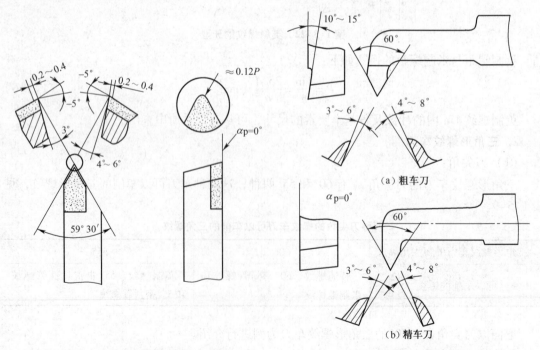

（a）粗车刀

（b）精车刀

图 1-5-24　硬质合金三角形外螺纹车刀　　　　**图 1-5-25　高速钢三角形内螺纹车刀**

3. 三角形螺纹的车削方法

三角形螺纹的车削方法有低速车削和高速车削两种。

（1）低速车削

低速车削时，使用高速钢螺纹车刀，并分别用粗车刀和精车刀对螺纹进行粗车和精车。低速车削螺纹的精度高、表面粗糙度值小，但效率低。低速车削螺纹时应注意根据车床和工件的刚度、螺距大小，选择不同的进刀方法，见表 1-5-10。

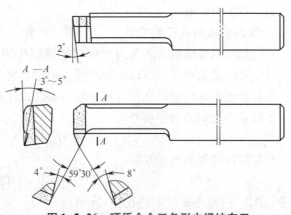

图 1-5-26　硬质合金三角形内螺纹车刀

表 1-5-10　　　　　　　　低速车削三角形螺纹的进刀方法

进刀方法	直进法	斜进法	左右切削法
图示			
方法	车削时只用中滑板横向进给	在每次往复行程后，除中滑板横向进给外，小滑板只向一个方向做微量进给	除中滑板作横向进给外，同时用小滑板将车刀向左或向右做微量进给
加工性质	双面切削	单面切削	

（2）高速车削

用硬质合金车刀高速车削三角形螺纹时，切削速度可比低速车削螺纹提高 15～20 倍，而且行程次数可以减少 2/3 以上，如低速车削螺距 $P=2$mm 的中碳钢材料的螺纹时，一般 12 个行程左右；而高速车削螺纹仅需 3～4 个行程即可，因此，可以大大提高生产率，在工厂中已被广泛采用。

高速车削螺纹时，为了防止切屑使牙侧起毛刺，不宜采用斜进法和左右切削法，只能用直进法车削。高速切削三角形外螺纹时，受车刀挤压后会使外螺纹大径尺寸变大。因此，车削螺纹前的外圆直径应比螺纹大径小些。当螺距为 1.5～3.5mm 时，车削螺纹前的外径一般可以减小 0.2~0.4mm。

4. 车内螺纹前孔径的确定

车三角形内螺纹时，因车刀切削时的挤压作用，内孔直径（螺纹小径）会缩小，在车削塑性金属时尤为明显，所以车削内螺纹前的孔径 $D_底$ 应比内螺纹小径 D_1 的基本尺寸略大些。车削普通内螺纹前的孔径可用下列近似公式计算：

车削塑性金属的内螺纹时

$$D_底 \approx D - P \qquad\qquad (1-5-7)$$

车削脆性金属的内螺纹时

$$D_底 \approx D - 1.05P \qquad\qquad (1-5-8)$$

式中，$D_底$——车内螺纹前的孔径（mm）；

　　　D——内螺纹的大径（mm）；

　　　P——螺距（mm）。

5. 车削三角形螺纹时切削用量的选择

（1）车削三角形螺纹时的切削用量

车削三角形螺纹时切削用量的推荐值，见表 1-5-11。

表 1-5-11　　　　　　　　　　　车三角形螺纹时的切削用量

工件材料	刀具材料	螺距（mm）	切削速度 v_c（m/min）	背吃刀量 a_p（mm）
45 钢	P10	2	60~90	2~3
45 钢	W18Cr4V	1.5	粗车：15~30 精车：5~7	粗车：0.15~0.30 精车：0.05~0.08
铸铁	K20	2	粗车：15~30 精车：15~20	粗车：0.20~0.40 精车：0.05~0.10

（2）车削三角形螺纹时切削用量的选择原则

① 工件材料。加工塑性金属时，切削用量应相应增大；加工脆性金属时，切削用量应相应减小。

② 加工性质。粗车螺纹时，切削用量可选得较大；精车时切削用量宜选小些。

③ 螺纹车刀的刚度。车外螺纹时，切削用量可选得较大；车内螺纹时，刀柄刚度较低，切削用量宜取小些。

④ 进刀方式。直进刀法车削时，切削用量可取小些；斜进刀法和左右切削法车削时，切削用量可取大些。

三、车削矩形螺纹和梯形螺纹

矩形螺纹和梯形螺纹是应用很广泛的传动螺纹，其工作长度较长，精度要求较高，而且导程和螺纹升角较大，所以要比车削三角形螺纹困难。

1. 矩形螺纹、梯形螺纹和锯齿形螺纹的基本要素的计算

（1）矩形螺纹基本要素的尺寸计算

矩形螺纹也称方牙螺纹，是一种非标准螺纹。因此，在零件图上的标记为"矩形公称直径×螺距"，如矩形 40×6。

矩形螺纹的牙型和各基本要素的计算公式见表 1-5-12。

表 1-5-12 矩形螺纹各基本要素的计算公式 （单位：mm）

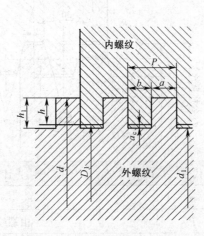

矩形螺纹的牙型		

基本参数	符号	计算公式
牙型角	α	$\alpha = 0°$
牙型高度	h_1	$h_1 = 0.5P + a_c$
外螺纹大径	d	公称直径
外螺纹小径	d_1	$d_1 = d - 2h_1$
外螺纹槽宽	b	$b = 0.5P + (0.02 \sim 0.04)$
外螺纹牙宽	a	$a = P - b$
牙顶间隙	a_c	根据螺距 P 的大小：$a_c = 0.1 \sim 0.2$

【例 1-5-7】 车削矩形 30×6 的丝杠，求矩形螺纹基本要素的尺寸。

解： 已知螺纹的公称直径为 $d = 30$mm，螺距 $P = 6$mm，取 $a_c = 0.15$mm。根据表 1-5-12 中的公式

$$h_1 = 0.5P + a_c = 0.5 \times 6 + 0.15 = 3.15\text{mm}$$
$$d_1 = d - 2h_1 = 30 - 2 \times 3.15 = 23.7\text{mm}$$
$$b = 0.5P + (0.02 \sim 0.04) = 0.5 \times 6 + 0.03 = 3.03\text{mm}$$
$$a = P - b = 6 - 3.03 = 2.97\text{mm}$$

（2）梯形螺纹的尺寸计算

梯形螺纹分米制和英制两种。我国常采用米制梯形螺纹（牙型角为 30°）。

梯形螺纹的牙型和螺纹基本要素的名称、代号及计算公式见表 1-5-13。

【例 1-5-8】 车削 Tr42 $\times$ 10 的丝杠和螺母，试求内外螺纹基本要素的尺寸和螺纹升角。

解： 公称直径 $d = 42$mm，螺距 $P = 10$mm，$a_c = 0.5$mm。

根据表 1-5-13 中的公式

$$h_3 = H_4 = 0.5P + a_c = 0.5 \times 10 + 0.5 = 5.5\text{mm}$$
$$d_2 = D_2 = d - 0.5P = 42 - 0.5 \times 10 = 37\text{mm}$$

表 1-5-13   梯形螺纹基本要素的名称、代号及计算公式   （单位：mm）

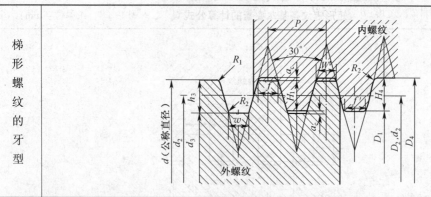

梯形螺纹的牙型

名称		代号	计算公式			
牙型角		α	$\alpha = 30°$			
螺距		P	由螺纹标准确定			
牙顶间隙		a_c	P	1.5 ~ 5	6 ~ 12	14 ~ 44
			a_c	0.25	0.5	1
外螺纹	大径	d	公称直径			
	中径	d_2	$d_2 = d - 0.5P$			
	小径	d_3	$d_3 = d - 2h_3$			
	牙高	h_3	$h_3 = 0.5P + a_c$			
内螺纹	大径	D_4	$D_4 = d + 2a_c$			
	中径	D_2	$D_2 = d_2$			
	小径	D_1	$D_1 = d - P$			
	牙高	H_4	$H_4 = h_3$			
牙顶宽		f、f'	f、$f' = 0.366P$			
牙槽底宽		w、w'	$w = w' = 0.366P - 0.536a_c$			

$$d_3 = d - 2h_3 = 42 - 2 \times 5.5 = 31 \text{mm}$$

$$D_1 = d - P = 42 - 10 = 32 \text{mm}$$

$$f = f' = 0.366P = 0.366 \times 10 = 3.66 \text{mm}$$

$$w = w' = 0.366P - 0.536a_c = 0.366 \times 10 - 0.536 \times 0.5 = 3.392 \text{mm}$$

根据公式 1-5-2

$$\tan\Psi = \frac{p_h}{\pi d_2} = \frac{10}{3.14 \times 37} = 0.086$$

$$\Psi = 4°55'$$

2. 矩形螺纹车刀和梯形螺纹车刀

（1）矩形螺纹车刀

矩形螺纹车刀与车槽刀十分相似，其几何形状如图 1-5-27 所示。

刃磨矩形螺纹车刀应注意以下问题。

① 精车刀的主切削刃宽度直接决定着螺纹的牙槽宽，其主切削刃宽度 $b = 0.5P + （0.02 \sim 0.04）$ mm。

② 为了使刀头有足够的强度，刀头长度 L 不宜过长，一般取 $L = 0.5P + （2 \sim 4）$ mm。

③ 矩形螺纹的螺纹升角一般都比较大，刃磨两侧后角时必须考虑螺纹升角的影响。

④ 为了减小螺纹牙侧的表面粗糙度，在精车刀的两侧面切削刃上应磨有 $b'_\varepsilon = 0.3 \sim 0.5$ mm 修光刃。

【例 1-5-9】 车削矩形 50×10 的丝杠。已知螺纹升角 $\psi = 4°3'$，求矩形螺纹车刀各部分的尺寸。

解： ① 刀头宽度 b。

$b = 0.5P + 0.03$ mm $= 5.03$ mm

② 刀头长度 L。

$L = 0.5P + （2 \sim 4）$ mm $= 5 + 3 = 8$ mm

③ 左、右侧刀刃刃磨后角。

因为是右旋螺纹，所以

左侧刀刃刃磨后角 $\alpha_{OL} = （3° \sim 5°） + \psi = 3°57' + 4°3' = 8°$

右侧刀刃刃磨后角 $\alpha_{OR} = （3° \sim 5°） - \psi = 4°3' - 4°3' = 0°$

（2）梯形螺纹车刀

① 高速钢梯形外螺纹粗车刀

高速钢梯形外螺纹粗车刀的几何形状如图 1-5-28 所示，车刀刀尖角 ε_r 应小于螺纹牙型角 $30'$，为了便于左右切削并留有精车余量，刀头宽度应小于牙槽底宽 W。

② 高速钢梯形外螺纹精车刀

高速钢梯形外螺纹精车刀的几何形状如图 1-5-29 所示。车刀背前角 $\gamma_p = 0°$，车刀刀尖角 ε_r 等于牙型角 α，为了保证两侧切削刃切削顺利，都磨有较大前角（$\gamma_0 = 12° \sim 16°$）的卷屑槽。但在使用时必须注意，车刀前端切削刃不能参加切削。该车刀主要用于精车梯形外螺纹牙型两侧面。

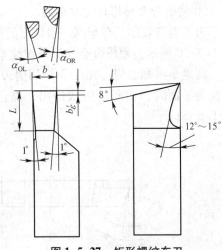

图 1-5-27　矩形螺纹车刀

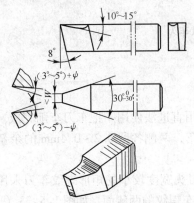

图 1-5-28　高速钢梯形外螺纹粗车刀

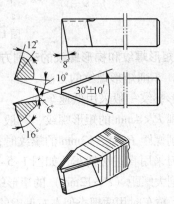

图 1-5-29　高速钢梯形外螺纹精车刀

③ 硬质合金梯形外螺纹车刀

为了提高效率，在车削一般精度的梯形螺纹时，可使用硬质合金车刀进行高速车削。如图1-5-30所示为硬质合金梯形外螺纹车刀的几何形状。

高速车削螺纹时，由于3个切削刃同时切削，切削力较大，易引起振动；并且当刀具前面为平面时，切屑呈带状排出，操作很不安全。为此，可在前面上磨出两个圆弧，如图1-5-31所示。

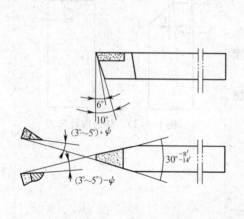

图1-5-30　硬质合金梯形外螺纹车刀　　　图1-5-31　双圆弧硬质合金外螺纹车刀

④ 梯形内螺纹车刀

图1-5-32所示为梯形内螺纹车刀，其几何形状和三角形内螺纹车刀基本相同，只是刀尖角应刃磨成30°。

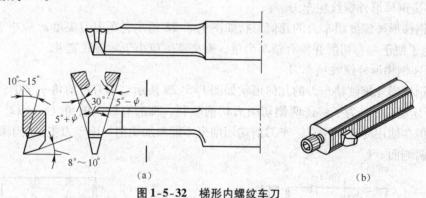

（a）　　　　　　　　　　　（b）

图1-5-32　梯形内螺纹车刀

3. 矩形螺纹和梯形螺纹的车削方法

（1）车削矩形螺纹的方法

矩形螺纹一般采用低速车削。

车削 $P < 4mm$ 的矩形螺纹，一般不分粗、精车，用直进法使用一把车刀车削完成。

车削螺距 $P = 4 \sim 12mm$ 的螺纹时，先用直进法粗车，两侧各留0.2～0.4mm的余量，再用精车刀采用直进法精车，如图1-5-33（a）所示。

车削大螺距（$P > 12mm$）的矩形螺纹，粗车时用刀头宽度较小的矩形螺纹车刀采用直进法切削，精车时用两把类似左右偏刀的精车刀，分别精车螺纹的两侧面，如图1-5-33（b）所示。但是，在车削过程中，要严格控制牙槽宽度。

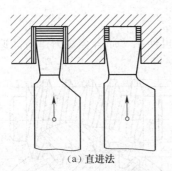

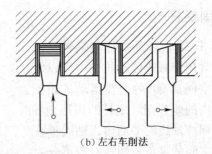

（a）直进法　　　　　　　　　　　　　（b）左右车削法

图 1-5-33　低速车削矩形螺纹

（2）梯形螺纹的车削方法

梯形螺纹有两种车削方法，它们各自的进刀方法及其特点和使用场合，见表 1-5-14。

表 1-5-14　　　　　　　　　　　　　　　梯形螺纹的车削方法

车削方法	低速车削法			高速车削法	
进刀方法	左右车削法	车直槽法	车阶梯槽法	直进法	车直槽法和车阶梯槽法
图示					
车削方法说明	在每次横向进给时，都必须把车刀向左或向右做微量移动，很方便。但是可防止因 3 个切削刃同时参加切削而产生振动和扎刀现象	可先用主切削刃宽度等于牙槽底宽 W 的矩形螺纹车刀车出螺旋直槽，使槽底直径等于梯形螺纹的小径。然后用梯形螺纹精车刀精车牙型两侧	可用主切削刃宽度小于 $P/2$ 的矩形螺纹车刀，用车直槽法车至接近螺纹中径处，再用主切削刃宽度等于牙槽底宽 W 的矩形螺纹车刀把槽深车至接近螺纹牙高 h_3，这样就车出了一个阶梯槽。然后用梯形螺纹精车刀精车牙型两侧	可用图 1-5-31 所示的双圆弧硬质合金梯形外螺纹车刀粗车，再用硬质合金梯形螺纹车刀精车	为了防止振动，可用硬质合金车槽刀，采用车直槽法和车阶梯槽法进行粗车，然后用硬质合金梯形螺纹车刀精车
使用场合	车削 $P \leqslant 8\text{mm}$ 的梯形螺纹	粗车 $P \leqslant 8\text{mm}$ 的梯形螺纹	精车 $P > 8\text{mm}$ 的梯形螺纹	车削 $P \leqslant 8\text{mm}$ 的梯形螺纹	车削 $P > 8\text{mm}$ 的梯形螺纹

四、车削蜗杆

图 1-5-34 所示的蜗杆和蜗轮组成
的蜗杆副常用于减速传动机构中，以传
递两轴在空间成 90°的交错运动，如车
床溜板箱内的蜗杆副。蜗杆的齿形角 α
是在通过蜗杆轴线的平面内，轴线垂直
面与齿侧之间的夹角。蜗杆一般可分为
米制蜗杆（$\alpha = 20°$）和英制蜗杆（$\alpha =
14.5°$）两种。本书仅介绍我国常用的
米制蜗杆的车削方法。

1. 蜗杆基本要素及其尺寸计算

蜗杆基本要素的名称、代号及计算
公式见表 1-5-15。

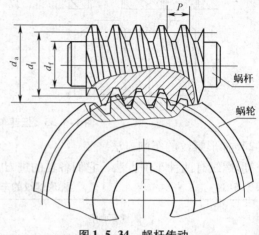

图 1-5-34　蜗杆传动

表 1-5-15　　　　　　　　　　　蜗杆基本要素的尺寸计算　　　　　　　　　　　（单位：mm）

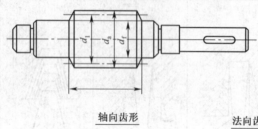

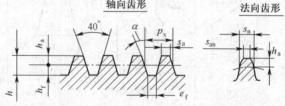

轴向齿形　　　　　　　　法向齿形

名称	计算公式	名称		计算公式
轴向模数 m_x	（基本参数）	齿根圆直径 d_f		$d_f = d_1 - 2.4m_x$
				$d_f = d_a - 4.4m_x$
头数 z_1	（基本参数）	导程角 γ		$\tan\gamma = \dfrac{P_z}{\pi d_1}$
分度圆直径 d_1	（基本参数）	齿顶宽 s_a	轴向 s_a	$s_a = 0.843m_x$
齿形角 α	$\alpha = 20°$		法向 s_{an}	$s_{an} = 0.843m_x\cos\gamma$
轴向齿距 p_x	$P_x = \pi m_x$	齿根槽宽 e_f	轴向 e_f	$e_f = 0.697m_x$
导程 P_z	$P_z = z_1 p_x = z_1 \pi m_x$		法向 e_{fn}	$e_{fn} = 0.697m_x\cos\gamma$
齿顶高 h_a	$h_a = m_x$	齿厚 s	轴向 s_x	$s_x = \dfrac{p_x}{2} = \dfrac{\pi m_x}{2}$
齿顶根 h_f	$h_f = 1.2m_x$			
全齿高 h	$H = 2.2m_x$		法向 s_n	$s_n = \dfrac{p_x}{2}\cos\gamma = \dfrac{\pi m_x}{2}\cos\gamma$
齿顶圆直径 d_a	$d_a = d_1 + 2m_x$			

【**例1-5-10**】车削图1-5-35所示的蜗杆轴，齿形角 $\alpha = 20°$，分度圆直径 $d_1 = 35.5\text{mm}$，轴向模数 $m_x = 3\text{mm}$，头数 $z_1 = 1$，求蜗杆基本要素的尺寸。

解：根据表1-5-15中的计算公式：

轴向齿距 $P_x = \pi m_x = 3.1416 \times 3 = 9.425\text{mm}$

导程 $P_z = z_1 \pi m_x = 1 \times 3.1416 \times 3 = 9.425\text{mm}$

齿顶高 $h_a = m_x = 3\text{mm}$

齿顶根 $h_f = 1.2m_x = 1.2 \times 3 = 3.6\text{mm}$

全齿高 $h = 2.2m_x = 2.2 \times 3 = 6.6\text{mm}$

齿顶圆直径 $d_a = d_1 + 2m_x = 35.5 + 2 \times 3 = 41.5\text{mm}$

齿根圆直径 $d_f = d_1 - 2.4m_x = 35.5 - 2.4 \times 3 = 28.3\text{mm}$

轴向齿顶宽 $s_a = 0.843m_x = 0.843 \times 3 = 2.53\text{mm}$

轴向齿根槽宽 $e_f = 0.697m_x = 0.697 \times 3 = 2.09\text{mm}$

轴向齿厚 $s_x = \dfrac{p_x}{2} = \dfrac{\pi m_x}{2} = \dfrac{9.425}{2} = 4.71\text{mm}$

导程角 $\tan\gamma = \dfrac{P_z}{\pi d_1} = \dfrac{9.425}{3.1416 \times 35.5} = 0.084 \quad \gamma = 4°48'$

法向齿厚 $s_n = \dfrac{p_x}{2}\cos\gamma = \dfrac{\pi m_x}{2}\cos\gamma = \dfrac{9.425}{2} \times \cos4°48' = 4.696\text{mm}$

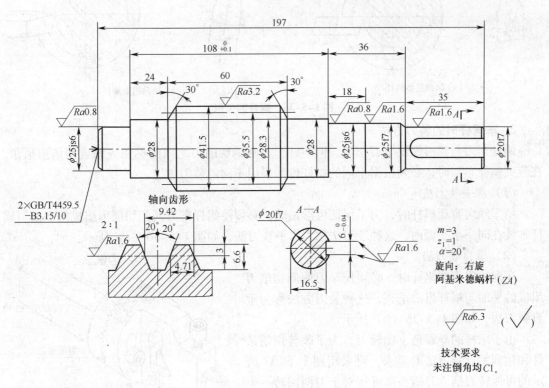

图1-5-35 蜗杆轴

2. 蜗杆的齿形

蜗杆的齿形是指蜗杆齿廓形状。常见蜗杆的齿形有轴向直廓蜗杆和法向直廓蜗杆两种。

（1）轴向直廓蜗杆（ZA 蜗杆）

轴向直廓蜗杆的齿形在通过蜗杆轴线的平面内是直线，在垂直于蜗杆轴线的端平面内是阿基米德螺旋线，因此，又称为阿基米德蜗杆，如图 1-5-36（a）所示。

（2）法向直廓蜗杆（ZN 蜗杆）

法向直廓蜗杆的齿形在垂直于蜗杆齿面的法平面内是直线，在垂直于蜗杆轴线的端平面内是延伸渐开线，因此，又称为延伸渐开线蜗杆，如图 1-5-36（b）所示。

机械中最常用的是阿基米德蜗杆（即轴向直廓蜗杆），这种蜗杆的加工比较简单。若图样上没有特别标明蜗杆的齿形，则均为轴向直廓蜗杆。

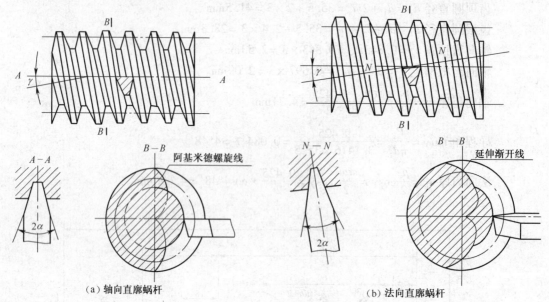

（a）轴向直廓蜗杆　　　　　　　　　　　（b）法向直廓蜗杆

图 1-5-36　蜗杆的齿形

3. 车蜗杆时的装刀方法

蜗杆车刀与梯形螺纹车刀相似，但蜗杆车刀两侧切削刃之间的夹角应磨成两倍齿形角。在装夹蜗杆车刀时，必须根据不同的蜗杆齿形采用不同的装刀方法。

（1）水平装刀法

精车轴向直廓蜗杆时，为了保证齿形正确，必须使蜗杆车刀两侧切削刃组成的平面与蜗杆轴线在同一水平面内，这种装刀法称为水平装刀法，如图 1-5-36（a）所示。

（2）垂直装刀法

车削法向直廓蜗杆时，必须使车刀两侧切削刃组成的平面与蜗杆齿面垂直，这种装刀方法称为垂直装刀法，如图 1-5-36（b）所示。

由于蜗杆的导程角 γ 比较大，为了改善切削条件和达到垂直装刀法的要求，可采用图 1-5-37 所示的可回转刀柄。刀柄头部可相对于刀柄回转一个所需的导程角，头部旋转后用两只紧固螺钉紧固。这种刀柄开有弹性槽，车削时不易产生扎刀现象。

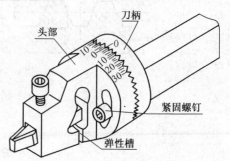

图 1-5-37　可回转刀柄

用水平装刀法车削蜗杆时，由于其中一侧切削刃的前角变得很小，切削不顺利，所以在粗车轴向直廓蜗杆时，也常采用垂直装刀法。

五、车削多线螺纹和多头蜗杆

1. 多线螺纹的分线方法和多头蜗杆的分头方法

多线螺纹的分线方法和多头蜗杆的分头方法在原理上是相同的，故本节中的多线螺纹的分线方法也等同于多头蜗杆的分头方法。

车多线螺纹时，主要考虑分线方法和车削步骤的协调。多线螺纹的各螺旋槽在轴向是等距离分布的，在圆周上是等角度分布的，如图 1-5-38 所示。在车削过程中，解决螺旋线的轴向等距离分布或圆周等角度分布的问题称为分线。

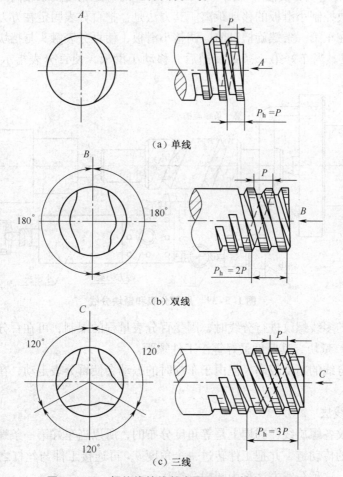

（a）单线

（b）双线

（c）三线

图 1-5-38　螺旋线的线数在圆周上和轴向的分布

若分线出现误差，使多线螺纹的螺距不相等，会直接影响内外螺纹的配合性能或蜗杆副的啮合精度，增加不必要的磨损，降低使用寿命。因此必须掌握分线方法，控制分线精度。

根据各螺旋线在轴向等距或圆周上等角度分布的特点，分线方法有轴向分线法和圆周分线法两种。

（1）轴向分线法

轴向分线法是按螺纹的导程车好一条螺旋槽后，把车刀沿螺纹轴线方向移动一个螺距，再车第二条螺旋槽。用这种方法只要精确控制车刀沿轴向移动的距离，就可达到分线的目的。具体控制方法如下。

① 用小滑板刻度分线。先把小滑板导轨找正到与车床主轴轴线平行。在车好一条螺旋槽后，把小滑板向前或向后移动一个螺距，再车另一条螺旋槽。小滑板移动的距离，可利用小滑板刻度控制。

② 利用开合螺母分线。当多线螺纹的导程为车床丝杠螺距的整数倍且其倍数又等于线数时（即多线螺纹的螺距等于车床丝杠的螺距），可以在车好第一条螺旋槽后，用开倒顺车的方法将车刀返回到开始车削的位置，提起开合螺母，再用床鞍刻度盘控制车床床鞍纵向前进或后退一个车床丝杠螺距，在此位置将开合螺母合上，车另一条螺旋槽。

③ 用百分表和量块分线法。如图 1-5-39 所示，对等距精度要求较高的螺纹分线时，可利用百分表和量块控制小滑板的移动距离。其方法是：把百分表固定在方刀架上，并在床鞍上紧固一挡块，在车第一条螺旋槽以前，调整小滑板，使百分表触头与挡块接触，并把百分表调整至 "0" 位。当车好第一条螺旋槽后，移动小滑板，使百分表指示的读数等于被车螺距。

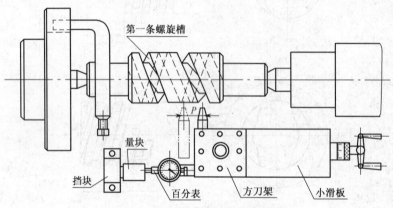

图 1-5-39　用百分表和量块分线

对螺距较大的多线螺纹进行分线时，因受百分表量程的限制，可在百分表与挡块之间垫入一块（或一组）量块，其厚度最好等于工件螺距。

用这种方法分线的精度较高，但由于车削时的振动会使百分表走动，在使用时应经常校正 "0" 位。

（2）圆周分线法

因为多线螺纹各螺旋线在圆周上是等角度分布的，所以当车好第一条螺旋槽后，应脱开工件与丝杠之间的传动链，并把工件转过一个角度 θ，再连接工件与丝杠之间的传动链，车削另一条螺旋槽，这种分线方法称为圆周分线法。

多线螺纹各起始点在端面上相隔的角度为 θ，即

$$\theta = \frac{360°}{n} \tag{1-5-9}$$

式中，θ——多线螺纹在圆周上相隔的角度（°）；

　　　n——多线螺纹的线数。

圆周分线法的具体方法如下。

① 利用三爪自定心卡盘和四爪单动卡盘分线。当工件采用两顶尖装夹并用卡盘的卡爪代替拨盘时，可利用三爪自定心卡盘分三线螺纹，利用四爪单动卡盘分双线和四线螺纹。当

车好一条螺旋槽后，只需要松开顶尖，把工件连同鸡心夹头转过一个角度，由卡盘上的另一只卡爪拨动，再用顶尖支撑好后就可车削另一条螺旋槽。

这种分线方法比较简单，但由于卡爪本身的误差较大，使得工件的分线精度不高。

② 用专用分线盘分线。车削线数为 2、3 或 4，对于一般精度的螺纹，可利用简单的分度盘分线。当车削完第一条螺旋槽后，利用分线盘上的分度精确的槽，将工件转过一个角度 θ，如图 1-5-40 所示。

当车双线螺纹时，工件分线应从 1→4 或 3→5。

当车三线螺纹时，工件分线应从 2→4→6。

当车四线螺纹时，工件分线应从 1→3→4→5。

③ 利用交换齿轮分线。车多线螺纹时，一般情况下，车床的交换齿轮箱中的交换齿轮 z_1 与主轴转速相等，z_1 转过的角度等于工件转过的角度。因此，当 z_1 的齿数是螺纹线数的整数倍时，就可以利用交换齿轮分线。

具体分线步骤如图 1-5-41 所示。当车好一条螺旋槽后，停车并切断电源，在 z_1 上根据线数进行等分，在与 z_1 的啮合处用粉笔做记号 1 和 0。如 CA6140 型车床车米制和英制螺纹时的齿轮 z_1 的齿数为 63，在车削三线螺纹时，应在离记号 1 第 21 齿处做记号 2 和 3，随后松开交换齿轮架，使 z_1 与 z_2 脱开，用手转动主轴，使记号 2 或 3 对准记号 0，再使 z_1 与 z_2 啮合，就可车削第二条螺旋槽了。车第三条螺旋槽时，也用同样的方法。

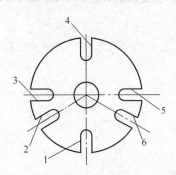

图 1-5-40　简单分线盘

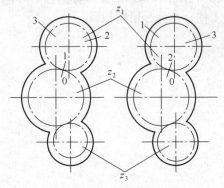

图 1-5-41　交换齿轮分线

用这种方法分线的优点是分线精确度较高，但所车螺纹的线数受 z_1 齿数的限制，操作也较麻烦，所以不宜在成批生产中使用。

④ 用多孔插盘分线。图 1-5-42 所示为车多线螺纹时用的多孔插盘。多孔插盘装夹在车床主轴上，其上有等分精度很高的定位插孔（多孔插盘一般等分 12 孔或 24 孔），它可以对 2、3、4、6、8 或 12 线的螺纹进行分线。

分线时，先停车松开紧固螺母，拔出定位插销，把多孔插盘旋转一个角度，再把插销插入另一个定位孔中。再紧固螺母，分线工作就完成了。多孔插盘上可以装夹卡盘，工件夹持在卡盘上；也可装上拨块拨动夹头，进行两顶尖间的车削。

这种分线方法的精度主要取决于多孔插盘的等分精度。如果等分精度高，可以使该装置获得较高的分线精度。多孔插盘分线操作简单、方便，但分线数量受插孔数量限制。

2. 车削多线螺纹应注意的问题

① 车削精度要求较高的多线螺纹时，应先将各条螺旋槽逐个粗车完毕，再逐个精车。

② 在车各条螺旋槽时，螺纹车刀切入深度应该相等。

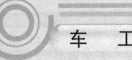

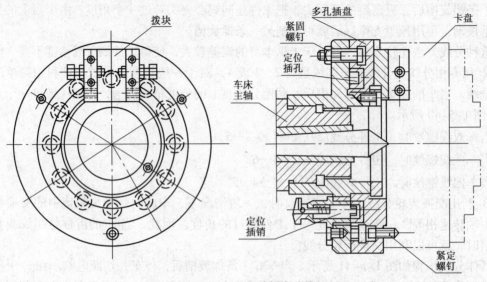

图 1-5-42 用多孔插盘分线

③ 用左右切削法车削时，螺纹车刀的左右移动量应相等。当用圆周分线法分线时，还应注意车每条螺旋槽时小滑板刻度盘的起始格数要相等。

④ 车削导程较大的多线螺纹时，螺纹车刀纵向进给速度较快，进刀和退刀时要防止车刀与工件、卡盘、尾座相碰。

車　工

基础知识六　车削较复杂工件

在车削中，有时会遇到一些外形较复杂和形状不规则的零件，如图1-6-1所示。

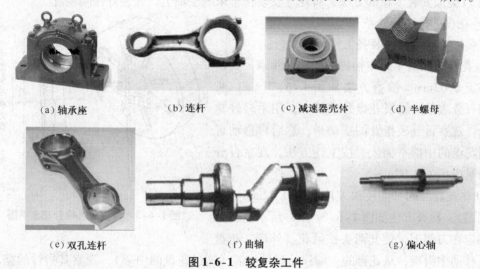

（a）轴承座　　　（b）连杆　　　（c）减速器壳体　　　（d）半螺母

（e）双孔连杆　　　（f）曲轴　　　（g）偏心轴

图1-6-1　较复杂工件

一、在花盘角铁上车削工件

外形奇特的工件，通常需用相应的车床附件或专用车床夹具来加工。当数量较少时，一般不设计专用夹具，而使用花盘、角铁等一些车床附件（如图1-6-2所示）来加工，既能保证加工质量，又能降低生产成本。

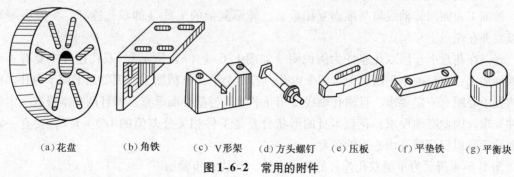

（a）花盘　（b）角铁　（c）V形架　（d）方头螺钉　（e）压板　（f）平垫铁　（g）平衡块

图1-6-2　常用的附件

1. 在花盘上车削工件技术

（1）花盘简介

花盘是一个铸铁大圆盘，它的盘面上有很多长短不同呈辐射状分布的通槽（或T形

137

槽），用于安装各种螺钉，以紧固工件，如图 1-6-2（a）所示。花盘可以直接安装在车床主轴上，其盘面必须与主轴轴线垂直，且盘面平整，表面粗糙度值 Ra 不大于 $1.6\mu m$。

（2）花盘的安装、检查和修整

1）花盘的安装

花盘安装到车床主轴上的步骤如下。

① 拆下主轴上的卡盘、妥善保管。

② 擦净主轴上的连接盘（如 CA6140 型卧式车床）或主轴螺纹（如 C620 型卧式车床）及定位基准面，并涂少量润滑油。

③ 擦净花盘配合、定位面（配 CA6140 型车床为内圆柱面，配 C620 型车床为内螺纹面）。

④ 以类似安装卡盘的方法，将花盘安装在车床的主轴上，并装好保险装置。

2）花盘的检查与修整

安装好花盘后，在装夹工件前应检查：

① 花盘盘面对车床主轴轴线的端面跳动，其误差应小于 0.02mm。检查方法如图 1-6-3（a）所示，用百分表触头触及花盘外端面上，用手轻轻转动花盘，观察百分表指针的摆动量；然后再移动百分表到花盘的中部平面上。按上述方法，观察百分表摆动量应小于 0.02mm。

② 花盘盘面的平面度误差应小于 0.02mm（只许中间凹）。检查方法如图 1-6-3（b）所示，将百分表固定在刀架上，使其测头接触花盘外端，花盘

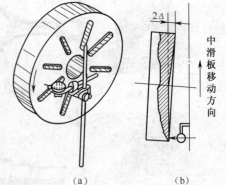

图 1-6-3　用百分表检查花盘平面

不动，移动中滑板，从花盘的一端移动到另一端（通过花盘的中心），观察其指针的摆动量 Δ，其值应小于 0.02mm。

若对花盘的上述两项检查不符合要求时，应选用耐磨性能较好的 K10（旧牌号为 YG6）牌号刀头的车刀，将花盘盘面精车一刀，车削时，应紧固床鞍。若精车后还不能满足要求，则应调整车床主轴间隙或修刮中滑板。

（3）工件在花盘上的安装方法

被加工表面回转轴线与基准面互相垂直，外形复杂的工件（如双孔连杆、支撑座等），可以装夹在花盘上车削。

现以在花盘上车削双孔连杆为例说明［如图 1-6-1（e）所示］。双孔连杆主要有 4 个表面要加工：前后两个平面、上下两个内孔。若两个平面已精加工，现要加工两个内孔。由于两孔中心距有一定要求，且两孔轴线要相互平行且与基准面垂直，而且两孔本身有一定的尺寸要求。因此必须要求：花盘本身的形状公差是工件相关公差值的 1/3～1/2；要有一定的测量手段以保证两孔中心距的公差。

图 1-6-4 所示为车削双孔连杆的装夹方法。其装夹步骤如下。

① 首先选择前后两个平面中的一个合适平面作为定位基准面，将其贴平在花盘盘面上。

② V 形架轻轻靠在连杆下端圆弧形表面，并初步固定在花盘上。

③ 按预先画好的线找正连杆第一孔，然后用压板压紧工件。

④ 调整 V 形架，使其 V 形槽轻抵工件圆弧形表面，并锁紧 V 形架。

⑤ 用螺钉压紧连杆另一孔端。

⑥ 加适当配重铁，将主轴箱手柄置于空挡位置，用手转动花盘，使之能在任何位置都处于平衡状态。

⑦ 用手转动花盘，如果旋转自由，且无碰撞现象，即可开始车孔。

第一个工件找正以后，其余工件即可按 V 形架定位加工，不必再进行找正。

车削第二孔时，关键问题在于保证两孔距公差，为此要求采用适当的装夹和测量方法。

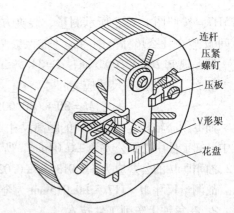

图 1-6-4 双孔连杆装夹方法

先在主轴锥孔内安装一根专用心轴，并找正心轴的圆跳动，再在花盘上安装一个定位套，其外径与加工好的第一孔呈较小的间隙配合，如图 1-6-5 所示。然后用千分尺测量出定位套与心轴之间的距离 M，再用下式计算中心距：

$$L = M - \frac{D+d}{2} \qquad\qquad (1\text{-}6\text{-}1)$$

式中，L——两孔实际中心距（mm）；

M——千分尺测得的距离（mm）；

D——专用心轴直径（mm）；

d——定位套直径（mm）。

若测量出的中心距 L 与图样要求不符，则可微松定位套螺母，用铜棒轻敲定位套，直至符合图样要求为止。中心距校正好后，取下心轴，并将连杆已加工好的第一孔套在定位套上，并校正好第二孔的中心，夹紧工件，即可加工第二孔。

【例1-6-1】图 1-6-6 所示双孔连杆，在花盘上车好 $\phi35\text{H}7$ 第一孔后，需车第二孔

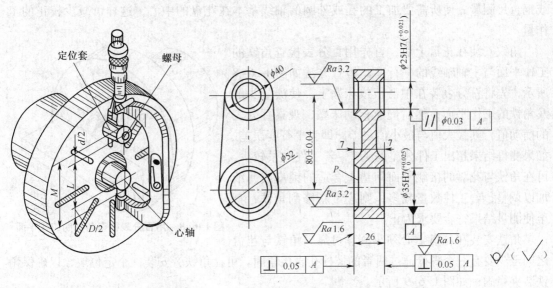

图 1-6-5 在花盘上找正中心距的方法　　　　图 1-6-6 双孔连杆

$\phi25H7$。按照图1-6-5所示测量、装夹方法进行，现若实测 $D=40.005\text{mm}$，$d=34.995\text{mm}$，试问 M 应在什么尺寸范围内，才能保证两孔中心距符合图样要求？

解： 已知 $D=40.005\text{mm}$，$d=34.995\text{mm}$，两孔中心距公称尺寸为80mm，

那么，M 的公称尺寸应为：

$$M=80+(40.005+34.995)/2=117.5\text{mm}$$

而专用心轴和定位套之间的距离尺寸 M 的公差一般取工件中心距公差的 $1/3\sim1/2$，从图样中已知工件中心距公差为 $\pm0.04\text{mm}$，所以 M 的公差应在（±0.04）$\times1/3\sim$（±0.04）$\times$ $1/2$ 之间即 M 的公差应为 $\pm0.0133\sim\pm0.02$，现取 $\pm0.015\text{mm}$ 为宜。

故测量尺寸 $M=117.5\pm0.015\text{mm}$ 为合格。

2. 在角铁上车削工件技术

（1）角铁简介

角铁也是用铸铁制成的车床附件，通常有两个互相垂直的表面。在角铁上有长短不同的通孔，用以安装连接螺钉。由于工件形状、大小不同，角铁除有内角铁和外角铁之分外，还可做成不同形状，以适应不同的加工要求，如图1-6-7所示。

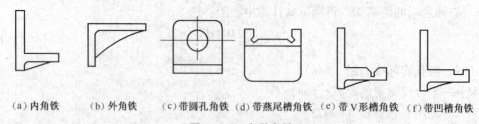

（a）内角铁　　（b）外角铁　　（c）带圆孔角铁　（d）带燕尾槽角铁　（e）带 V 形槽角铁　（f）带凹槽角铁

图1-6-7　各种角铁

角铁应具有一定的刚性和强度，以减少装夹变形。为此，除了在结构上增加一些肋、肋板外，还应在铸造后进行时效处理。角铁的工作表面和定位基准面必须经过磨削或精刮研，以确保接触性能好、角度准确。通常角铁与花盘一起配合使用。

角铁在未安装在花盘上之前，首先应根据工件的形状、大小考虑其安装位置，通过目测或钢直尺测量，使所需要加工的孔或外圆的轴线基本在花盘的中心，这样可减少校正的工作量。

角铁安装在花盘上后，首先用百分表检查角铁的工作平面与主轴轴线的平行度。检查方法如图1-6-8所示，先将百分表装在中滑板或床鞍上，使测量头触及角铁的工作平面，然后慢速移动床鞍，观察百分表的摆动值，其最大值与最小值之差，即为平行度误差。如果测得结果超出工件公差的 $1/2$，若工件数量较少，可在角铁与花盘的接触平面间垫上合适的铜皮或薄纸加以调整；若工件数量较多，则应重新修刮角铁，直至使测量结果符合要求为止。

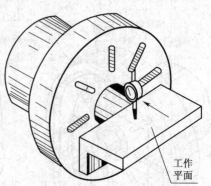

图1-6-8　用百分表检查角铁的工作平面

角铁安装在花盘上必须牢固、可靠。角铁与花盘之间至少要有一个螺栓通过两者的螺栓孔直接紧固。可在角铁旁安装一个定位块，以确保角铁装夹稳固，如图1-6-9所示。

安装角铁时，应注意操作安全。为防止安装时角铁滑落碰坏床面或伤人，可事先在角铁

位置下方安装一块矩形压板（如图1-6-10所示），使装夹或校正角铁时既省力又安全。

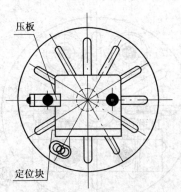

图1-6-9　角铁的装夹要求

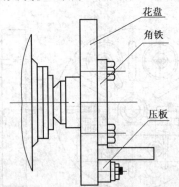

图1-6-10　在角铁位置下安装压板

（2）工件在角铁上的装夹方法

被加工表面的回转轴线与基准面互相平行，外形较复杂的工件，可以装夹在花盘、角铁上加工，如轴承座、减速器壳体等零件。

如图1-6-11所示的轴承座，要在角铁上加工ϕ32H9内孔。ϕ32H9内孔的设计、定位基准为P面，故基准面P应先加工后，再安装在角铁上加工ϕ32H9内孔。具体装夹方法有以下两种。

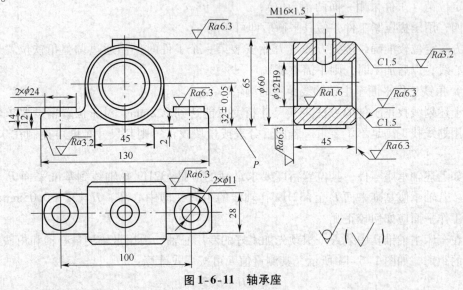

图1-6-11　轴承座

① 若工件数量较少，可将轴承座装夹在角铁上后（如图1-6-12所示），先用压板轻压，再用划线盘找正轴承座轴线，根据划好的十字线找正轴承座的中心高。具体操作步骤如下：

第一，调整划针高度，找正水平中心线；

第二，使针尖通过工件水平中心线，然后将花盘旋转180°，再用划针轻拉一条水平线，若两线不重合，可将划针尖调整到两条平行线的中间位置；

第三，调整角铁，使工件水平线向划针高度方向调整；

第四，重复上述步骤，使划针所划的两条水平线直到重合为止。（注意：在找正十字线时，应同时找正上侧基准线，以防工件歪斜）。

找正垂直中心线的方法类似。

② 若工件数量较多，可采用如图 1-6-13 所示装夹方法。具体操作步骤如下：

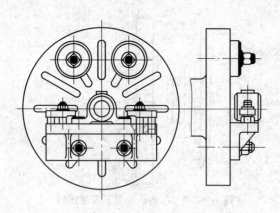

图 1-6-12　第一种安装方法

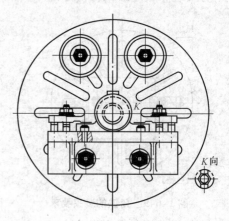

图 1-6-13　第二种安装方法

第一，工件找正划线，铣削底面（基准平面）；

第二，用钻模将两孔 ϕ11mm 钻、铰至 ϕ11H8（两孔应对称于垂直中心线），作装夹时定位用；

第三，在角铁上根据两孔中心距的要求（图 1-6-11 中所示为 100mm），钻、铰孔并压入两只定位销（工件采用一面两销定位）；

第四，用压板压紧工件并使其平衡后即可车削。

此方法定位较准确，装夹方便（开始安装第一个工件时仍需通过调整角铁位置来找正水平中心线，以后加工时，则不需重复）。

（3）角铁工作平面至主轴轴线距离的测量

按上述划线找正工件的方法，其尺寸精度只能达到 0.2mm，对于位置精度要求较高的工件，划线找正满足不了要求。若用百分表或量块找正，则其尺寸精度可控制在 0.01mm 以内。

例如上述轴承座零件，其位置精度要求最高的应是 ϕ32H9 孔轴线到基准平面 P 之间的距离了。若轴承座基准平面 P 至 ϕ32H9 孔轴线的距离（即中心高）$H = 32 \pm 0.05$mm，那么角铁的工作平面应如何校正呢？

先在车床主轴锥孔中装入一根预先加工好的专用心轴，再用量块测量心轴和角铁工作平面之间的距离，如图 1-6-14 所示，其测量值 h 可按下式计算：

$$h = H - D/2 \qquad (1-6-2)$$

式中，h——量块尺寸（mm）；

H——工件孔中心角铁工作平面的距离即中心高（mm）；

D——专用心轴直径的实际尺寸（mm）。

若实测专用心轴为：$D = 30.005$mm，根据公式 $h = H - D/2 = 32 - 30.005/2 = 16.9975$mm。

角铁工作平面至主轴轴线的高度尺寸公差，可取工件中心高公差的 $1/3 \sim 1/2$。则量块尺寸 $h = 17 \pm 0.02$mm。

（4）其他形式的角铁

① 角度角铁

在实际生产中，有时还会遇到工件的被加工表面的轴线与主要定位基准面成一定的角度，因此必须制造一块相应的角度角铁（如图 1-6-15 所示），使工件装夹时，被加工工件表面中心与车床主轴中心重合。选择角度角铁角度时应注意：当被加工工件表面的轴线与工件的主要定位基准面夹角为 α 时，应选择角度是 $90° - \alpha$ 的角铁。

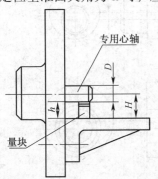

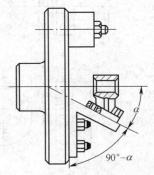

图 1-6-14　角铁工作平面至主轴轴线距离测量　　　图 1-6-15　在角度角铁上安装斜形支架

②微型角铁

对于小型复杂工件，如十字孔工件、环首螺钉等，它们的体积均很小，质量也轻，而且基准面到加工表面中心的距离不大，如果用花盘、角铁加工非常不便，这时可用如图 1-6-16 所示的微型角铁加工，不仅方便，而且还可高速车削，效率也高。

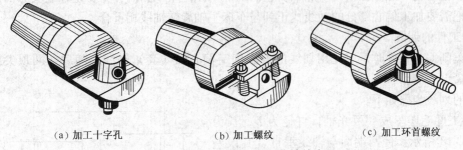

（a）加工十字孔　　　　　　　（b）加工螺纹　　　　　　　（c）加工环首螺纹

图 1-6-16　微型角铁的应用

微型角铁的柄部做成莫氏圆锥与主轴锥孔直接配合，头部做成圆柱体，并在圆柱体上加工出一个垂直平面，工件就可以装夹在这个小平面上进行加工。

（5）注意事项

①在花盘、角铁上加工轴孔，关键问题是要确保被加工孔的轴线与主轴轴线重合，因此，在装夹工件时要保证找正精度。

②在花盘、角铁上加工工件时，要特别注意安全。因为工件形状不规则，并有螺栓、角铁等露在外面，不小心就会发生工伤事故，所以要求工件、角铁安装牢固、可靠，要校好平衡，车削时转速不宜太高。

③夹紧工件时要防止变形，应使夹紧力的方向与主要定位基准面垂直，以增加工件加工时的刚性。

④机床主轴的间隙不得过大，导轨必须平直，以保证工件的形状位置精度。

二、车削偏心工件

在机械传动中，要使回转运动转变为直线运动，或由直线运动转变为回转运动，一般采用曲柄滑块（连杆）机构来实现。偏心工件常见的有偏心轴、偏心套、曲轴等，如图 1-6-17

所示。

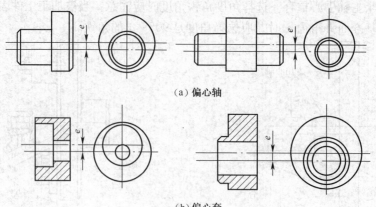

(a) 偏心轴

(b) 偏心套

图 1-6-17 偏心工件

外圆和外圆或内孔和外圆的轴线平行而不重合（偏一个距离）的工件，叫偏心工件。外圆与外圆偏心的工件叫偏心轴；内孔与外圆偏心的工件叫偏心套；两平行轴线间的距离叫偏心距。

偏心轴、偏心套一般都在车床上加工。它们的加工原理基本相同：主要是在装夹方面采取措施，即把需要加工偏心部分的轴线找正到与车床主轴旋转轴线相重合。

1. 偏心工件的划线

安装、车削偏心工件时，应先用划线的方法确定偏心轴（套）轴线，随后在两顶尖或四爪单动卡盘上安装。

偏心轴的划线步骤如下。

① 先将工件毛坯车成一根光轴，直径为 D，长为 L，如图 1-6-18 所示。使两端面与轴线垂直（其误差大影响找正精度），表面粗糙度值为 Ra 1.6μm。然后在轴的两端面和四周外圆上涂一层蓝色显示剂，待干后将其放在平板上的 V 形架中。

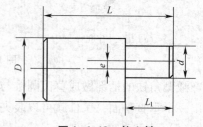

图 1-6-18 偏心轴

② 用游标高度尺测量光轴的最高点，如图 1-6-19 所示，并记下读数，再把游标高度尺的游标下移工件实际测量直径尺寸的一半，并在工件的 A 端面划出一条水平线，然后将工件转过 180°，仍用刚才调整的高度，再在 A 端面划另一条水平线。检查前、后两条线是否重合，若重合，即为此工件的水平轴线；若不重合，则需将游标高度尺进行调整，游标下移量为两平行线间距的一半。如此反复，直至使两平行线重合为止。

③ 找出工件轴线后，即可在工件的端面和四周划圈线。

④ 将工件转过 90°，用平型直角尺对齐已划好的端面线，然后再用刚才调整好的游标高度尺在轴端面和四周划一道圈线，这样在工件上就得到两道互相垂直的圈线了。

⑤ 将游标高度尺的游标上移一个偏心距尺寸，也在轴端面和四周划一道圈线。

⑥ 偏心距中心线划出后，在偏心距中心处两端分别打样冲眼，要求敲打样冲眼的中心位置准确无误，眼坑宜浅，且小而圆。

若采用两顶尖装夹车削偏心轴，则要依此样冲眼先钻出中心孔。

　　若采用四爪单动卡盘装夹车削时，则要依此样冲眼先划出一个偏心圆，同时还须在偏心圆上均匀地、准确无误地打上几个样冲眼，以便找正，如图 1-6-20 所示。

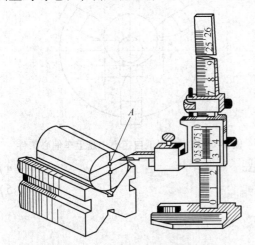

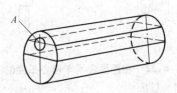

图 1-6-19　在 V 形架上划偏心的方法　　　　　　　　图 1-6-20　划偏心

2. 偏心工件的车削方法

（1）在四爪单动卡盘上车偏心工件

　　当工件数量较少、长度较短、不便于在两顶尖上装夹或形状比较复杂的偏心工件时，可装夹在四爪单动卡盘上车偏心。

　　在四爪单动卡盘上车偏心时，必须按已划好的偏心和侧素线找正，使偏心轴线与车床主轴轴线重合，如图 1-6-21 所示，工件装夹后即可车削。

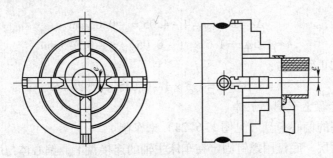

图 1-6-21　在四爪单动卡盘上车偏心工件的方法

　　在开始车偏心时，由于两边的切削量相差很多，车刀应先远离工件后再启动主轴。然后，车刀刀尖从偏心的最外一点逐步切入工件进行车削。这样，就可以防止事故的发生。

（2）在两顶尖间车偏心工件

　　一般的偏心轴，主要两端面能钻中心孔，有鸡心夹头的装夹位置，都应该用两顶尖间车偏心的方法，如图 1-6-22 所示。因为在两顶尖间车偏心与车一般外圆没有多大的区别，仅仅是两顶尖是顶在偏心中心孔加工而已。这种方法的优点是因为偏心中心孔已钻好，不需要花费时间去找正偏心，另外，定位精度较高。

（3）在三爪自定心卡盘上车偏心工件

　　长度较短的偏心工件，也可在三爪自定心卡盘的一个卡爪上增加一块垫片，使工件产生偏心来车削，如图 1-6-23 所示。垫片的厚度可用以下近似公式计算：

$$x = 1.5e + k$$

$$(1-6-3)$$

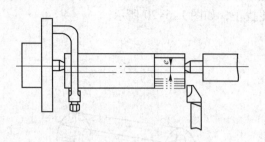

图 1-6-22　在两顶尖间车偏心工件的方法

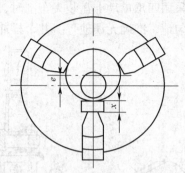

图 1-6-23　在三爪自定心卡盘上车偏心工件

$$k \approx 1.5\Delta e \tag{1-6-4}$$

$$\Delta e = e - e_{测} \tag{1-6-5}$$

式中，e——工件偏心距（mm）；

　　　k——偏心距修正值（mm）；

　　Δe——试切后，实测偏心距误差（mm）；

　　$e_{测}$——试切后，实测偏心距（mm）。

【例 1-6-2】如用三爪自定心卡盘加垫片的方法车削偏心距 $e = 4$mm 的偏心工件，试计算垫片厚度。

解：先暂不考虑修正值，初步计算垫片厚度：

$$x = 1.5e = 1.5 \times 4 = 6\text{mm}$$

垫入 6mm 厚度的垫片进行试切削，然后检查其实际偏心距（假设为 4.05mm），那么其偏心距误差为：

$$\Delta e = e - e_{测} = 4 - 4.05 = -0.05\text{mm}$$

$$k \approx 1.5\Delta e = 1.5 \times (-0.05) = -0.075\text{mm}$$

则垫片厚度的正确值为：

$$x = 1.5e + k = 1.5 \times 4 - 0.075 = 5.925\text{mm}$$

（4）在偏心卡盘上车偏心工件

车削精度较高的偏心卡盘（见图 1-6-24）来车削。

偏心卡盘分两层，底盘用螺钉固定在车床主轴的连接盘上，偏心体与底盘燕尾槽相互配合。偏心体上装有三爪自定心卡盘。利用丝杠来调整卡盘的中心距，偏心距 e 的大小可在两个测量头之间测得。当偏心距为零时，两测量头正好相碰。转动丝杠时，两测量头逐渐离开，离开的尺寸即是偏心距。两测量头之间可用百分表或量块测量。当偏心距调整好后，用 4 只方头螺钉紧固，把工件装夹在三爪自定心卡盘上，就可以进行车削。

由于偏心卡盘的偏心距可用量块或百分表测得，因此可以获得很高的精度。其次，偏心卡盘调整方便，通用性强，是一种较理想的车偏心夹具。

（5）在专用偏心夹具上车偏心工件

加工数量较多、偏心距精度要求较高的工件时，可以制造专用偏心夹具来装夹和车削。图 1-6-25（a）所示是一种简单的偏心夹具。夹具中预先加工一个偏心孔，其偏心距等于工件的偏心距，工件就插在夹具的偏心孔中，用铜螺钉紧固。也可以把偏心夹具的较薄处铣开一条狭槽，依靠夹具变形来夹紧工件，如图 1-6-25（b）所示。

当加工数量较多的偏心轴时，用划线的方法钻中心孔，生产率低，偏心距精度不易保

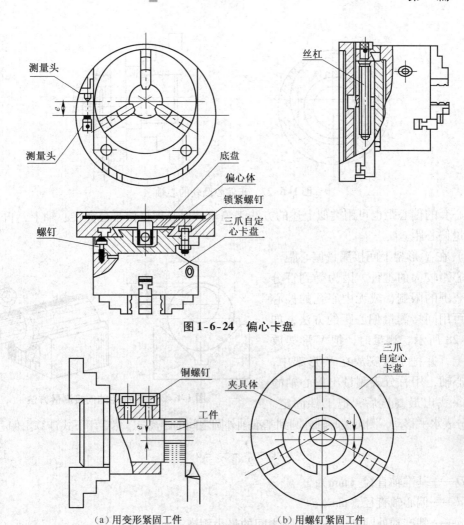

图 1-6-24　偏心卡盘

（a）用变形紧固工件　　　　　　（b）用螺钉紧固工件

图 1-6-25　专用车偏心夹具

证。这时，可将偏心轴装夹在偏心夹具中钻中心孔，如图 1-6-26 所示。工件调头钻中心孔时，用夹具调头，工件不能卸下。偏心中心孔钻好后，再在两顶尖间车偏心轴。

图 1-6-27 所示是车偏心凸轮的心轴，将这根心轴预先车好偏心距 e，心轴的外圆夹在三爪卡盘中，工件装在偏心轴上。用螺钉和垫圈压紧工件后，就可以进行车削。这种方法加工方便，但材料比较浪费，适用于偏心距较小的有孔工件。

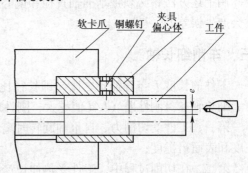

图 1-6-26　用偏心夹具钻偏心中心孔的方法

3. 偏心距的测量方法

（1）在两顶尖间测量偏心距

两端有中心孔的偏心轴，如果偏心距较小，可在两顶尖间测量偏心距。测量时，把工件装夹在两顶尖之间，百分表的测头与偏心轴接触，用手转动偏心轴，百分表上指示出的最大值和最小值之差的一半就等于偏心距。

车 工

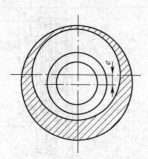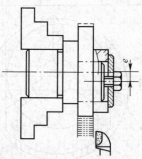

图 1-6-27　车偏心凸轮的心轴

偏心套的偏心距也可用类似上述的方法来测量，但必须将偏心套套在心轴上，再在两顶尖间测量偏心距。

（2）在 V 形架上间接测量偏心距

偏心距较大的工件，因为受到百分表测量范围的限制，或无中心孔的偏心工件，可用间接测量偏心距的方法，如图 1-6-28 所示。测量时，把 V 形架放在平板上，并把工件安放在 V 形架中，转动偏心轴，用百分表测量出偏心轴的最高点，找出最高点后，把工件固定。

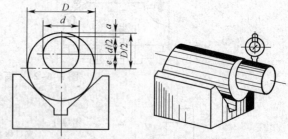

图 1-6-28　偏心距的间接测量方法

再将百分表水平移动，测出偏心轴外圆到基准轴外圆之间的距离 a，然后用下式计算出偏心距 e：

$$e = \frac{D}{2} - \frac{d}{2} - a \qquad (1-6-6)$$

式中，D——基准轴直径（mm）；

　　　d——偏心轴直径（mm）；

　　　a——基准轴外圆到偏心轴外圆之间的最小距离（mm）。

用上述方法，必须把基准轴直径和偏心轴直径用千分尺测量出正确的实际值，否则计算时会产生误差。

三、车削细长轴

工件的长度 L 与直径 d 之比（即长径比）大于 25（$L/d > 25$）的轴类零件称为细长轴。由于细长轴本身刚性差（L/d 值越大，刚性越差），因此在车削过程中会出现以下问题：

第一，工件受切削力、自重和旋转时离心力的作用，会产生弯曲、振动，严重影响其圆柱度和表面粗糙度；

第二，在切削过程中，工件受热伸长产生弯曲变形，车削就很难进行，严重时会使工件在顶尖间卡住。

因此，车细长轴是一种难度较大的加工工艺。

虽然车细长轴的难度较大，但它也有一定的规律性，主要是抓住：中心架和跟刀架的使用；解决工件热变形伸长；合理选择车刀几何形状等三个关键技术。

1. 中心架的使用技术

（1）中心架的构造

中心架的结构如图 1-6-29 所示。工作时，架体通过压板和螺母紧固在床身上，上盖和

架体用圆柱销作活动连接，为了便于装卸工件，上盖可以打开或扣合，并用螺钉来锁定。3个支撑爪的升降，分别用3个螺钉来调整，以适应不同直径的工件，并分别用3个螺钉来锁定。

中心架支撑爪是易损件，磨损后可以调换，其材料应选用耐磨性好、不易研伤工件的材料，通常选用青铜、胶木、尼龙1010等材料。

中心架一般有两种常见的形式：一种为普通中心架，如图1-6-29所示；另一种为滚动轴承中心架，如图1-6-30所示。滚动轴承中心架的结构大体与普通中心架相同，不同之处在于支撑爪的前端装有3个滚动轴承，以滚动摩擦代替滑动摩擦。它的优点是：耐高速、不会研伤工件表面；缺点是同轴度稍差。

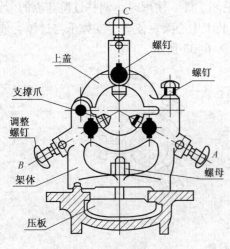

图1-6-29 普通中心架

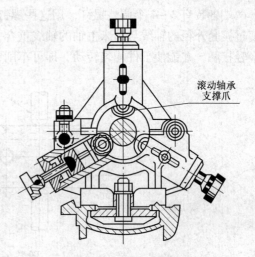

图1-6-30 滚动轴承中心架

（2）使用中心架支撑车削细长轴

使用中心架支撑车削细长轴，关键是使中心架与工件接触的三个支撑爪所决定圆的圆心与车床的回转中心重合。车削时，一般是用两顶尖装夹或一夹一顶方式安装工件，中心架安装在工件的中间部位并固定在床身上。

① 当工件用两顶尖装夹时，通常有以下两种形式：

第一种，中心架直接支撑在工件中间。当工件加工精度要求较低，可以采用分段车削或调头车削时，中心架直接支撑在工件中间，如图1-6-31所示。

采用这种支撑方式，可使工件的长径比减少一半，细长轴的刚性则可增加好几倍。工件装上中心架之前，必须在毛坯中间车出一段圆柱面沟槽作为支撑轴颈，其直径应略大于工件要求的尺寸（以便以后精车）。车此段沟槽时，应采取低转速、小进给量的切削方法，沟槽的表面粗

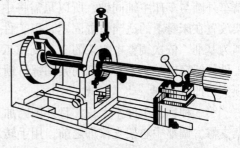

图1-6-31 用中心架支撑车削细长轴

糙度值应小于1.6μm，圆度误差小于0.05mm，否则，会使工件出现仿形误差。然后装上中心架，并在开车时按照$A \rightarrow B \rightarrow C$的顺序调整中心架的3个支撑爪（如图1-6-29所示），使它们与工件沟槽外圆柱面轻轻接触。当车削是由尾座向床头方向进行时，可车到沟槽附近位置，然后将工件调头装夹，把中心架的3个支撑爪轻轻支撑已加工表面。因此，可在已加工

表面与 3 个支撑爪之间垫细号砂布（砂布背面贴住工件，有砂粒的一面向着三爪）或研磨剂，进行研磨跑合。

在整个加工过程中，支撑爪与工件接触应经常加润滑油，防止磨损或"咬坏"，并要随时用手感来掌握工件与中心架 3 个支撑爪摩擦发热的情况，如发热厉害，须及时调整三个支撑爪与工件接触表面间的间隙，决不能等到出现"吱吱"响声或"冒烟"时再去调整。

第二种，中心架配以过渡套支撑工件。当车削某段部分不需要加工的细长轴时，或加工不适于在中段车沟槽、表面又不规则的工件（如安置中心架处有键槽或花键等）或毛坯时，可采用中心架配以过渡套支撑工件的方式车削细长轴。过渡套的结构如图 1-6-32 所示。过渡套外径圆度误差应在 ±0.01mm 之内，其内孔要比被加工工件的外径大 20~30mm。过渡套两端各装有 3~4 个调整螺钉，用这些螺钉夹持毛坯工件。使用时，调整过渡套上的螺钉，使过渡套外径的轴线与车床主轴的轴线重合，然后装上中心架，使 3 个支撑爪与过渡套外圆轻轻接触，并能使工件均匀转动，即可车削，如图 1-6-33 所示。

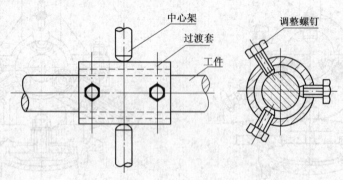

图 1-6-32 过渡套

② 当工件一端用卡盘夹紧，一端用中心架支撑时，工件在中心架上的装夹和找正通常有以下 3 种形式。

第一种：工件一夹一顶半精车外圆后，若需加工端面、内孔或精车外圆时，由于半精车外圆与车床主轴同轴，所以只需将中心架放置在床身上的适当位置固定，以工件外圆为基准，依次调整中心架的 3 个支撑爪与

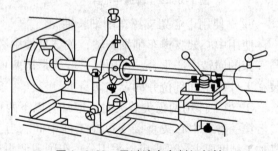

图 1-6-33 用过渡套车削细长轴

工件外圆轻轻接触，并分别用紧固螺钉锁紧支撑爪，然后在支撑爪处加注润滑油，移去尾座顶尖，即可车削。

第二种：若工件不太长，且外圆已加工，此时可将工件一端夹在卡盘上，另一端用中心架支撑。调整中心架支撑爪之前，用手转动卡盘，用划针及百分表找正工件两端外圆，然后依次调整 3 个支撑爪，使之与工件轻轻接触即可。

第三种：若工件较长，可将工件一端夹持在卡盘上，另一端用中心架支撑。先在靠近卡盘处将工件外圆找正，然后摇动床鞍、中滑板，用划针及百分表在工件两端作对比测量（若工件两端被测处直径相同）或者用游标高度尺测量两端实际尺寸，减去相应半径差比较（若工件两端被测处直径不相同）并以此来调整中心架支撑爪，使工件两端高低一致［如图 1-6-34（a）所示］、前后一致［如图 1-6-34（b）所示］。

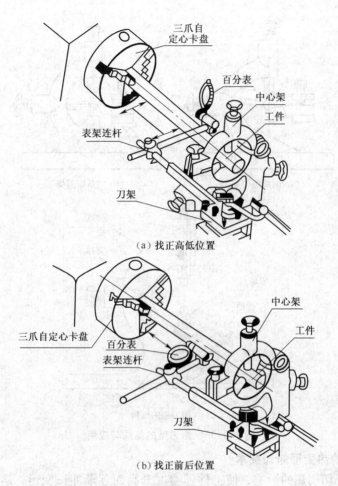

（a）找正高低位置

（b）找正前后位置

图 1-6-34　在中心架上找正工件

2. 跟刀架的使用技术

跟刀架一般固定在床鞍上跟随车刀移动，承受作用在工件上的切削力。

细长轴刚性差，车削比较困难，如采用跟刀架来支撑，可以增加刚性，防止工件弯曲变形，从而保证细长轴的车削质量。

（1）跟刀架的结构

常用的跟刀架有两种：两爪跟刀架［如图1-6-35（a）所示］和三爪跟刀架［如图1-6-35（b）所示］，结构如图1-6-35（c）所示。支撑爪1、2的径向移动可直接旋转手柄实现。支撑爪3的径向移动可以用手柄转动锥齿轮，再经锥齿轮转动丝杠来实现。

（2）跟刀架的选用

从跟刀架用以承受工件上的切削力 F 的角度来看，只需两支支撑爪就可以了，如图1-6-35（a）所示。切削力 F 可以分解 F_1 与 F_2 两个分力，它们分别使工件贴紧在支撑爪1和支撑爪2上。但是工件除了受 F 力之外，还受重力 Q 的作用，会使工件产生弯曲变形。

因此车削时，若用两爪跟刀架支撑工件，则工件往往会受重力作用而瞬时离开支撑爪，瞬时接触支撑爪，而产生振动；若选用三爪跟刀架支撑工件，工件支撑在支撑爪和刀尖之间，便上下、左右均不能移动，这样车削就稳定，不易产生振动。所以选用三爪跟刀架支撑车削细长轴是一项很重要的工艺措施。

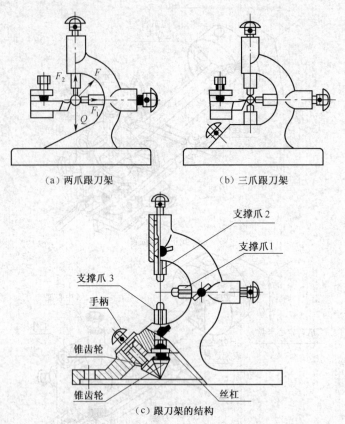

（a）两爪跟刀架　　　　　　　（b）三爪跟刀架

（c）跟刀架的结构

图 1-6-35　跟刀架的结构与应用

3. 减少工件的热变形伸长技术

车削时，由于切削热的影响，使工件随温度升高而逐渐伸长变形，这就叫"热变形"。在车削一般轴类零件时可不考虑热变形伸长问题，但在车削细长轴时，因为工件长，总伸长量大，所以一定要考虑热变形的影响。工件热变形伸长量可按下式计算：

$$\Delta L = aL\Delta t \qquad\qquad (1\text{-}6\text{-}7)$$

式中，a——材料线膨胀系数（$1/℃$）；

　　　L——工件的总长（mm）；

　　　Δt——工件升高的温度（C）。

常用材料线膨胀系数可查阅表 1-6-1。

表 1-6-1　　　　　　　　常用材料的线膨胀系数 a

材料名称	温度范围（℃）	a（$\times 10^{-6}℃$）	材料名称	温度范围（℃）	a（$\times 10^{-6}℃$）
灰铸铁	0~100	10.4	2Cr13	20~100	10.5
球墨铸铁	0~100	10.4	GCr15	100	14.0
45 钢	20~100	11.59	纯铜	20~100	17.2
T10A	20~100	11.0	黄铜	20~100	17.8
20Cr	20~100	11.3	铝青铜	20~100	17.6
40Cr	25~100	11.0	锡青铜	20~100	18.0
65Mn	25~100	11.1	铝	0~100	23.8

【例1-6-3】车削直径为40mm、长度 $L=2000$ mm 的细长轴，材料为45钢，车削时受切削热的影响，使工件温度升高了30℃，试求此细长轴热变形伸长量。

解： 已知 $L=2000$ mm，$\Delta t=30$ ℃，查表知45钢的线膨胀系数 $a=11.59\times10^{-6}$/℃

根据公式得：$\Delta L=aL\Delta t=11.59\times10^{-6}\times2000\times30=0.695$（mm）

从以上的例子可知，车削直径为40mm、长度 $L=2000$ mm 的细长轴（长径比为50），当工件温升为30℃时，工件热变形伸长0.695mm。而车削细长轴时，一般采取两顶尖或一夹一顶的方法安装，工件的轴向位置是固定的。但是，在切削过程中，工件受热变形要伸长0.695mm，工件两端无退让余地时，那么工件只好发生弯曲。加工细长轴时，一旦出现弯曲，车削就很难进行。

因此，车削细长轴时，为了减少热变形的影响，主要采取以下措施。

（1）细长轴采用一夹一顶的装夹方式

卡爪夹持部分不宜过长，一般在15mm左右，最好用钢丝圈垫在卡盘爪的凹槽中，如图1-6-36所示，这样以点接触，使工件在卡盘内能自由调节其位置，避免夹紧时形成弯曲力矩。这样，在切削过程中发生热变性伸长，也不会因卡盘夹死而产生内应力。

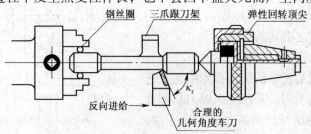

图1-6-36　车削细长轴的关键措施

（2）使用弹性回转顶尖来补偿工件热变形伸长

弹性回转顶尖的结构如图1-6-37所示。顶尖由前端圆柱滚子轴承和后端的滚针轴承承受径向力，有推力球轴承承受轴向推力。在圆柱滚子轴承和推力球轴承之间，放置两片蝶形弹簧。当工件变形伸长时，工件推动顶尖，使蝶形弹簧压缩变形

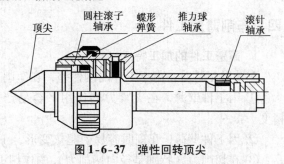

图1-6-37　弹性回转顶尖

（即顶尖能自动后退）。经长期生产实践证明，车削细长轴时使用弹性回转顶尖，可以有效地补偿工件的热变形伸长，工件不易产生弯曲，使车削可以顺利进行。

（3）采取反向进给方法

车削时，通常纵向进给运动的方向是床鞍带动车刀由床尾向床头方向运动，即所谓正向进给。反向进给则是床鞍带动车刀由床头箱向床尾方向运动。正向进给时，工件所受轴向切削分力，使工件受压（与工件变形方向相反），容易产生弯曲变形。而反向进给时，作用在工件上的轴向切削分力，使工件受拉力（与工件变形方向相同），同时，由于细长轴左端通过钢丝圈固定在卡盘内，右端支撑在弹性回转顶尖上，可以自由伸缩，不易产生弯曲变形，而且还能使工件达到较高的加工精度和较小的表面粗糙度值。

（4）加注充分的切削液

车削细长轴时，无论是低速切削，还是高速切削，加注充分的切削液能有效地减少工件

所吸收的热量，从而减少工件热变形伸长。加注充分的切削液还可以降低刀尖切削温度，延长刀具使用寿命。

4. 车刀几何形状的合理选择

车削细长轴时，由于工件刚性差，车刀的几何形状对减少作用在工件上的切削力，减少工件弯曲变形和振动，减少切削热的产生等均有明显的影响，选择时主要考虑以下几点：

① 车刀的主偏角是影响径向切削力的主要因素，在不影响刀具强度的情况下，应尽量增大车刀主偏角，一般细长轴车刀的主偏角选 $\kappa_r = 80° \sim 93°$。

② 减少切削力和切削热，应选择较大的前角，一般取 $\gamma_0 = 15° \sim 30°$。

③ 前刀面应磨有 $R1.5 \sim R3\text{mm}$ 圆弧形断屑槽。

④ 选择正值刃倾角，通常取 $\lambda_s = +3° \sim +10°$，使切屑流向待加工表面。此外，车刀也容易切入工件，并可减少切削力。

⑤ 为了减少径向切削力，刀尖圆弧半径应磨得较小（$r_\varepsilon < 0.3\text{mm}$），倒棱的宽度应选小些，一般为 $0.5f$，以减少切削时的振动。

此外，选用红硬性和耐磨性好的刀片材料（如 YT15、YT30、YW1 等），并提高刀尖的刃磨质量，也是一些行之有效的措施。

⑥ 细长轴车刀如图 1-6-38 所示。

综上所述，车削细长轴的关键技术措施是选择合理的几何角度的车刀，采用三爪跟刀架和弹性回转顶尖支撑，并实行反向进给方法来车削，如图 1-6-36 所示。

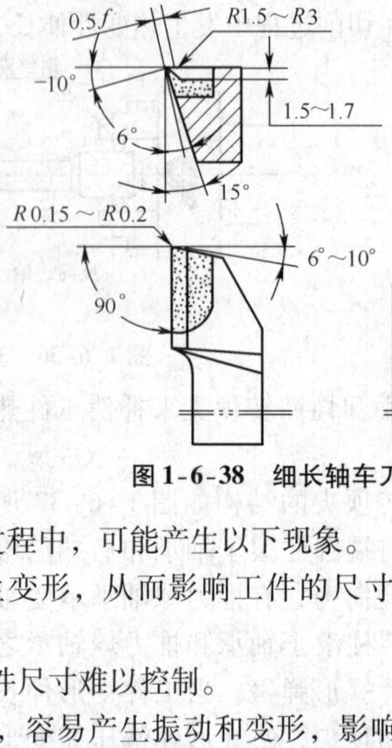

图 1-6-38 细长轴车刀

四、车削薄壁工件

1. 薄壁工件的加工特点

车薄壁工件时，由于工件的刚性差，在车削过程中，可能产生以下现象。

① 因工件壁薄，在夹紧力的作用下容易产生变形，从而影响工件的尺寸精度和形状精度。

② 因工件壁薄，车削时容易引起热变形，工件尺寸难以控制。

③ 在切削力（特别是径向切削力）的作用下，容易产生振动和变形，影响工件的尺寸精度，形状、位置精度和表面粗糙度。

2. 防止和减少薄壁工件变形的方法

防止和减少薄壁工件变形，一般可采取下列方法。

（1）工件分粗、精车

工件分粗、精车可消除粗车时因切削力过大而引起的变形。

（2）合理选用刀具的几何参数

精车薄壁工件时，刀柄的刚度要求高，车刀的修光刃不宜过长（一般取 $0.2 \sim 0.3\text{mm}$），刃口要锋利。

车刀几何参数可参考下列要求：

① 外圆精车刀 $\kappa_r = 90° \sim 93°$，$\kappa_r' = 15°$，$\alpha_0 = 14° \sim 16°$，$\alpha_0' = 15°$，γ_0 适当增大；

② 内孔精车刀 $\kappa_r = 60°$，$\kappa_r' = 30°$，$\gamma_0 = 35°$，$\alpha_0 = 14° \sim 16°$，$\alpha_0' = 6° \sim 8°$，$\lambda_S = 5° \sim 6°$。

（3）增加装夹接触面

采用开缝套筒和特制的软卡爪，使接触面增大，让夹紧力均布在工件上，因而夹紧时工件不易产生变形，如图1-6-39所示。

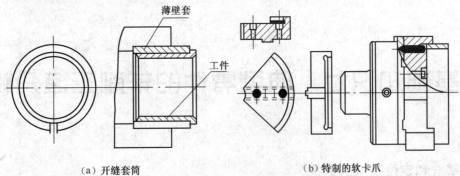

（a）开缝套筒　　　　　　　（b）特制的软卡爪

图1-6-39　增大装夹接触面减少工件变形

（4）应用轴向夹紧夹具

车薄壁工件时，尽量不使用径向夹紧，而优先选用轴向夹紧的方法，如图1-6-40所示。工件靠螺母的端面实现轴向夹紧，由于夹紧力 F 沿工件轴向分布，而工件轴向刚度大，不易产生夹紧变形。

（5）增加工艺肋

有些薄壁工件在其装夹部位特制几根工艺肋，以增强此处刚性，使夹紧力作用在工艺肋上，以减少工件的变形，加工完毕后，再去掉工艺肋，如图1-6-41所示。

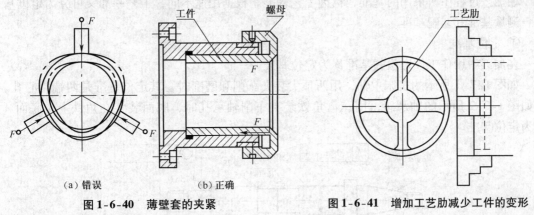

（a）错误　　　　（b）正确

图1-6-40　薄壁套的夹紧　　　　**图1-6-41　增加工艺肋减少工件的变形**

（6）浇注充分切削液

浇注充分的切削液，以降低切削温度，减少工艺热变形。

车　工

基础知识七　典型零件的车削工艺分析

一、基准和定位基准的选择

1. 基准的分类

基准就是用来确定生产对象上几何要素间的几何关系所依据的那些点、线、面的。按照基准的不同作用，常将其分为设计基准和工艺基准两大类。

（1）设计基准

在设计图样上所采用的基准称为设计基准。它是加工、测量和安装的依据。图1-7-1 所示的机床各外圆的设计基准是 ϕ95h6 的轴线，各端面的轴向设计基准是端面 B。

（2）工艺基准

在工艺过程中所采用的基准，称为工艺基准。根据用途不同，工艺基准又可分为定位基准、测量基准和装配基准。

① 定位基准

在加工中用作工件定位的基准称为定位基准。

如图1-7-1 所示的机床主轴，用两顶尖装夹车削和磨削时，其定位基准是两端中心孔。又如图1-7-2 所示的轴承座，用花盘角铁装夹车削轴承孔时，底面装夹在角铁上，底面 A 即为定位基准。

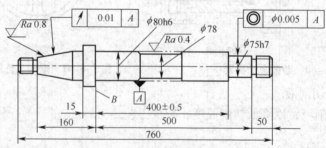

图 1-7-1　机床主轴

图1-7-3 所示的圆锥齿轮，在车削齿轮坯时，以 ϕ25H7 和端面 B 装夹在心轴上，以保证齿坯圆锥面与孔同轴和长度 $18.53^{\ 0}_{-0.07}$ mm 尺寸。内孔就是径向定位基准，端面 B 为轴向定位基准。

② 测量基准

测量时所采用的基准称为测量基准。

如检验图1-7-1 所示机床主轴的圆锥面对 A 的径向圆跳动时，可把 ϕ95h6 外圆安放在 V

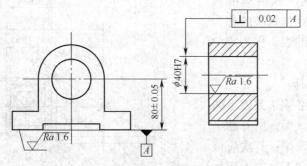

图 1-7-2 轴承座

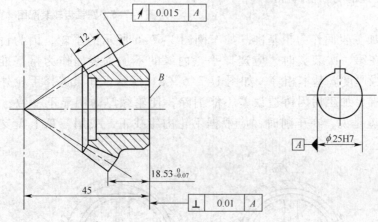

图 1-7-3 圆锥齿轮

形架中，并在轴向定位，用千分表测量圆锥面的径向圆跳动，ϕ95h6 外圆就是测量基准。

图 1-7-2 所示的轴承座，测量时把工件放在平板上，孔中插入一根心轴，以底平面为基准，用百分表根据量块的高度，用比较测量法来测量中心高（80 ± 0.05）mm 的尺寸，再用百分表在心轴的两端测量轴承孔与底平面的平行度误差（见图 1-7-4），轴承座的底平面就是测量基准。

③ 装配基准

装配时用来确定零件或部件在产品中的相对位置所采用的基准，称为装配基准。

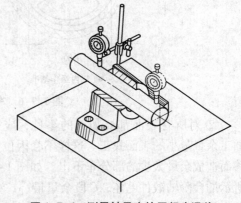

图 1-7-4 测量轴承座的平行度误差

在图 1-7-5 所示的圆锥齿轮装配图中，ϕ25H7 为径向装配基准，端面 B 为轴向装配基准。此圆锥齿轮在齿形加工时，应装夹在心轴上，以孔和端面为定位基准。检验齿部对轴线的径向圆跳动时，也是把齿轮装在心轴上，以孔和端面作为测量基准，所以齿轮轴线和端面 B 既是设计基准，又是定位基准、测量基准和装配基准，这就叫基准重合。基准重合是保证零件和产品质量最理想的工艺手段。

2. 定位基准的选择

在零件加工过程中，合理选择定位基准对保证工件的尺寸精度，尤其是位置精度起着决定性的作用。

定位基准有粗基准和精基准两种。用毛坯表面作为定位基准的称为粗基准；用已加工过的表面作为定位基准的称为精基准。

（1）粗基准的选择

选择粗基准时，必须达到以下两个基本要求：首先应该保证所有加工表面都有足够的加工余量；其次应该保证零件上加工表面和不加工表面之间具有一定的位置精度。粗基准的选择原则如下。

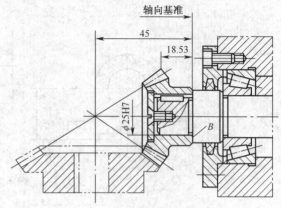

图 1-7-5　圆锥齿轮装配图

① 选择不加工表面作为粗基准。如车削图 1-7-6 所示的手轮，因为铸造时有一定的形位误差，在第一次装夹时，应选择手轮内缘的不加工表面作为粗基准，这样加工后就能保证轮缘厚度 a 基本相等，如图 1-7-6（a）所示。如果选择手轮外圆（加工表面）作为粗基准，加工后因铸造误差不能消除，使轮缘厚薄明显不一致，如图 1-7-6（b）所示。也就是说，在车削时，应根据手轮内缘找正，或用三爪卡盘支撑在手轮内缘上找正。

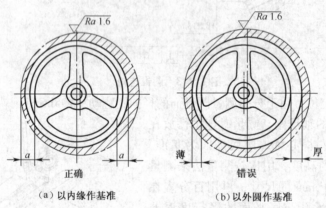

（a）以内缘作基准　　　　（b）以外圆作基准

图 1-7-6　车手轮时粗基准的选择

② 对所有表面都要加工的零件，应根据加工余量最小的表面找正。这样不会因位置偏移而造成余量太少的部分车不出。如图 1-7-7 所示的台阶轴锻件毛坯，C 段余量最小，A、B 段余量较大，粗车时应找正 C 段，再适当考虑 A、B 段的加工余量。

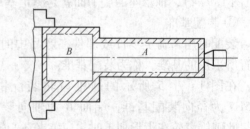

图 1-7-7　根据余量最小的表面找正

③ 应选用比较牢固可靠的表面作为基准，否则会使工件夹坏或松动。

④ 粗基准应选择平整光滑的表面。铸件装夹时应让开浇冒口部分。

⑤ 粗基准不能重复使用。

（2）精基准的选择

精基准的选择原则如下。

① 尽可能采用设计基准或装配基准作为定位基准。一般的套、齿轮坯和带轮在精加工时，多数利用心轴以内孔作为定位基准来加工外圆及其他表面，如图 1-7-8（a）、图 1-7-8（b）、图 1-7-8（c）所示。这样，定位基准与装配基准重合，装配时较容易达到设计所要求的精度。

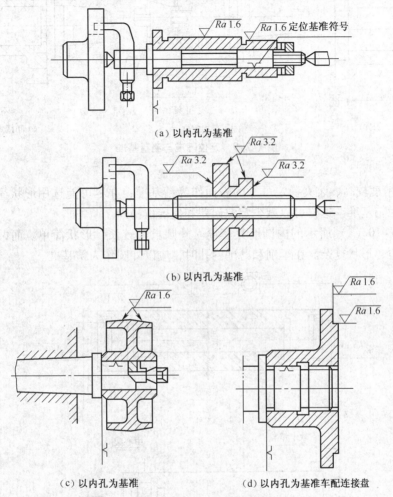

（a）以内孔为基准

（b）以内孔为基准

（c）以内孔为基准 　　　　　　 （d）以内孔为基准车配连接盘

图 1-7-8　以内孔为精基准

在车配三爪卡盘连接盘时［如图 1-7-8（d）所示］，一般先车好内孔和内螺纹，然后把它旋在主轴上再车配安装三爪卡盘的凸肩和端面。这样容易保证三爪卡盘和主轴的同轴度。

② 尽可能使定位基准与测量基准重合。如图 1-7-9（a）所示的套，长度尺寸及公差要求是端面 A 和 B 之间的距离为 $42_{-0.02}^{0}$ mm，测量基准面为 A。用图 1-7-9（b）所示心轴加工时，因为轴向定位基准是 A 面，这样定位基准与测量基准重合，使工件容易达到长度公差要求。如果像图 1-7-9（c）所示用 C 面作为长度定位基准，由于 C 面和 A 面之间也有一定误差，这样就产生了间接误差，很难保证长度 $42_{-0.02}^{0}$ mm 的尺寸要求。

③ 尽可能使基准统一。除第一道工序外，其余工序尽量采用同一个精基准。因为统一基准后，可以减少定位误差，提高加工精度，使装夹方便。如一般轴类零件的中心孔，在车、铣、磨等工序中，始终用它作为精基准。又如齿轮加工时，先把内孔加工好，然后始终以孔作为精基准。

必须指出，当本原则跟上述原则②相抵触而不能保证加工精度时，就必须放弃这个

车 工

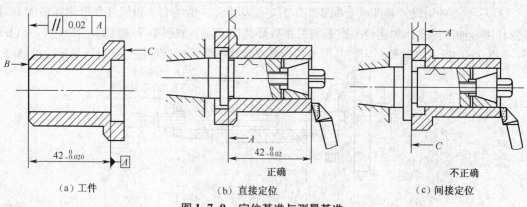

（a）工件　　　　　（b）直接定位　　　　　（c）间接定位

图 1-7-9　定位基准与测量基准

原则。

④ 选择精度较高、装夹稳定可靠的表面作为精基准，并尽可能选用形状简单和尺寸较大的表面作为精基准。这样可以减少定位误差和使定位稳固。

如图 1-7-10（a）所示的内圆磨具套筒。外圆长度较长，形状简单。而两端要加工的内孔长度较短，形状复杂。在车削和磨削内孔时，应以外圆作为精基准。

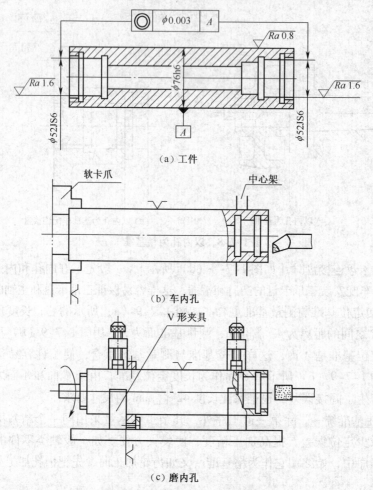

（a）工件

（b）车内孔

（c）磨内孔

图 1-7-10　以外圆为精基准

车削内孔和内螺纹时，应该一端用软卡爪夹住，一端搭中心架，以外圆作为精基准，如图 1-7-10（b）所示。磨削两端内孔时，把工件装夹在 V 形夹具中，如图 1-7-10（c）所示。同样以外圆作为精基准。

又如内孔较小、外径较大的 V 带轮，就不能以内孔装夹在心轴上车削外缘上的梯形槽。这是因为心轴刚性不够，容易引起振动〔如图 1-7-11（a）所示〕，并使切削用量无法提到。因此，车削直径较大的 V 带轮时，可采用图 1-7-11（b）反撑的方法，使内孔和各条梯形槽在一次安装中加工完毕。或先把外圆、端面及梯形槽车好以后，装夹在软爪中以外圆为精基准精车内孔，如图 1-7-11（c）所示。

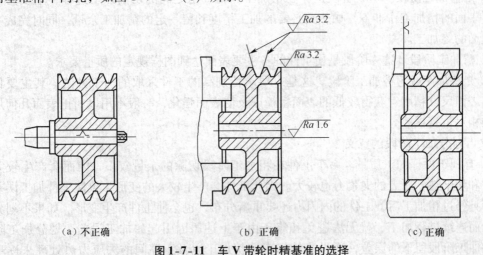

（a）不正确　　　　　　　　（b）正确　　　　　　　　（c）正确

图 1-7-11　车 V 带轮时精基准的选择

二、工艺路线的拟订

工艺路线是指产品或零部件在生产过程中，由毛坯准备到成品包装入库，经过企业各有关部门或工序的先后顺序。拟订零件的加工工艺路线时，应着重考虑零件经过哪几个加工阶段，采用什么加工方法，热处理工序如何穿插，是采取工序集中还是工序分散等方面的问题，以便拟订最佳方案。

拟订零件加工工艺路线时，必须满足以下要求：确保零件的全部技术要求；生产效率高；生产成本低；劳动生产条件好。

1. 生产类型

拟订零件加工工艺路线，首先要区分被加工零件的生产方式是属于哪一种生产类型。

企业（或车间、工段、班组、工作地）生产专业化程度的分类称为生产类型。一般可划分为单件生产、成批生产和大量生产 3 种类型。

（1）单件生产

单件生产的基本特点是生产的产品品种繁多，每种产品仅只制造一个或少数几个，而且再重复生产。如新产品试制等。

（2）成批生产

成批生产是分批地生产相同的零件，生产呈周期性地重复。如机床制造、机车制造等。

（3）大量生产

大量生产的基本特点是产品的产量大，品种少，大多数生产设备长期重复地进行某一零件的某一工序的加工。如汽车、拖拉机、轴承、自行车等的制造。

2. 划分加工阶段

（1）划分加工阶段

拟订结构复杂、精度要求高的零件的加工工艺路线时，应将零件的粗、精加工分开进行，即把机械加工工艺过程划分为几个阶段，以便更好地安排零件加工的顺序。

通常可将机械加工工艺过程划分为 4 个加工阶段。

① 粗加工阶段。这一阶段的主要任务是切除各加工表面上的大部分加工余量，主要问题是如何获得高的生产率。

② 半精加工阶段。这一阶段是介于粗加工和精加工之间的切削加工过程，主要为工件的重要表面的精加工作准备，如达到必要的加工精度和留一定的精加工余量，同时完成一些次要表面的终加工。

③ 精加工阶段。这一阶段是使工件的各主要表面达到图样规定的质量要求。

④ 光整加工或超精加工阶段。这是对要求特别高的工件采取的加工方法。其主要目的是提高表面尺寸精度、获得较低的表面粗糙度及使表面强化，一般不用以纠正表面几何形状误差和相对位置误差。

（2）划分加工阶段的意义

① 有利于保证加工质量。由于工件在粗加工阶段切除的余量较多，因而会产生较大的切削力和切削热，所需的夹紧力也较大。因此工件会产生较大的变形，致使工件加工误差较大，而且经过粗加工后，工件的内因力还要重新分布，也会使工件产生变形。如果不划分加工阶段而连续进行加工，就无法避免和修正由于上述原因引起的加工误差。划分加工阶段后，粗加工阶段留下的误差，通过半精加工和精加工以及工序间的去应力热处理来逐步修正、缩小。

② 有利于合理使用设备。粗加工要求机床功率较大、刚性较好、生产效率高，对其精度要求则不高。精加工时则应选用精度较高的机床，以保证工件的精度要求。划分加工阶段以后就可以充分发挥粗、精加工设备的特长，也有利于保持高精度机床精度的稳定性。

③ 有利于充分发挥技术工人的操作技能。划分了粗、精加工阶段后，可以把技术水平一般的工人安排在精度较低的机床上进行粗加工，而把技术水平高的工人安排在高精度机床上进行精加工。

④ 有利于安排热处理工序。为了充分发挥热处理作用以及满足工件热处理要求，在机械加工工序间常常安排必要的热处理工序。例如，对一些精度要求较高的工件，粗加工后，安排去应力的时效处理，可以减少内应力变形对加工精度的影响；对于要求淬火的工件，在粗加工后安排调质处理，在半精加工后安排表面淬火。这样既可以便于前面工序的加工，又可以在以后的精加工中修正淬火变形，从而保证工件的加工精度。

⑤ 有利于及早发现毛坯缺陷。毛坯的各种缺陷，如气孔、砂眼、夹渣及加工余量不足等，一般在粗加工后即可发现，便于及时修补或决定是否报废，以免继续加工造成工时和其他费用的损失。

3. 确定加工顺序

（1）工序集中与分散

① 工序概论

机械加工工艺过程由一个或若干个顺序排列的工序组成，毛坯依次通过这些工序逐步变为机器零件，而每一个工序又可以细分为若干个安装、工位、工步和走刀。

a. 工序

一个或一组工人，在一个工作地对同一个或同时对几个工件所连续完成的那一部分工艺过程，称为工序。区分工序的主要依据是设备（或工作地）是否变动和完成的那一部分工艺内容是否连续。

图 1-7-12 所示台阶轴，在单件小批量生产时，可分为车、铣、磨三道工序完成，见表1-7-1。

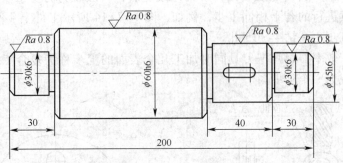

图 1-7-12　台阶轴

表 1-7-1　　　　　　　　　台阶轴加工工艺过程（单件小批生产）

工 序 号	工 序 内 容	设 备
1	车端面，钻中心孔，车全部外圆、车槽与倒角	车床
2	铣键槽、去毛刺	铣床
3	磨外圆	外圆磨床

当中批量生产时，工序划分更详细些，见表1-7-2。

表 1-7-2　　　　　　　　　台阶轴加工工艺过程（中批生产）

工 序 号	工 序 内 容	设 备
1	车端面，钻中心孔	车床
2	车全部外圆、车槽与倒角	车床
3	铣键槽	铣床
4	去毛刺	钳工台
5	磨外圆	外圆磨床

b. 安装

工件在加工之前，在机床或夹具上占据一正确位置称为定位；然后再予以夹紧的过程称为装夹；工件（或装配单元）经一次装夹后所完成的那一部分工序称为安装。

在一道工序中，工件可能只需一次安装，也可能需几次安装。一般地说，工件在加工过程中，应尽量减少安装的次数，以减少安装误差和辅助时间。

c. 工位

为了完成一定的工序内容，一次装夹工件后，工件（或装配单元）与夹具或设备的可动部分，一起相对刀具或设备的固定部分所占据的每一个位置，称为工位。

图 1-7-13 所示为零件用回转工作台在一次安装中顺序完成装卸工件、钻孔、扩孔和铰孔 4 个工位加工的实例。

d. 工步

在一道工序内，常常需要使用不同的工具对不同的表面进行加工，为了便于分析和描述工序的内容，工序还可以进一步划分工步。

工步是指加工表面（或装配时的连接表面）和加工（或装配）工具不变的情况下，所连续完成的那一部分工序。

一道工序可以包括几个工步，也可以只包括一个工步。例如，在表1-7-2的工序2中，包括车各外圆表面及车槽12个工步，而工序3中，若采用键槽铣刀铣槽时，仅只一个工步。构成工步的任何一个因素（加工表面、刀具）改变后，一般就为另一工步了。但对于那些在一次安装中连续进行的若干相同工步，例如，图1-7-14所示工件上4个φ15mm孔的钻削，可写成一个工步——钻4-φ15孔。

为了提高生产效率，用几把刀具同时加工几个表面的工步称为复合工步。在工艺文件上，复合工步应视为一个工步。

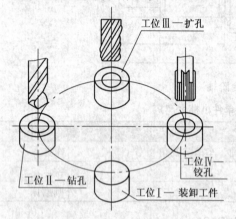

图1-7-13　多工位加工

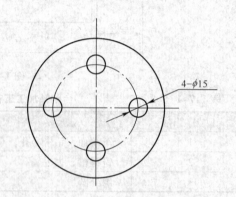

图1-7-14　包括4个相同表面加工的工步

e. 走刀

在一个工步内，若被加工表面需要切去的金属层很厚，则要分几次切削，那么每进行一次切削就是一次走刀（即一次工作行程）。一个工步可包括一次或几次走刀。

② 工序集中

工序集中就是将工件的加工集中在少数几道工序内完成，即在每道工序中，尽可能多加工几个表面。工序集中到极限程度时，一个工件的所有表面均在一道工序内完成。

工序集中的特点如下。

a. 在一次装夹中可以完成工件多个表面的加工，这样比较容易保证这些表面的相互位置精度，同时也减少了工件的装夹次数和辅助时间，减少了工件在机床间转运工作量，有利于缩短生产周期。

b. 易于采用多刀、多刃、多轴机床、组合机床、数控机床和加工中心等高效工艺装备，从而缩短基本时间。

c. 缩短了工艺路线，减少对机床、夹具和操作工人及车间生产面积的需求，简化生产计划和生产管理工作。

d. 由于采用专用设备和高效工艺装备，使投资增大，设备调整和维修复杂生产准备工作量增大。

e. 由于一道工序加工表面较多，对机床的精度要求较全面，而且很难为每个加工表面都选择合适的切削用量。

f. 对工人的技术水平和应变能力要求较高。

③ 工序分散

工序分散是将工件的加工分散在较多的工序中进行，使每道工序所包含的工作量尽量减少，工序分散到极限程度时，每道工序只包含一个工步。

工序分散的特点如下。

a. 机床设备及工艺装备简单，调整和维修方便，工人掌握容易，生产准备工作量少，且易平衡工序时间，易于更换产品，对工件的装卸、切削和测量等过程易于实现自动化。

b. 有条件为每一工步选择合适的切削用量，减少基本时间。

c. 设备数量多，操作工人多，占用生产面积大，计划调度和生产管理工作较为复杂。

d. 操作过程简化，对工人的技术熟练程度和应变能力要求较低。

工序集中和分散是拟订工艺路线的两个不同原则，各有其利弊，具体选用哪个原则，应根据生产类型、零件的结构特征和技术要求、现有生产条件、企业能力等诸因素进行综合分析比较，择优选用。

例如，单件小批量生产，由于使用通用机床、通用夹具和量具，一般采用工序集中的方法。对于重型工件，为了减少调运、装卸的劳动量，则工序应适当集中。大批、大量生产的产品，可以采用高效专用设备，应使工序集中。如加工内燃机机体时，往往采用一台组合机床来完成几个表面的几十个孔的钻、扩、铰和攻螺纹等工作。而诸如连杆、活塞、曲轴和齿轮等零件，是按工序分散原则加工的，因为这些零件的结构不适于按工序集中的原则来加工，而需要用一些高效的专用夹具和机床，分多道工序加工来保证其精度要求。但对一些产品固定且大批量生产、结构简单的产品（如轴承）有条件采用各种专用机床和专用夹具、量具，则常采用工序分散的原则。当选用数控机床时，一般采用工序集中的原则。

（2）机械加工工序的安排

在划分了加工阶段，确定了工序集中与分散方法后，便可以着手安排零件的机械加工工序。安排零件表面的加工工序时，通常应遵循以下几个原则。

① 先主后次

根据零件的功用（可从装配图上知道）和技术要求，分清零件的主要表面和次要表面。主要表面系指装配基准面、重要工作表面和精度要求较高的表面等；次要表面是指光孔、螺孔、未标注公差表面及其他非工作表面等。

分清零件的主、次要表面后，重点考虑主要表面的加工顺序，以确保主要表面的最终加工。

按照先主后次的原则，安排机械加工工序的一般顺序是：加工精基准面→粗加工主要表面→半精加工主要表面→精加工主要表面→光整加工、超精加工主要表面。次要表面的加工安排在各阶段之间进行。

由于次要表面的精度要求不高，一般在粗、半精加工（或精加工）阶段即可完成。但对于那些同主要表面有密切关系的表面，如主要孔周围的紧固螺孔等，通常置于主要表面精加工之后完成，以便保证它们的位置精度。次要表面安排在各阶段进行，还能增加加工阶段的时间间隔，使工件有较多的时间让残余应力重新分布，并使其引起的变形充分表现，以便在后续工序中修正。

② 先基面后其他

应先加工出选定的后续工序的精基准，如外圆、内孔、中心孔等。如在加工轴类零件时应先钻中心孔，加工盘类零件时应先加工外圆与端面。

③ 先粗后精

在加工工件时，一般先粗加工，再进行半精加工和精加工。

④ 先面后孔

为了保证加工孔的稳定可靠性，应先加工孔的端面，后加工孔。如加工箱体、支架和连杆等零件，应先加工端面后加工孔。这是因为端面的轮廓平稳，定位、装夹稳定可靠。先加工好孔端平面，再以端面定位加工孔，便于保证端面与孔的位置精度。此外，由于平面加工好后再加工孔时，使刀具的初始工作条件得到改善。

4. 热处理工序的安排

热处理工序的安排，是由热处理的目的及其方法决定的，并与零件的材料有关。热处理总的目的是用以改善材料的力学性能、消除残余应力和改善金属的加工性能。

根据不同的热处理目的，一般分为预备热处理和最终热处理。

（1）预备热处理

预备热处理包括退火、正火、调质和时效等。预备热处理的目的是改善加工性能，消除内应力，细化晶粒，均匀组织，并为最终热处理作准备。

① 退火和正火

目的是改善切削性能，消除毛坯内应力，细化晶粒，均匀组织，为以后热处理作准备。例如，含碳量大于 0.7% 的碳钢和合金钢，为降低硬度便于切削加工采用退火处理；含碳量低于 0.3% 的低碳钢和低合金钢，为避免硬度过低切削时粘刀而采用正火处理以提高硬度。

退火、正火一般用于锻件、铸件和焊接件。安排在毛坯制造之后，粗加工之前进行。

② 调质

目的是使材料获得较好的强度、塑性和韧性等方面的综合力学性能，并为以后热处理作准备。

调质处理用于各种中碳结构钢和中碳合金钢。一般安排在粗加工之后，半精加工之前进行。

③ 低温时效处理

用于各种精密工件消除切削加工内应力，保证尺寸的稳定性。

低温时效处理通常安排在半精车后，或粗磨、半精磨以后，精磨以前。对于特别重要的高精度的工件要经过几次时效处理。例如加工精密丝杠时，常在粗加工、半精加工、精加工之间安排多次低温时效处理。有些轴类工件在校直工序后，也要求安排低温时效处理。

（2）最终热处理

最终热处理的目的是提高工件材料的硬度、耐磨性和强度等力学性能。其热处理工艺包括淬火、渗碳、渗氮等。

① 淬火

目的是提高工件材料的硬度、耐磨性和强度。用于中碳以上的结构钢和合金钢。

② 高频（中频）表面淬火

目的是提高零件表面的硬度和耐磨性，而心部保持良好的塑性和韧性。淬硬层深度一般是：高频淬火 1~2mm；中频淬火 2~6mm。一般用于中碳以上合金结构钢的主轴、齿轮等零件。

当工件淬火后，表面硬度高，除磨削外，一般不能进行其他切削加工。因此工序位置应尽量靠后，一般安排在半精加工之后，磨削加工之前。

③ 渗碳

使低碳钢的表面层含碳量增加到 0.85% ~ 1.10%，然后再经淬火、回火处理，使钢件表面层具有高硬度（HRC≥59），以增加耐磨性和疲劳强度等。而心部仍保持原有的塑性和韧性。

渗碳一般用于 15、15Cr、20Cr 等含碳量低的钢种。渗碳层的深度根据零件的要求而不同，一般为 0.2~2mm。

渗碳还可以解决工件上部分表面需要淬硬的工艺问题。如为了保持精度，一般轴上的螺纹、键槽、中心孔不需要淬硬。这时，可在不需要淬硬部分的表面上留下 2.5~3mm 的去碳层，待渗碳后除去，这一部分表面由于含碳量没有增高，在淬火时硬度不会增加。

渗碳一般安排在半精加工之后，然后进行淬火或部分去碳后再淬火。

④ 渗氮

使钢件表面形成高硬度的渗氮层（HV≥850），以增加耐磨性、耐蚀性和疲劳强度。热处理变形很小，渗氮层深度一般为 0.25~0.6mm。渗氮后，除磨削和研磨外，不再进行其他机械加工，一般安排在精磨或研磨之前。常用的钢材为 38CrMoAlA 和 25CrMoV 渗氮钢。

钢的热处理技术要求及代号见表 1-7-3。

表 1-7-3　　　　　　　　　　　　热处理技术要求及代号

热处理方法	代号	代号示例	文字说明
退火	Th	Th196~229	退火后要求硬度为 196~229HBS
正火	Z	Z≤217	正火后要求硬度为 ≤217HBS
调质	T	T240	表示调质到 230~250HBS
淬火	C	C42	淬火后要求硬度为 HRC40~45
高频（中频）淬火	G	G52	高频（中频）淬火后要求硬度为 HRC50~55
渗碳淬火	S—C	S0.5—C59	渗碳深度 0.4~0.7mm，淬火硬度为 HRC≥59
调质高频淬火	T—G	T—G55	调质后高频淬火，要求硬度为 HRC52~58
火焰淬火	H	H54	火焰淬火后要求硬度为 HRC52~57
渗氮	D	D0.3~900	渗氮层深度为 0.25~0.4mm，渗氮后要求硬度为 HV≥850
人工时效	RS		人工时效

5. 典型零件工艺路线介绍

（1）轴类零件工艺路线介绍

加工轴类零件主要是加工外圆表面及相关端面，而轴颈是轴类零件的主要表面，其中用于装配传动件的配合轴颈与用于装配轴承的支撑轴颈之间的位置精度要求最高。此外还有内外圆柱面间的同轴度及轴向定位端面与轴线的垂直度要求也较高。

轴线为设计基准，两端中心孔为定位基准面。一般主轴的加工工艺路线如下：

下料→锻造→退火（正火）→粗加工→调质→半精加工→表面淬火→粗磨→时效→精磨。

（2）盘类零件工艺路线介绍

盘类零件一般由孔、外圆、端面和沟槽组成，如图 1-7-15 所示。

盘类零件的主要表面是同轴度要求较高的内、外圆表面，而孔是盘类零件中起支撑或导向作用的最主要表面；外圆有时还是盘类零件的支撑面，常以过盈配合或过渡配合与箱体或机架上的孔相连接。支撑孔或导向孔所表达的轴线是设计基准，而支撑孔或导向孔则是定位基准面。

具有花键孔的双联（或多联）齿轮的加工工艺路线如下：

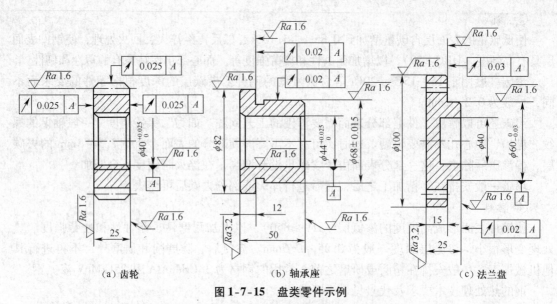

（a）齿轮　　　　　（b）轴承座　　　　　（c）法兰盘

图 1-7-15　盘类零件示例

下料→锻造→粗车→调质→半精车→拉花键孔→套花键心轴精车外圆→插齿（或滚齿）→齿部倒角→齿面淬火→珩齿或磨齿。

（3）支架、箱体类工艺路线介绍

常见的支架、箱体类零件如图 1-7-16 所示。箱体的结构较复杂，箱壁上有相互平行或垂直的孔系，这些孔大多数是安装轴承的支撑孔。箱体的底平面（有的是侧平面或上平面）既是装配基准，也是加工过程中的定位基准。

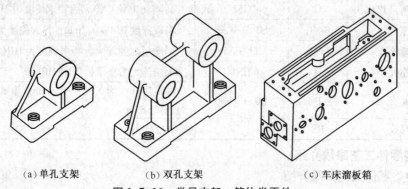

（a）单孔支架　　　　（b）双孔支架　　　　（c）车床溜板箱

图 1-7-16　常见支架、箱体类零件

支架类零件基本上由平面和支撑孔组成。一般先加工主要平面（也可能同时加工一些次要平面），后加工支撑孔。

单件、小批量生产精度要求较高的支架、箱体类零件的加工工艺路线如下：

锻造毛坯→退火→划线→粗加工主要平面→粗加工支撑孔→精加工主要平面→精加工支撑孔。至于其他次要表面的加工，可根据情况穿插安排，螺钉孔的加工往往放在最后进行。

三、工艺文件和工艺卡的制定

1. 工艺文件简介

工艺文件是指导工人操作和用于生产、工艺管理等的各种技术文件。常用的机械加工工艺文件主要有以下 3 种。

（1）机械加工工艺过程卡片

这种卡片是以工序为单位，简要说明产品或零、部件的加工（或装配）过程的一种工艺文件。它是制定其他工艺文件的基础，也是生产技术准备、编排作用计划和组织生产的依据。

在这种卡片中，由于各工序的说明不够具体，故一般不能直接指导工人操作，而多作生产管理方面使用。但是，在单件小批量生产中，通常不编制其他更详细的工艺文件，而是借用这种卡片来指导生产。

机械加工工艺过程卡片的格式见表 1-7-4。

（2）机械加工工艺卡片

这种卡片是按产品或零、部件的某一加工阶段编制的一种工艺文件。它以工序为单元，详细说明产品（或零、部件）在某一工艺阶段中的工序号、工序名称、工序内容、工艺参数、操作要求以及采用的设备和工艺装备等。

它是工艺准备、生产管理和指导操作的一种主要技术文件。广泛用于成批生产和小批生产的关键或复杂零件。

机械加工工艺卡片的格式见表 1-7-5。

（3）机械加工工序卡片

工序卡片是在工艺过程卡片的基础上，按每道工序所编制的一种工艺文件。一般具有工序简图，并详细说明该工序的每个工步的加工（或装配）内容、工艺参数、操作要求以及所用的设备和工艺装备等，以具体指导工人进行操作，其内容比工艺卡更详细。常用于大批、大量生产场合，但对关键、复杂零件在中、小批生产中，为确保生产的顺利进行，也需要编制工序卡片。

机械加工工序卡片的格式见表 1-7-6。

2. 工艺卡片的制订

如前所述，将工艺规程的内容，填入一定格式的卡片，即成为生产准备和施工依据的工艺文件。那么，我们在制定工艺规程、编制工艺卡片时，则必须保证加工质量、生产效率和经济性三方面的基本需要，并尽可能满足技术上的先进性、经济上的合理性及改善工人的劳动条件等要求。

工艺卡片的编制步骤如下。

① 分析零件图样。零件图样是制定工艺的最基本的依据，通过图样可以了解零件的功用、结构特性、技术要求以及零件对材料、热处理等要求，以便制订合理的工艺规程。

② 确定毛坯。根据零件（或产品）所要求的形状、工艺尺寸等，而制成的供进一步加工用的生产对象，称为毛坯。不同种类的毛坯的制造方法是不同的，它们对零件加工的经济性有很大的影响。

常见的毛坯种类有铸件、锻件、型材等。在确定毛坯种类时，应考虑 3 个问题。

一是零件材料的工艺性及零件对材料力学性能的要求。

二是零件的结构形状及外形尺寸。

三是生产批量和实际生产条件及制造毛坯的工艺水平。

在一般情况下，可采用与零件尺寸相近的型材或铸、锻件；在大批量生产中，毛坯的形状和尺寸应尽量与成品接近，以便实现少切削或不切削；在单件及小批量生产中，为了减少毛坯制造成本，允许毛坯有较大的加工余量。

③ 选择定位基准。可根据第一节制订的选择基准原则进行选择。

④ 拟订零件加工工艺路线。根据第二节所述各项原则和步骤，通过分析比较，权衡利弊，并结合生产实际，以求拟订最合适的加工工艺路线。

表 1-7-4

机械加工工艺过程卡片

	产品型号	解放牌汽车		零（部）件图号			共 1 页
机械加工工艺卡片	产品名称			零（部）件名称	万向节滑动叉		第 1 页
材料牌号	毛坯种类	锻件	毛坯外形尺寸	每毛坯可制件数	1	每台件数	1

工序号	工序名称	工序内容	车间	工段	设备	工艺装备	工时准终	工时单件
10	车	车外圆、螺纹及端面	机加		CA6140	车夹具，车刀，卡板		
20	车	钻、扩花键底孔及镗止口	机加		CA6140	车夹具，φ25mm，φ41mm 钻头，φ43mm 扩孔钻，YT5 镗刀		
30	车	倒角	机加		CA6140	车夹具，成形刀		
40	钻	钻 Rp1/8 底孔	机加		Z525	钻模，φ3.8mm 钻头		
50	拉	拉花键孔	机加		L6120	拉床夹具，拉刀，花键量规		
60	铣	粗铣二端面	机加		X62	铣夹具，φ175mm 高速钢镶齿三面刃铣刀，卡板		
70	钻	钻、扩 φ39mm 孔	机加		Z535	钻模，φ25mm，φ37mm 钻头，φ38.7mm 扩孔钻，90° 锪钻		
80	镗	粗、精镗 φ39mm 孔	机加		T740	镗刀头，专用夹具		
90	磨	磨端面	机加		M7130	GB46ZR1，A6P350×40×127 砂轮，卡板，专用夹具		
100	钻	钻 M8 底孔并倒角	机加		Z4112-2	钻模，φ6.7mm 钻头，120° 锪钻		
110	钻	攻螺纹 M8，Rp1/8	机加		Z525	钻模，M8，Rp1/8 机用丝锥		
120	冲	冲筒头	机加		油压机			
130	检	终检	机加					
						设计（日期）	审核（日期）	会签（日期）
标记	处数	更改文件号	签字	日期	标记	处数		

表 1-7-5

机械加工工艺卡片

		机械加工工艺卡片		产品型号		零(部)件图号			
				产品名称	解放牌汽车	零(部)件名称	万向节滑动叉	共　页	第　页

| 材料牌号 | 45 钢 | 毛坯种类 | 锻件 | 毛坯外形尺寸 | | 每毛坯可制件数 | 1 | 每台件数 | 1 | | |

工序号	工步号	工序内容	设备名称及编号	夹具	刀具	量具	切削深度 (mm)	切削速度 (m/min)	每分钟转数或往复次数	进给量 (mm/r)	准终	单件
					工艺装备			切削用量			工时	
10		模锻										
		退火										
		车外圆、螺纹及端面										
	1	车端面至 $\phi30$mm，保证尺寸 185 ± 0.5mm	CA6140	车夹具	端面车刀	卡规	3	154	760	0.4		0.16
	2	车外圆 $\phi62$mm，$L_1=90$mm	CA6140	车夹具	外圆车刀	卡规	1.5	154	760	0.6		0.22
	3	车外圆 $\phi60$mm，$L_2=20$mm	CA6140	车夹具	外圆车刀	卡规	1	154	760	0.6		0.06
	4	倒角 C1.5	CA6140	车夹具	外圆车刀			154	760	1		
	5	车螺纹 M60×1，$L_3=15$mm	CA6140	车夹具	螺纹车刀	螺纹环规		35	185			0.5
20		钻、扩花键底孔、镗止口										
	1	钻通孔 $\phi25$mm	CA6140	车夹具	钻头		12.5	14.4	183	0.38		2.3
	2	扩钻通孔 $\phi41$mm	CA6140	车夹具	钻头		8	7.46	58	0.56		4.57
	3	扩孔至 $\phi43$mm	CA6140	车夹具	扩孔钻		0.9	7.8	58	0.92	3	
	4	镗止口 $\phi55$mm，保证尺寸 140 ± 0.3mm	CA6140	车夹具	YT5镗刀	塞规		74	430	0.21		0.27
		其余从略										

					设计 (日期)	审核 (日期)	标准化 (日期)	会签 (日期)
标记	处数	更改文件号	签字	日期	标记	处数	更改文件号	签字	日期

表 1-7-6

机械加工工序卡片

机械加工工艺卡片		产品型号		零（部）件图号		共 页	第 页
		产品名称	解放牌汽车	零（部）件名称	万向节滑动叉	材料牌号	45

车间	工序号	工序名称	材料牌号
	7	钻、扩 φ39mm 孔，倒角	45

毛坯种类	毛坯外形尺寸	每毛坯可制件数	每台件数
锻件		1	1

设备名称	设备型号	设备编号	同时加工件数 1
立式钻床	Z535		

夹具编号	夹具名称	切削液
	钻模	

工位器具编号	工位器具名称	工序工时 准终	单件
			1.52

序号	工步内容	工艺装备	主轴转速（r/min）	切削速度（m/min）	进给量（mm/r）	切削深度（mm）	进给次数	工步工时 机动	辅助
1	钻孔 φ25mm，保证尺寸 185mm	φ25mm 钻头	195	15.3	0.32	12.5	1	0.5	
2	扩钻孔至 φ37mm	φ37mm 钻头	68	7.8	0.57	6	1	0.72	
3	扩钻孔至 φ38.7mm	φ38.7mm 扩孔钻	68	8.62	1.22	0.85	1	0.3	
4	倒角 C2.5	90° 锪孔钻					1		

				设计（日期）	审核（日期）	标准化（日期）	会签（日期）
标记	处数	更改文件号	签字	日期	标记	处数	更改文件号	签字	日期

四、典型工件车削工艺分析

1. 轴类零件车削工艺分析

（1）轴类零件的结构特点及功用

轴是各种机器中最常用的一种典型零件，虽然不同的轴类零件结构形状各异，但由于它们主要用于支撑齿轮、带轮等传动零件，并传递运动和转矩。所以其结构上一般总少不了圆柱面、圆锥面、台阶、端面、轴肩、螺纹、螺尾退刀槽、砂轮越程槽和键槽等表面。外圆用于安装轴承、齿轮和带轮等；轴肩用于轴上零件和轴本身的轴向定位；螺纹用于安装各种锁紧螺母和调整螺母；螺尾退刀槽供加工螺纹时退刀用；砂轮越程槽则是为了能正确地磨出外圆和端面；键槽用来安装键，以传递转矩和运动。

图 1-7-17 所示传动轴（材料：40Cr）是轴类零件中用得最多、结构最为典型的一种台阶轴，现以其为例，来分析轴类零件的车削工艺（数量：5 件）。

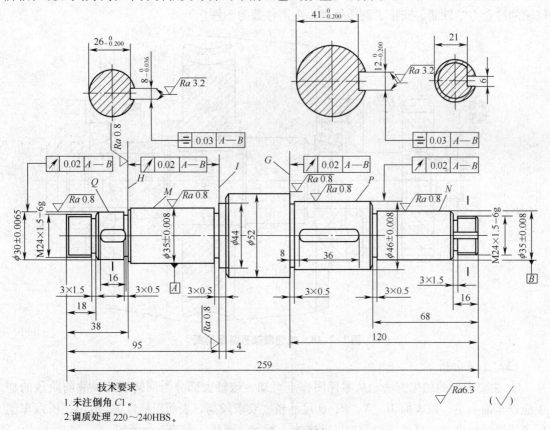

技术要求

1. 未注倒角 C1。
2. 调质处理 220～240HBS。

图 1-7-17 传动轴

（2）轴类零件的技术要求

① 尺寸精度

轴颈是轴类零件的主要表面，它直接影响轴的回转精度和工作状态，轴颈的直径精度根据其使用要求通常为 IT6～IT9，特别精密的轴颈可达 IT5。

② 几何形状精度

轴颈的几何形状精度一般限制在直径公差范围内。对几何形状精度要求较高时，可在零件图样上另行规定其允许的公差。

③ 方向、位置、跳动精度

主要是指装配传动件的配合轴颈，相对于装配轴承的支撑轴颈的同轴度，通常用配合轴颈对支撑轴颈的径向圆跳动来表示。根据使用要求，规定高精度轴为 0.001 ~ 0.005mm，而一般精度轴为 0.01 ~ 0.03mm。此外还有内外圆柱面的同轴度和轴向定位端面与轴线的垂直度要求等。

④ 表面粗糙度

零件的不同工作部位的表面，有不同的表面粗糙度值的要求，如普通机床主轴支撑轴颈的表面粗糙度值为 $Ra1.6 ~ Ra6.3\mu m$，配合轴颈的表面粗糙度值为 $Ra0.63 ~ Ra2.5\mu m$。

由图 1-7-17 和图 1-7-18 可知，传动轴的轴颈 M、N 是安装轴承的支撑轴颈，也是该传动轴装入箱体的装配基准。轴中间的外圆 P 装有蜗轮，运动可由蜗杆通过此蜗轮输入传动轴，并由蜗轮减速后，通过装在轴左端外圆 Q 上的齿轮将运动输送出去。其中轴颈 M、N 和外圆 P、Q 尺寸精度高，精度等级均为 IT6，表面粗糙度值为 $Ra0.8\mu m$。轴肩 G、H、I 的表面对公共轴线 $A—B$ 的端面圆跳动为 0.02mm，表面粗糙度值为 $Ra0.8\mu m$。此外，为提高该轴的综合力学性能，安排了调质处理。生产件数为 5 件。

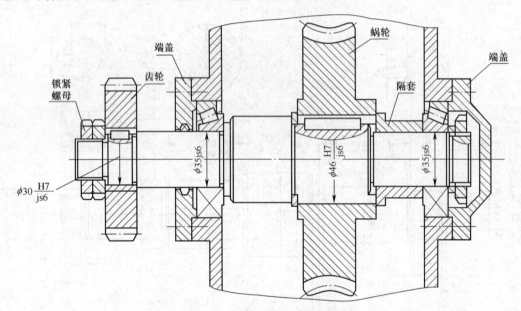

图 1-7-18　减速器轴系装配简图

（3）工艺分析

① 主要表面的加工方法。从零件图样上可知，该轴大部分为回转表面，故前阶段的加工应以车削为主，而表面 M、N、P、Q 尺寸精度要求较高，表面粗糙度 Ra 值小，所以车削后还需要进行磨削。这些表面的加工顺序为：粗车→调质→半精车→磨削。

② 选择定位基面。由于该轴的几个主要配合表面和台阶面，对基准轴线 $A—B$ 均有径向圆跳动和端面圆跳动的要求，所以应在轴的两端加工 B 型中心孔作精定位基准面，且应在粗加工之前加工好。

③ 选择毛坯类型。轴类零件的毛坯通常选用圆钢或锻件。对于直径相差甚小、传递转矩不大的一般台阶轴，其毛坯多采用圆钢，而对于传递较大转矩的重要轴，无论其轴径相差多少、形状简单与否，均应选用锻件作毛坯，以满足其力学性能要求。

图 1-7-17 所示传动轴，为一般用途，且其轴径相差不大，批量又小（只 5 件），故选

用圆钢坯料，材料为40Cr。

④ 拟订工艺路线。拟订该轴工艺路线时，在考虑主要表面加工的同时，还要考虑次要表面的加工和热处理要求。要求不高的外圆表面（如φ52mm外圆表面）在半精车时就可以加工到规定尺寸，退刀槽、砂轮越程槽、倒角和螺纹，应在半精车时加工，键槽在半精车后再行画线、铣削，调质处理安排在粗车之后，调质后，一定要修研中心孔，以消除热处理变形和中心孔表面的氧化层。在磨削前，一般还应修研一次中心孔，以提高定位精度。

该传动轴机械加工工艺过程见表1-7-7。

2. 套类零件车削工艺分析

（1）套类零件的结构特点及功用

套类零件一般由外圆、内孔、端面、台阶和沟槽等旋转表面组成。其主要特点是内、外旋转表面的同轴度要求较高，有的零件壁较薄，加工过程中易变形。套类零件在机器中通常起支撑、导向、连接及轴向定位等作用，使用时承受轴向力和径向力。

（2）套类零件的技术要求

套类零件的主要表面是孔和外圆，其主要技术要求如下。

① 内孔

内孔是套类零件起支撑或导向作用的最主要表面，通常与运动的轴、刀具或活塞相配合。孔的直径公差等级一般为IT7级，精密轴套取IT6级。孔的形状精度应控制在孔径公差以内，对有些精密轴套可控制在孔径公差的1/3～1/2，甚至更严。对于长的套筒，除了圆度要求外，还应注意孔的圆柱度和孔轴线的直线度要求。为了保证套类零件的功用和提高其耐磨性，内孔表面的表面粗糙度值控制在 Ra（1.6～0.16）μm范围内，有的要求更高，可达 Ra0.04μm。

② 外圆

外圆一般是套类零件的支撑表面，通常以过盈配合或过渡配合与箱体或机架上的孔相连接。外径尺寸公差等级通常取IT6～IT7级；形状精度应控制在外径公差以内，表面粗糙度值为 Ra（3.2～0.4）μm。

③ 方向、位置、跳动精度

若套类零件的最终加工（主要指内孔）是在装配前完成的，其内、外圆之间的同轴度要求较高，一般为0.01～0.05mm；若孔的最终加工将套装入机座后进行，则装配前其内、外圆之间的同轴度要求较低，因内孔还要精加工，若套筒的端面（包括台阶）在使用中承受轴向载荷或在加工中作为定位基准时，其内孔轴线与端面的垂直度一般为0.01～0.05mm。

（3）工艺分析

① 主要表面的加工方法

如前所述，套类零件的主要表面是内孔和外圆，而外圆和端面的加工方法与轴类零件相似。

套类零件的内孔加工方法有以下几种：钻孔、扩孔、镗孔、铰孔、磨孔、珩孔、研磨孔及滚压加工。其中钻孔、扩孔及镗孔作为粗加工与半精加工（精镗孔也可作为精加工），而铰孔、磨孔、珩孔、研磨孔、拉孔及滚压加工，则作为孔的精加工方法。

孔加工方法的选择，需根据孔径大小、深度与孔的精度和表面粗糙度，以及工件的结构形状、材料和孔在工件上的部位和批量而定。选择孔的加工方案应考虑的原则如下。

a. 当孔径较小时（φ50mm以下），大多数采用钻、扩、铰方案，其精度与生产率均较高。

表 1-7-7

传动轴机械加工工艺过程

工序号	工步	工序内容	加工简图	设备
1	下料	φ60mm×265mm		
2		粗车各台阶（三爪自定心卡盘夹持棒料毛坯）	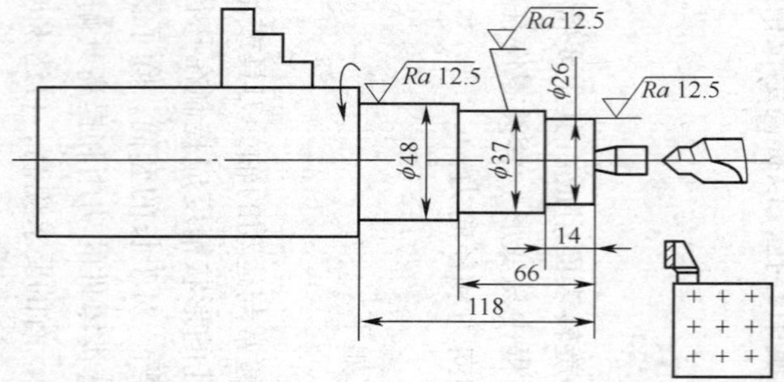 （加工简图：Ra12.5，φ26，φ37，φ48，14，66，118）	车床
	(1)	车右端面（车平）		
	(2)	钻中心孔		
		以尾座顶尖支撑（一夹一顶）		
	(3)	粗车外圆φ48mm，长118mm		
	(4)	粗车外圆φ37mm，长66mm		
	(5)	粗车外圆φ26mm，长14mm		
		调头夹φ48mm外圆处	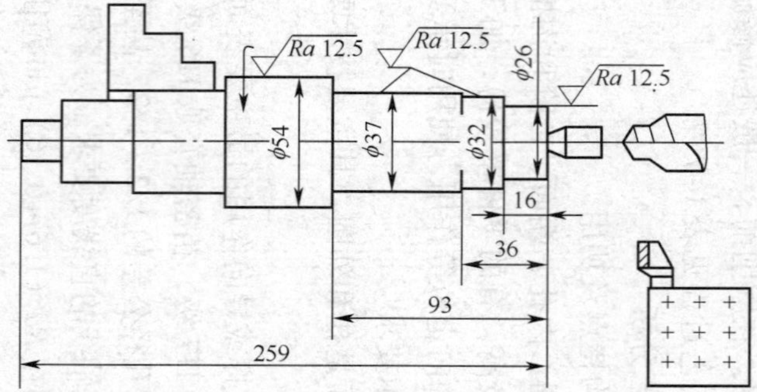 （加工简图：Ra12.5，φ26，φ32，φ37，φ54，16，36，93，259）	车床
	(6)	车端面，保证总长259mm		
	(7)	钻中心孔		
		以尾座顶尖支撑（一夹一顶）		
	(8)	粗车外圆φ54mm，长141mm		
	(9)	粗车外圆φ37mm，长93mm		
	(10)	粗车外圆φ32mm，长36mm		
	(11)	粗车外圆φ26mm，长16mm		
3	热	调质处理220~240HBS		
4	钳	修研两端中心孔	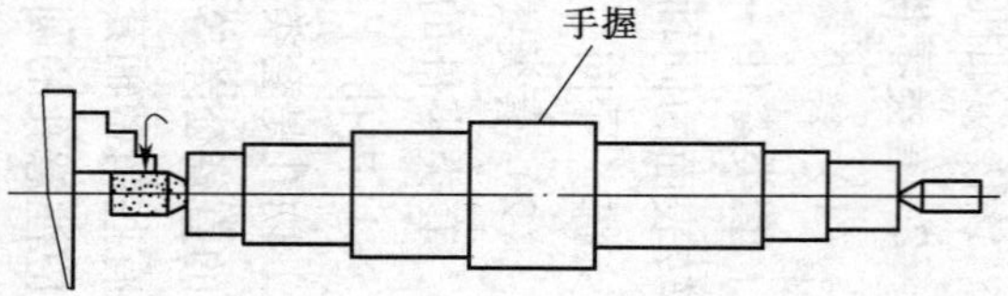 （加工简图：手握）	车床

续表

工序号	工步	工序内容	加工简图	设备
5		两顶尖装夹工件	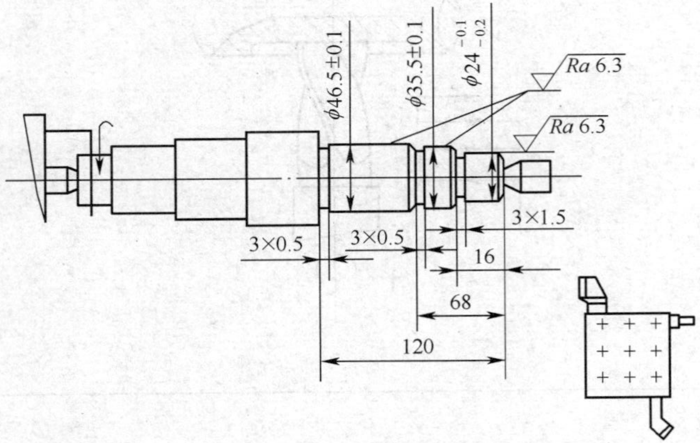 图示标注：$Ra\,6.3$、3×1.5、$\phi24^{-0.1}_{-0.2}$、16、68、$\phi35.5\pm0.1$、120、3×0.5、$\phi46.5\pm0.1$、3×0.5	车床
	(1)	半精车外圆$\phi46.5\pm0.1$mm，左端距轴端120mm		
	(2)	半精车外圆$\phi35.5\pm0.1$mm，左端距轴端68mm		
	(3)	半精车外圆$\phi24^{-0.1}_{-0.2}$，长16mm		
	(4)	三处切槽		
	(5)	三处倒角C1		
		调头两顶尖装夹工件	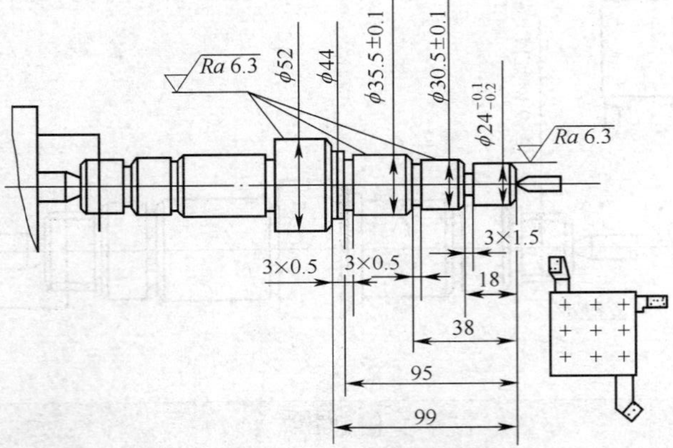 图示标注：$Ra\,6.3$、3×1.5、18、$\phi24^{-0.1}_{-0.2}$、38、$\phi30.5\pm0.1$、95、$\phi35.5\pm0.1$、$\phi44$、99、$\phi52$、3×0.5、$Ra\,6.3$	车床
	(6)	车外圆$\phi52$mm到尺寸，左端距轴端139mm		
	(7)	车外圆$\phi44$mm到尺寸，左端距轴端99mm		
	(8)	半精车外圆$\phi35.5\pm0.1$mm，左端距轴端95mm		
	(9)	半精车外圆$\phi30.5\pm0.1$mm，左端距轴端38mm		
	(10)	半精车外圆$\phi24^{-0.1}_{-0.2}$，长18mm		
	(11)	三处切槽		
	(12)	四处倒角C1		

续表

工序号	工步	工序内容	加工简图	设备
6		车螺纹（两顶尖装夹工件）	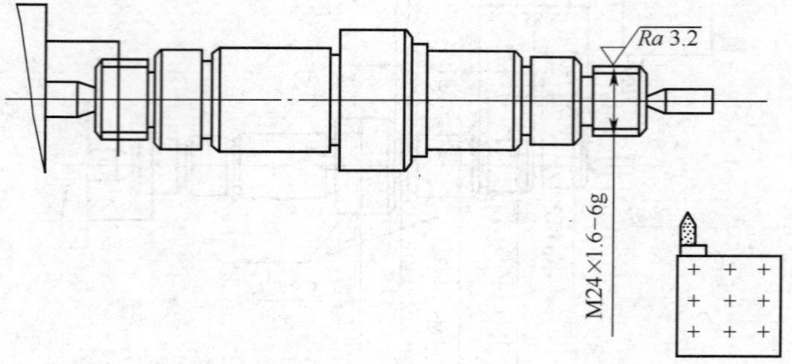	车床
	(1)	车一端螺纹 M24×1.5—6g		
	(2)	调头两顶尖装夹车另一端螺纹 M24×1.5—6g		
7	钳	划键槽及一个止动垫圈槽加工线		
8	铣	铣键槽及止动垫圈槽	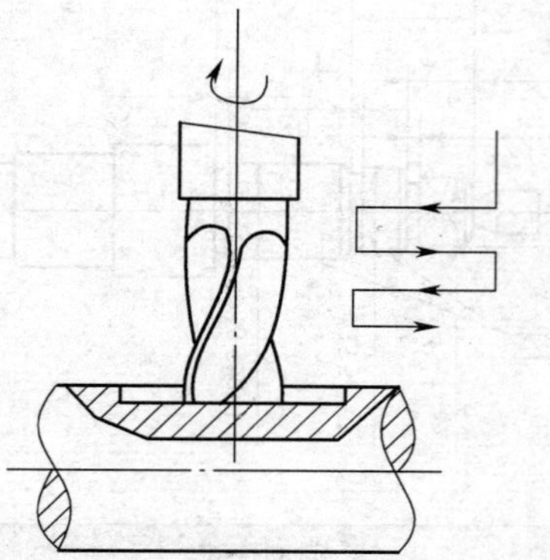	立铣
	(1)	铣键槽，宽12mm，深5.25mm		
	(2)	铣键槽，宽8mm，深4.25mm		
	(3)	铣右端止动垫圈槽，宽6mm，深3mm		

续表

工序号	工步	工序内容	加工简图	设备
9	钳	修研两端中心孔	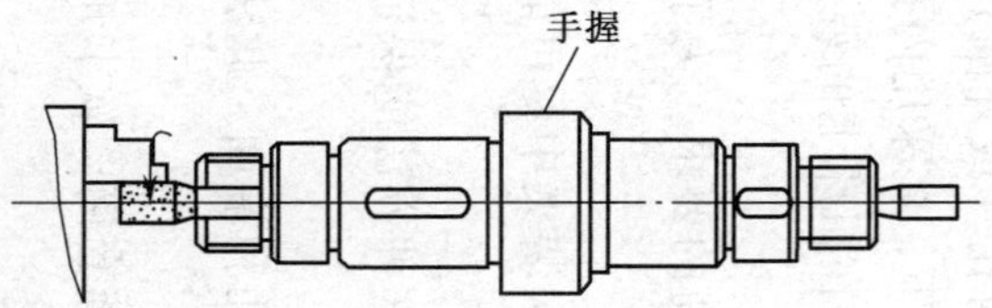 （手握）	车床
10		磨外圆，靠磨台阶，两顶尖装夹工件	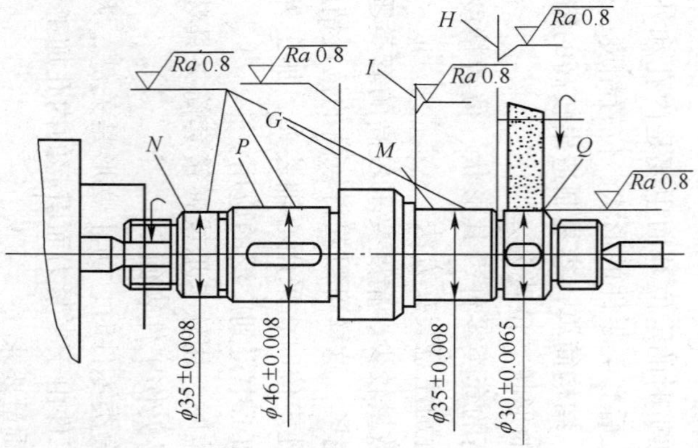	外圆磨床
	(1)	磨外圆 $\phi 30 \pm 0.0065$mm，并靠磨台肩 H		
	(2)	磨外圆 $\phi 35 \pm 0.008$mm，并靠磨台肩 I		
	(3)	磨外圆 $\phi 35 \pm 0.008$mm		
	(4)	磨外圆 $\phi 46 \pm 0.008$mm，并靠磨台肩 G		
11	检	检验		

b. 当孔径较大时，大多数采用钻孔后镗孔或直接镗孔（已有铸出孔或锻出孔时）。

c. 箱体上的孔多采用粗镗、精镗、浮动镗孔；缸套件的孔则多采用精镗后珩磨或滚压加工。

d. 淬硬套筒零件，多采用磨孔方案。对于精密套筒，还应增加精密加工工序，如高精度磨削、珩磨、研磨、抛光等。

② 选择定位基面

套类零件在加工时的定位基面主要是内孔和外圆。因为以内孔（或外圆）作为定位基面，容易保证加工后套类零件的形状、位置精度，但在一般情况下，多采用内孔定位。这是因为夹具（心轴）结构简单，容易制造出较高的精度，同时心轴在机床上的装夹误差较小。

③ 保证工件的形状、位置公差

精度要求较高的套类零件，其形状、位置精度一般都有较高的要求。为了保证这些要求，在加工中应特别注意装夹方法。

a. 对于加工数量较少、精度要求较高的套类零件，可在一次装夹中尽可能将内、外圆和端面全部加工完毕，这样可以获得较高的位置精度。

b. 以工件内孔定位时，采用心轴装夹，加工外圆和端面。这种方法能保证很高的同轴度，在套类零件加工中得到广泛的应用。

c. 以外圆定位时，用软卡爪或弹簧套筒夹具装夹，加工内孔和端面。此法装夹工件迅速、可靠，且不易夹伤工件表面。

d. 加工薄壁套类零件时，防止变形是关键，为此常采用开缝套筒、软卡爪盘和专用夹具装夹，以防止工件由于夹紧力而引起的内孔加工后产生的变形。

④ 保证表面质量要求

由于套类零件的内孔是支撑面或配合表面，为了减少磨损，其表面粗糙度均要求较高。而影响内孔表面粗糙度的主要因素，是内孔车刀的刚性和排屑问题。为此，在尽量增加刀杆截面积、尽可能缩短刀杆伸出长度和正确选择内孔车刀的刃倾角等方面采取相应措施，同时还应注意提高内孔车刀的刃磨质量，合理选择切削用量，充分使用切削液。

⑤ 正确安排加工顺序

一般加工套类零件，应重点保证内外圆的同轴度和相关端面对轴线的垂直度要求。其车加工的安排顺序可参考如下方式。

a. 以外圆为定位基准

粗车端面→粗车外圆→钻孔（扩孔）→粗车孔→半精车或精车外圆→（以外圆为定位基准）半精车或精车内孔（精铰或磨孔）→精车端面→倒角。

b. 以内孔为定位基准

粗车端面→粗车外圆→钻孔（扩孔）→粗车孔→半精车或精车内孔（精铰或磨孔）→（以内孔为定位基准）半精车或精车外圆→精车端面→倒角。

现以图 1-7-19 所示固定套（材料：HT250）为例，具体分析其车削工艺（数量：100件）。

a. 该工件主要表面的尺寸精度、形状、位置精度及表面粗糙度等要求都比较高。端面 P 为固定套在机座上的轴向定位面，并依靠外圆 ϕ40k6 与机座孔过渡配合；内孔 ϕ22H7 与运动轴间隙配合。

b. 考虑该工件使用时要求耐磨，又由于其轴径相差不大，故选铸铁棒料作毛坯较合适。

c. 铸铁坯料应进行退火（5111）。

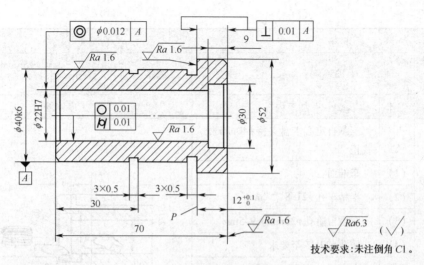

图 1-7-19　固定套

d. 由于工件精度要求较高，故加工过程应划分为粗车→半精车→精车等阶段。

e. 为满足同轴度和垂直度等位置精度要求，应以内孔为定位基准，配以小锥度心轴，用两顶尖装夹方式，精车外圆和端面。

f. 精加工内孔时，以粗车后的φ42mm外圆作定位基准，将φ52mm外圆端面车平。由于有一定批量，为提高生产率，内孔采用扩孔→铰削加工为好。

固定套的工艺过程见表 1-7-8 所示。

表 1-7-8　　　　　　　　　　　固定套的工艺过程

零件名称	材料	毛坯			
固定套	HT250	种类	铸棒	规格	φ58mm×320mm（4 件）
工序	工种	工步	加工内容	工序简图	
1	铸		铸铁棒料 φ58mm × 320mm，并退火（5111）后达 196～229HBS		
2	车		四件同时粗车各外圆 三爪自定心卡盘夹外圆		
		（1）	车端面		
		（2）	钻中心孔后并以尾座顶尖支顶		
		（3）	车外圆 φ54mm，长（72mm + 3mm）×4		
		（4）	分四段车外圆 φ42 ×（58 + 4）mm		
		（5）	四处车槽，深 12mm		
3	车		三爪自定心卡盘夹持找正，钻孔 φ19mm 成单件		

续表

零件名称	材料		毛坯		
固定套	HT250	种类	铸棒	规格	$\phi58\text{mm}\times320\text{mm}$ （4 件）
工序	工种	工步	加工内容	工序简图	
4	车		三爪自定心卡盘夹持 $\phi40\text{mm}$ 处，找正		
		（1）	车端面		
		（2）	半精车孔 $\phi21.8^{+0.10}_{0}\text{mm}$		
		（3）	车内台阶孔 $\phi30\text{mm}\times9.5\text{mm}$		
		（4）	铰孔 $\phi22\text{H7}$ 至要求		
		（5）	车 $\phi52\text{mm}$ 外圆至要求		
		（6）	精车 $\phi52\text{mm}$ 端面，保证内台阶孔深 9mm		
		（7）	孔口倒角 C1		
		（8）	倒角 C1		
5	车		用 $\phi22\text{H7}$ 孔装心轴，用两顶尖装夹		
		（1）	精车 $\phi40\text{k6}\ \left(^{+0.018}_{+0.002}\right)\text{mm}$ 外圆至要求		
		（2）	精车台阶端面保证 $12^{+0.10}_{0}\text{mm}$ 至要求		
		（3）	精车端面，取总长 70mm		
		（4）	车中部处沟槽，保证 30mm 的距离		
		（5）	车台阶处沟槽至要求		
		（6）	倒角 C1		
6	车		用软卡爪夹持 $\phi52\text{mm}$ 处，孔口倒角 C1		

车 工

第二篇 项目篇

项目一　车床的操作与卡盘的装卸

实训一　车床的操作

1. 车床启动操作

（1）检查车床各变速手柄是否处于空挡位置，离合器是否处于正确位置，操纵杆是否处于停止状态。在确定无误后，方可合上车床电源总开关，开始操纵车床。

（2）如图2-1-1所示，打开车床电源，按下车床的启动按钮（图中绿色按钮），向上提起操纵杆手柄（简称操纵杆），主轴（卡盘）正转；向下按下操纵杆手柄，主轴（卡盘）反转。操纵杆手柄处于中间位置，主轴（卡盘）停止转动。按下车床停止按钮（图中红色按钮），无论是向上提起或是向下按下操纵杆手柄，主轴（卡盘）都不会转动。

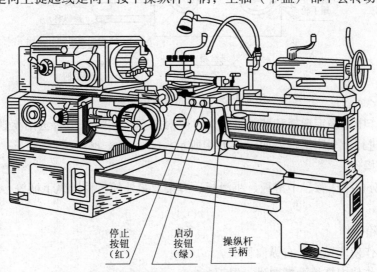

停止
按钮
（红）　　启动
按钮
（绿）　　操纵杆
手柄

图2-1-1　车床启动、停止按钮与操纵杆手柄位置

注意：主轴（卡盘）正、反转的转换要在主轴停止转动后进行，避免因连续转换操作致使瞬间电流过大而发生电器故障。

2. 主轴箱的变速操作

（1）调整主轴转速至 16r/min、450r/min、1400r/min。

（2）调整三星齿轮正、反及空挡位置。

如图 2-1-2 所示，主轴（卡盘）转速的调整以主轴箱外变速手柄不同的位置获得。变速手柄有两个，前面的手柄有 6 个挡位，每个挡位有 4 级，由后面的手柄控制，所以主轴（卡盘）共有 24 级转速。

三星齿轮用于传递与改变运动的方向，它处于左侧（图示位置）时，主轴箱将运动以正方向传递给其他构件；处于中间位置，则无运动传出；处于右侧位置，则以反方向将运动传递给其他构件。

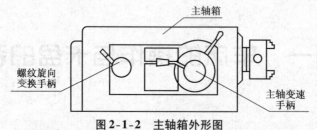

图 2-1-2　主轴箱外形图

3. 进给箱变速操作（铭牌的调整）

（1）确定选择纵向进给量为 0.46mm 时进给变速手轮和手柄的位置，并调整到位。

（2）确定选择横向进给量为 0.20mm 时手轮与手柄的位置，并调整到位。

CA6140 型车床进给箱正面左侧有一个手轮（进给变速手轮），右侧有前后叠装的两个手柄，前面的手柄有 A、B、C、D 4 个挡位，是丝杠、光杠变换手柄；后面的手柄有Ⅰ、Ⅱ、Ⅲ、Ⅳ 4 个挡位与有 8 个挡位的手轮相配合，用以调整进给量及螺距。如图 2-1-3 所示。

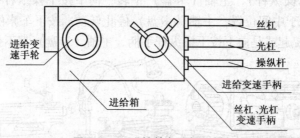

图 2-1-3　进给箱各手柄位置

在实际操作中，确定选择和调整进给量时应对照车床铭牌并结合进给变速手轮与丝杠、光杠变速手柄进行。车床铭牌表如图 2-1-4 所示。

4. 溜板箱操作

溜板箱部分包括床鞍、中滑板、小滑板、刀架及箱外的各种操纵手柄等。溜板箱部分如图 2-1-5 所示。

（1）溜板箱操作

① 熟练操作使床鞍左、右纵向移动。

② 熟练操作使中拖板沿横向进、退刀。

③ 熟练操作控制小滑板沿纵向作短距离左、右移动。

（2）刻度盘操作

溜板箱正面的大手轮轴上的刻度盘分为 300 格，每转一格，表示床鞍纵向移动了 1mm；

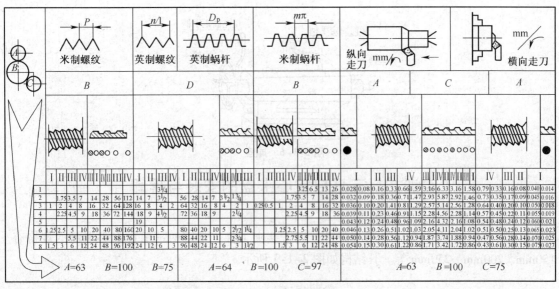

图 2-1-4　车床铭牌表

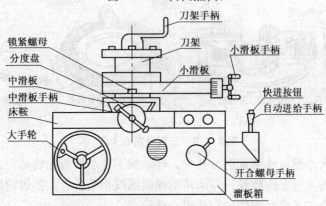

图 2-1-5　溜板箱部分及其各部分的名称

中拖板上的刻度盘分为 100 格，每转一格，表示刀架横向移动了 0.05mm；小滑板上的刻度盘分为 100 格，每转一格，表示刀架纵向移动了 0.05mm。

① 若刀架需向左纵向进刀 250mm，应该操纵哪个手柄（或手轮）？其刻度盘需要转过多少格？并实施操作。

② 若刀架需横向进刀 0.5mm，中滑板手柄刻度盘应向什么方向转动？转多少格？并操作。

（3）刀架操作

① 刀架上不夹车刀，进行刀架转位和锁紧的操作训练。

② 刀架上安装 4 把车刀，再进行刀架转位与锁紧操作训练。

注意：装刀或刀架转位时应将刀架远离至安全地方，以免车刀与工件或卡盘相撞。

5. 尾座操作

尾座外形结构图如图 2-1-6 所示，它是沿床身导轨纵向移动的。

（1）做尾座套筒进、退移动操作训练并掌握操作方法。

（2）做尾座沿床身导轨向前移动、固定等操作训练并掌握操作方法。

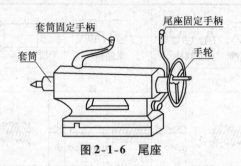

图 2-1-6　尾座

实训二　三爪自定心卡盘的安装与拆卸

1. 三爪自定心卡盘的结构

三爪自定心卡盘是车床常用的附件，用于装夹工件，常用的三爪自定心卡盘的规格有 150mm、200mm、250mm 等。其结构如图 2-1-7 所示。

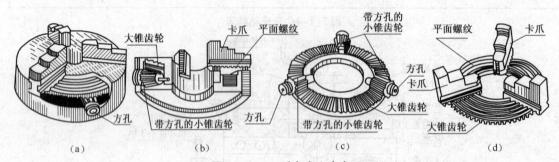

图 2-1-7　三爪自定心卡盘

用卡盘扳手插入小锥齿轮端部的方孔中，转动扳手使小锥齿轮转动，并带动大锥齿轮回转。大锥齿轮的背面上有平面螺纹，与卡爪的端面螺纹相啮合，大锥齿轮回转时，平面螺纹带动与其啮合的 3 个卡爪沿径向作向心或离心移动。

2. 卡爪的装卸

（1）卡爪的识别

三爪自定心卡盘有正、反两副卡爪。正卡爪用于装夹外圆直径较小和内孔直径较大的工件；反卡爪用于装夹外圆直径较大的工件。每副卡爪分别标有 1、2、3 的编号，安装卡爪时必须按顺序装配。如果卡爪的编号不清晰，可将卡爪并列在一起，比较卡爪上端面螺纹牙数的多少，牙数最多的为 1 号卡爪，牙数最少的为 3 号卡爪，如图 2-1-8 所示。

（2）卡爪的安装

将卡盘扳手的方榫插入卡盘壳体圆柱上的方孔中，按顺时针方向旋转，驱动大锥齿轮回转，当其背面平面螺纹的螺扣转到将要接近 1 槽时，将 1 号卡爪插入壳体的 1 槽内，继续顺时针旋转卡盘扳手，在卡盘壳体的 2 槽、3 槽内依次装入 2 号、3 号卡爪。随着卡盘扳手的继续转动，3 个卡爪同步沿径向向心运动，直至会聚于卡盘的中心，如图 2-1-9 所示。

（3）卡爪的拆卸

将卡盘扳手逆时针方向旋转，3 个卡爪则同步沿径向离心移动，直至退出卡盘壳体。卡爪退离卡盘壳体时要注意防止卡爪从卡盘壳体中跌落受损。更换反卡爪时，也按同样的方法进行卡爪的安装、拆卸。

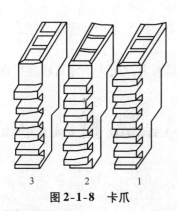

图 2-1-8　卡爪

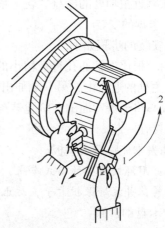

图 2-1-9　安装卡爪

3. 卡盘的装卸

（1）卡盘与车床主轴的连接关系

三爪自定心卡盘通过连接盘与车床主轴连为一体。CA6140 型车床连接盘与主轴、卡盘的连接方式如图 2-1-10 所示。连接盘由主轴上的短圆锥面定位。安装时，让连接盘的 4 个螺栓及其上的螺母从主轴轴肩和锁紧盘上的孔内穿过，螺栓中部的圆柱面与主轴轴肩上的孔精密配合，然后将锁紧盘转过一个角度，使螺栓进入锁紧盘上宽度较窄的圆弧槽段，把螺母卡住，接着再拧紧螺母，于是连接盘便可靠地安装在主轴上。

连接盘前面的台阶面是安装卡盘的定位基面，与卡盘的后端面和台阶孔（俗称止口）配合，以确定卡盘相对于连接盘的正确位置（实际上是相对主轴中心的正确位置）。通过 3 个螺钉将卡盘与连接盘连接在一起。

端面键用于防止连接盘相对主轴转动，是保险装置。螺钉是拆卸连接盘时用的顶丝。

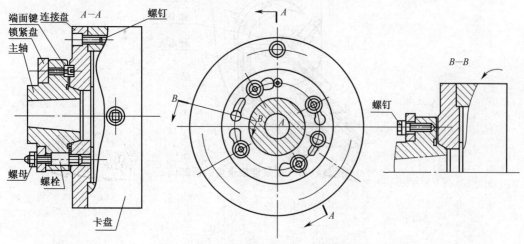

图 2-1-10　连接盘与主轴、卡盘的连接

（2）准备工作

卡盘在安装拆卸前应做好相应的准备工作，其工作内容如下。

① 切断车床电源。

② 擦净卡盘和连接盘各表面（尤其是定位配合表面），并涂油。

③ 在靠近主轴处的床身导轨上垫一块木板，以保护导轨面不受意外撞击。

（3）卡盘的安装

卡盘安装的步骤如下。

① 用一根比主轴通孔直径稍小的硬木棒穿在卡盘中，将卡盘抬到连接盘端，将木棒的一端插入主轴的通孔内，另一端伸出在卡盘外。

② 小心将卡盘背面的台阶孔装配在连接盘的定位基面上，用 3 个螺钉将连接盘与卡盘可靠地连接在一起。

③ 抽去木棒，撤去垫板。

注意：用螺纹连接的旧式车床，将卡盘安装到主轴上后，应使卡盘的法兰盘平面与主轴端平面贴紧，并装好保护卡子，防止工作中卡盘松脱。

（4）卡盘的拆卸

其操作内容如下。

① 切断电源，垫好床身护板，将硬木棒插入主轴孔内，木棒另一端伸出卡盘外，并搁置在刀架上。

② 卸下连接盘与卡盘连接的 3 个螺钉，用木锤轻轻敲击卡盘背面，使卡盘止口从连接盘台阶上分离。

③ 小心抬下卡盘，撤去床身护板。

注意：用螺纹连接的卡盘，拆卸时，可在操作者对面的卡爪与导轨面之间垫置一高度合适的硬木块，如图 2-1-11 所示。将卡爪转到近水平位置，然后用低速倒车（主轴反转）进行冲撞，卡盘松动后立即停车，然后用双手将卡盘旋下。

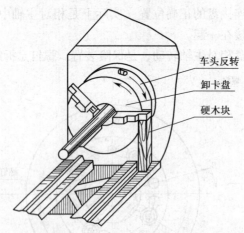

图 2-1-11　螺纹连接卡盘的拆卸

车　工

项目二　车刀的刃磨

在切削过程中，车刀的前刀面和后刀面处于剧烈的摩擦和切削热的作用中，使车刀的切削刃口变钝而失去切削能力，因此必须通过刃磨来恢复切削刃口的锋利和正确的几何角度。

车刀的刃磨有机械和手工刃磨两种。机械刃磨效率高，操作也很方便，其刃磨的几何角度非常准确，且质量也好。但在生产中，特别是在一些中、小型企业中仍采用手工刃磨的方法，因此，车工必须掌握好手工刃磨车刀的技术。

实训一　刃磨90°硬质合金外圆车刀

刃磨如图 2-2-1 所示的 90°硬质合金外圆车刀。

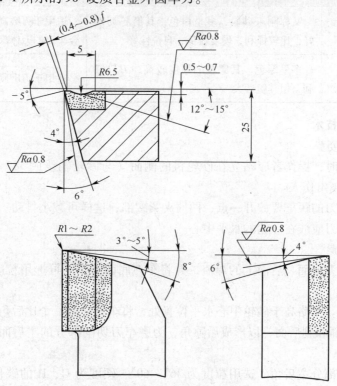

图 2-2-1　90°硬质合金外圆车刀

1. 常用砂轮的选用

砂轮机是用来刃磨各种刀具、工具的常用设备，由电动机、砂轮机座、托架和防护罩等部分组成，如图 2-2-2 所示。

砂轮机启动后，应在砂轮旋转平稳后再进行磨削。若砂轮跳动明显，应及时停机修整。平行砂轮一般用砂轮刀在砂轮上来回修整，如图 2-2-3 所示。

刃磨车刀的砂轮大多采用平形砂轮，按其磨料的不同分为氧化铝砂轮和碳化硅砂轮两类。砂轮的粗细以粒度表示，一般可分为 36 粒、60 粒、80 粒和 120 粒等级别。粒度越多则表示组成砂轮的磨料越细，反之越粗。粗磨车刀时应选用粗砂轮，精磨车刀时应选用细砂轮。车刀刃磨时必须根据其材料来选定，见表 2-2-1。

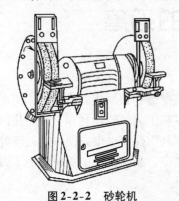

图 2-2-2　砂轮机　　　　　　　　图 2-2-3　用砂轮刀修整砂轮

表 2-2-1　　　　　　　　　　　　　砂轮的选用

砂轮类型	特征	应用范围
氧化铝	又称刚玉砂轮，多呈白色，其磨粒韧性好，比较锋利，硬度较低，自锐性好	适用于刃磨高速钢车刀和硬质合金车刀的刀体部分
碳化硅	多呈绿色，其磨粒的硬度较高，刃口锋利，但其脆性大	适用于刃磨硬质合金车刀

2. 车刀刃磨技术

（1）刃磨的姿势

① 刃磨车刀时，操作者应站立在砂轮机的侧面（与砂轮轴线成 38°~55° 夹角），以防砂轮碎裂，碎片飞出伤人。

② 两手握车刀的距离要放开一点，两肘夹紧腰部，这样可减小抖动。

③ 磨刀时车刀应放在砂轮的水平中心。

（2）刃磨步骤

① 先磨去车刀前面、后面上的焊渣，并将车刀底面磨平。可选用粒度为 24# ~ 36# 的氧化铝砂轮。

② 粗磨刀体。在略高于砂轮中心水平位置处，将车刀翘起一个比后角大 2°~3° 的角度，粗磨刀体的主后面和副后面，以形成后隙角，为磨车刀切削部分的主后面和副后面作准备，如图 2-2-4 所示。

③ 粗磨切削部分主后角。选用粒度为 36# ~ 60#、硬度为 G、H 的碳化硅砂轮。刀体柄部与砂轮轴心线保持平行，刀体底平面向砂轮方向倾斜一个比主后角大 2°~3° 的角度。刃磨时，将车刀刀体上已磨好的主后隙面靠在砂轮的外圆上，以接近砂轮中心的水平位置为刃磨的起始位置，然后使刃磨位置继续向砂轮靠近，并做左右缓慢移动，一直磨至刀刃处为止。这样可同时磨出主偏角 $\kappa_r = 90°$ 和主后角 $\kappa_o = 4°$。

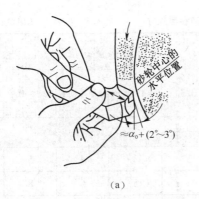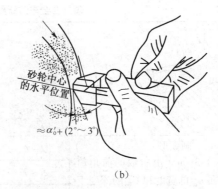

(a)　　　　　　　　　　　　(b)

图2-2-4　粗磨刀体

④ 粗磨切削部分的副后角。刀柄尾部向右偏摆，转过副偏角 $\kappa_r' = 8°$，刀体底平面向砂轮方向倾斜一个比副后角大 $2° \sim 3°$ 的角度，刃磨方法与刃磨主后面相同，但应注意磨至刀尖处为止。同时磨出副偏角 $\kappa_r' = 8°$ 和副后角 $\alpha_o' = 4°$。

⑤ 粗磨前角。以砂轮的端面粗磨出车刀的前面，同时磨出前角 $\gamma_o = 12° \sim 15°$，如图2-2-5所示。

⑥ 刃磨断屑槽。解决好断屑是车削塑性金属的一个突出问题。若切屑不断、呈带状缠绕在工件和车刀上，就会影响正常的车削，而且还会降低工件表面质量，甚至会发生事故。因此在刀头上磨出断屑槽就很有必要了。

断屑槽常见的有圆弧形和直线形两种，如图2-2-6所示。圆弧形断屑槽的前角较大，适宜于切削较软的材料；直线形断屑槽的前角较小，适宜于切削较硬的材料。

断屑槽的宽窄应根据车削加工时的切削深度和进给量来确定。

硬质合金车刀断屑槽的参考尺寸见表2-2-2。

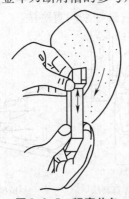

图2-2-5　粗磨前角

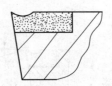

(a) 圆弧形　　　(b) 直线形

图2-2-6　断屑槽的两种形式

手工刃磨的断屑槽一般为圆弧形。刃磨时，须将砂轮的外圆和端面的交角处用金刚石笔或硬砂条修成相应的圆弧。若刃磨直线形断屑槽，则砂轮的交角须修磨得很尖锐。刃磨时刀尖可向下磨或是向上磨，如图2-2-7所示。但选择刃磨断屑槽的部位时应考虑留出倒棱的宽度（即留出相当于进给量大小的距离）。

⑦ 精磨主、副后刀面。选用粒度为 $180^\# \sim 200^\#$ 的绿色碳化硅杯形砂轮。精磨前应修整好砂轮，保证回转平稳。刃磨时将车刀底平面靠在调整好角度的托架上，并使切削刃轻轻靠住砂轮端面，并沿着端面缓慢地左右移动，使砂轮磨损均匀、车刀刃口平直，如图2-2-8所示。

表 2-2-2 硬质合金车刀断屑槽的参考尺寸 （单位：mm）

切削深度 a_p	进给量 f				
	0.3	0.4	0.5 ~ 0.6	0.7 ~ 0.8	0.9 ~ 1.2
	r_{Bn}				
2 ~ 4	3	3	4	5	6
5 ~ 7	4	5	6	8	9
7 ~ 12	5	8	10	12	14

圆弧形
C_{Bn} 为 5 ~ 1.3mm（由所取的前角值决定），r_{Bn} 在 L_{Bn} 的宽度和 C_{Bn} 的深度下成一自然圆弧

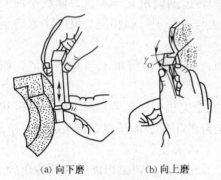

(a) 向下磨　　(b) 向上磨

图 2-2-7 刃磨断屑槽

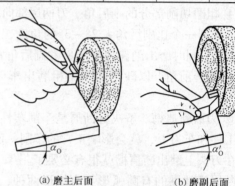

(a) 磨主后面　　(b) 磨副后面

图 2-2-8 精磨主、副后面

⑧ 磨负倒棱。负倒棱如图 2-2-9 所示。刃磨有直磨法和横磨法两种，如图 2-2-10 所示。刃磨时用力要轻，要使主切削刃的后端向刀尖方向摆动。负倒棱倾斜角度 γ_{o1} 为 $-5° \sim -10°$，其宽度 $b = (0.5 \sim 0.8) f$。为了保证切削刃的质量，最好采用直磨法。

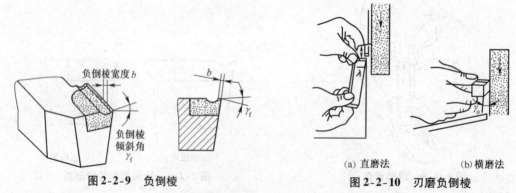

负倒棱宽度 b

负倒棱倾斜角 γ_f

图 2-2-9 负倒棱

(a) 直磨法　　(b) 横磨法

图 2-2-10 刃磨负倒棱

⑨ 刀尖磨出圆弧。车刀刀柄与砂轮成 45°夹角，以左手握车刀前端为支点，用右手转动车刀尾部刃磨。

⑩ 用油石研磨车刀。在砂轮上刃磨的车刀，切削刃不够平滑光洁，若用放大镜观察，可以发现其刃口上呈凸凹不平的状态。使用这样的车刀车削时，不仅影响了车削的表面质量，也会降低车刀的使用寿命，而硬质合金车刀则在切削中容易崩刃，因此，车刀在砂轮上刃磨好后，应用细油石研磨其刀刃。研磨时，手持油石在车刀刀刃上来回移动。要求动作应平稳，用力应均匀，如图 2-2-11 所示。研磨后的车刀，应消除在砂轮上刃磨后的残留痕迹，刀面表面粗糙度值应达到 $Ra0.4 \sim 0.2\mu m$。

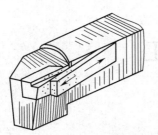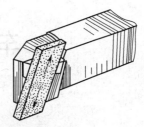

图 2-2-11　用油石研磨车刀

实训二　刃磨 45°硬质合金车刀

刃磨如图 2-2-12 所示的 45°硬质合金车刀（材料：YG8；刀杆断面尺寸：20mm×20mm）。

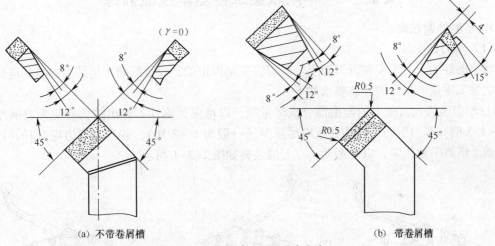

(a) 不带卷屑槽　　　　　　　　　　(b) 带卷屑槽

图 2-2-12　刃磨 45°硬质合金车刀

1. 车刀刃磨要求

（1）按图示要求刃磨各刀面。

（2）刃磨、修磨时，姿势要正确，动作要规范，方法要正确。

（3）遵守安全、文明操作的有关规定。

2. 车刀刃磨注意事项

（1）刃磨须戴防护镜。

（2）新装的砂轮必须经严格检查，经试转合格后才能使用。

（3）砂轮磨削表面须经常修整。

（4）磨刀时，操作者应尽量避免正对砂轮，以站在砂轮侧面为宜。这样不仅可防止砂粒飞入眼中，更重要的是可避免因万一砂轮破损而伤人。一台砂轮机以一人操作为好，不允许多人聚在一起围观。

（5）磨刀时，不要用力过猛，以防打滑伤手。

（6）应尽量避免在砂轮两侧面上刃磨车刀。

（7）刃磨高速钢车刀时，应及时用水冷却，以防刀刃退火而降低硬度。刃磨硬质合金车刀时，不能用水冷却，以防刀片因骤冷而崩裂。

（8）刃磨结束后，应随手关闭砂轮机电源。

车 工

项目三 车削轴类工件

实训一 车削轴类工件基本技能训练

1. 车削外圆柱面

（1）车刀的安装

将刃磨好的车刀装夹在方刀架上。车刀安装是否正确，直接影响车削加工的顺利进行和工件的加工质量。车刀的安装要求如下。

① 车刀装夹在刀架上的伸出部分应尽量短，以增强其刚性。伸出的长度应为刀柄厚度的 1~1.5 倍。车刀下面垫片的数量应尽量少（一般为 1~2 片），并与刀架边缘对齐，且至少用两个螺钉平整压紧，以防振动，车刀的装夹如图 2-3-1 所示。

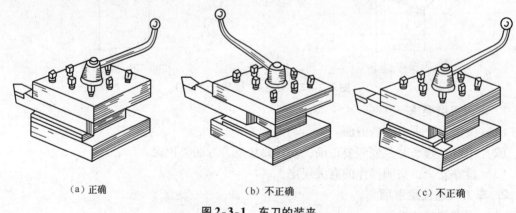

    （a）正确   （b）不正确   （c）不正确

图 2-3-1 车刀的装夹

② 车刀的刀尖应与工件旋转中心等高，如图 2-3-2（a）所示。车刀刀尖高于工件的轴线，如图 2-3-2（b）所示，会使车刀的实际后角减小，车刀后面与工件之间的摩擦增大。车刀刀尖低于工件的轴线，如图 2-3-2（c）所示，会使车刀的实际前角减小，切削阻力增大。刀尖不对中心，在车至端面中心时会留有凸头，如图 2-3-2（d）所示。使用硬质合金车刀时，若忽视此点，车到中心处会使车刀刀尖崩碎，如图 2-3-2（e）所示。

为了使车刀刀尖对准工件的旋转中心，通常采用以下三种方法：

一是根据车床的主轴中心高，用金属直尺测量装夹，如图 2-3-3（a）所示。

二是根据车床尾座顶尖的高低装夹，如图 2-3-3（b）所示。

三是将车刀靠近工件端面，用目测估计车刀高低，然后夹紧车刀，试车端面，再根据端面的中心来调整车刀。

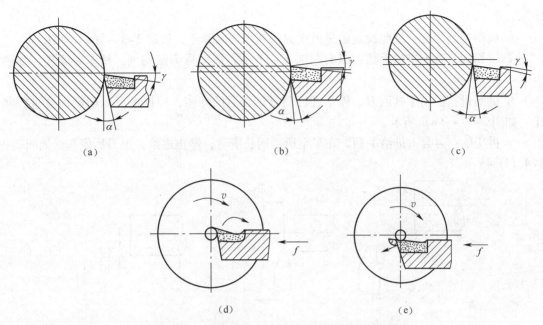

(a)　　　　　　　　　　　(b)　　　　　　　　　　　(c)

(d)　　　　　　　　　　　　　　　　(e)

图 2-3-2　车刀刀尖不对准工件旋转中心的后果

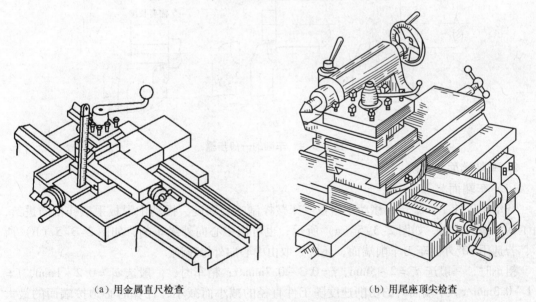

（a）用金属直尺检查　　　　　　　　　　（b）用尾座顶尖检查

图 2-3-3　检查车刀中心高

（2）工件的车削

将工件装夹在卡盘上，车刀安装在刀架上，使之接触工件并作相对纵向进给运动，便可车出外圆。车外圆的步骤如下。

① 准备工作：根据工件图样检查工件的加工余量，做到车削前心中有数，大致确定横向进给的次数。

② 装夹：按要求正确装夹车刀和工件。

③ 选择切削用量：选择合理的切削速度和进给量。

④ 对刀：开车对刀，使车刀刀尖轻触工件外圆，如图 2-3-4（a）所示。

⑤ 退刀：反向摇动床鞍手柄退刀，使车刀距离工件端面 3~5 mm，如图 2-3-4（b）

所示。

⑥ 调整切削深度：按照设定的进刀次数，选定切削深度，如图 2-3-4（c）所示。

⑦ 试切削：合上进给手柄，纵向车削 2～3 mm，该步称为试切削，精车时常用，如图 2-3-4（d）所示。

⑧ 试测量：摇动床鞍退刀，停车进行测量试切后的外圆，根据情况对切削深度进行修正，如图 2-3-4（e）所示。

⑨ 再切削：再合上进给手柄，在车至所需同长度时，停止进给，退刀后停车，如图 2-3-4（f）所示。

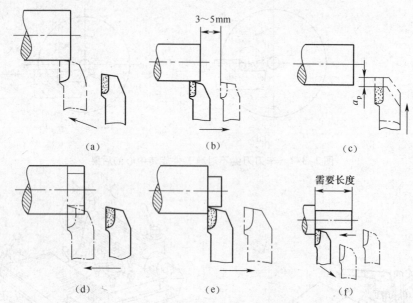

(a)　　　　　　　　(b)　　　　　　　　(c)

(d)　　　　　　　　(e)　　　　　　　　(f)

图 2-3-4　车削的一般步骤

2. 车削端面和台阶

（1）车端面

开动车床使工件旋转，移动小滑板或床鞍控制吃刀深度，摇动中滑板手柄作横向进给，由工件外缘向中心，如图 2-3-5（a）所示；也可由中心向外缘车削，如图 2-3-5（b）所示，若选用 90°外圆车刀车削端面，还应采取由中心向外缘车削。

粗车时，一般选 $a_p = 2～5mm$，$f = 0.3～0.7mm/r$；精车时，一般选 $a_p = 0.2～1mm$，$f = 0.1～0.3mm/r$。车端面时的切削速度随工件直径的减小而减小，计算时必须按端面的最大直径计算。

（2）车台阶

车台阶时不仅要车外圆，还要车削环形端面。因此，车削时既要保证外圆和台阶面长度尺寸，又要保证台阶端面与工件轴线的垂直度要求。

车台阶时，通常选用 90°外圆偏刀。车刀的安装应根据粗、精车和余量的多少来调整。粗车时为了增加切削深度，减小刀尖的压力，车刀安装时主偏角可小于 90°（一般为 85°～90°）。精车时为了保证工件台阶端面与工件轴线的垂直度，应取主偏角大于 90°（一般为 93°左右），如图 2-3-6 所示。

车台阶工件时，一般分为粗、精车。粗车时台阶长度除第一挡（即端头）台阶长度略短外（留精车余量），其余各挡车至长度。精车时，通常在机动进给精车外圆至近台阶处时，以手动进给代替机动进给。当车到台阶面时，应变纵向进给为横向进给，移动中滑板由里向外慢慢精车，以确保台阶端面对轴线的垂直度。

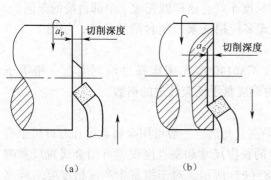

图 2-3-5　横向进给车端面

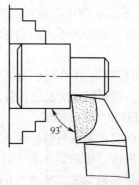

图 2-3-6　精车台阶时车刀的安装

　　车台阶时，准确掌握台阶长度的关键是按图样选择正确的测量基准。若基准选择不当，将造成积累误差而产生废品，尤其是多台阶的工件。

　　通常控制台阶长度尺寸的方法有以下几种。

　　① 刻线法。如图 2-3-7（a）所示，先用金属直尺或样板量出台阶的长度尺寸，用车刀刀尖在台阶的所在位置处画出一条细痕，然后再车削。

　　② 用挡铁控制台阶长度。如图 2-3-7（b）所示，在成批生产台阶轴时，为了准确迅速地掌握台阶长度，可用挡铁来控制。先把挡铁固定在床身导轨上，与图中台阶 a_3 的轴向位

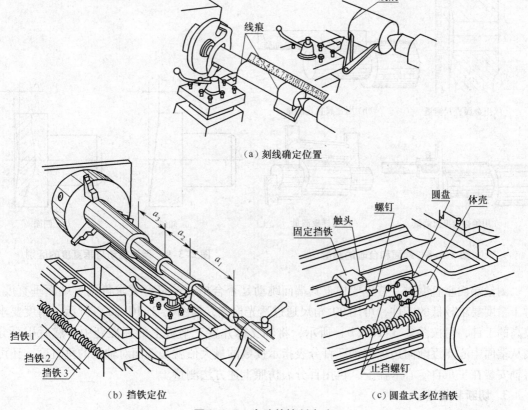

（a）刻线确定位置

（b）挡铁定位

（c）圆盘式多位挡铁

图 2-3-7　台阶的控制方法

置一致。挡铁的长度分别等于 a_2、a_1 的长度。当床鞍纵向进给碰到挡铁时，工件台阶 a_1 的长度车好；拿去挡铁，调整好下一个台阶的切削深度，继续纵向进给，当床鞍碰到挡铁时，台阶长度 a_2 车好；当床鞍碰到挡铁时，a_3 台阶长度车好。这样就完成了全部台阶的车削。

对于台阶长度相差不大的台阶可采用圆盘式多位挡铁来控制台阶的长度，如图 2-3-7 (c) 所示。

③ 用床鞍纵向进给刻度盘控制台阶长度。CA6140 型车床床鞍进给刻度盘一格等于 1mm，据此，可根据台阶长度计算出床鞍进给时刻度盘手柄应转过的格数。

（3）端面和台阶的测量

对端面的要求是既与轴心线垂直，又要求平直、光洁。一般可用金属直尺和刀口尺来检测端面的平面度，如图 2-3-8 (a) 所示。台阶的长度尺寸和垂直度误差可用金属直尺和游标深度尺测量分别如图 2-3-8 (b) 和图 2-3-8 (c) 所示。对于批量生产或精度要求较高的台阶，可用样板测量，如图 2-3-8 (d) 所示。

（4）端面对轴线垂直度的测量

端面圆跳动和端面对轴线的垂直度有一定的联系，但两者又有不同的概念。端面圆跳动是端面上任一测量直径处的轴向跳动，而垂直度则是整个端面的垂直误差。图 2-3-9 (a) 所示的工件，由于端面为倾斜平面，其端面跳动量为 Δ，垂直度也为 Δ，两者相等。图 2-3-9 (b) 所示的工件，端面为一凹面，端面圆跳动量为零，但其垂直度误差却不为零。

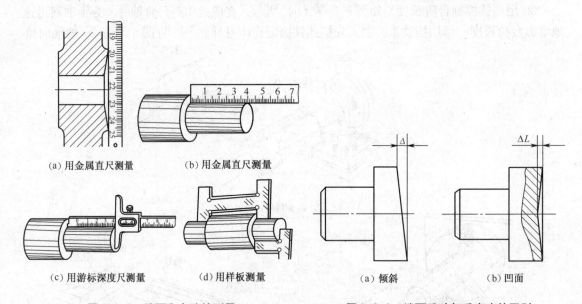

(a) 用金属直尺测量　　(b) 用金属直尺测量

(c) 用游标深度尺测量　　(d) 用样板测量

(a) 倾斜　　　(b) 凹面

图 2-3-8　端面和台阶的测量　　　　图 2-3-9　端面跳动与垂直度的区别

测量端面垂直度时，首先要检查其端面跳动是否合格，若符合要求再测量端面垂直度。对于精度要求较低的工件，可用 90°角尺通过透光检查，如图 2-3-10 (a) 所示，精度要求较高的工件，可按图 2-3-10 (b) 所示，将轴支撑并置于平板上的标准套中，然后用百分表从端面中心点逐渐向边缘移动，百分表指示读数的最大值就是端面对轴线的垂直度。还可将轴安装在三爪自定心卡盘上，再用百分表仿照上述方法测量。

3. 切断和切槽

（1）切槽刀的刃磨图样（如图 2-3-11 所示）

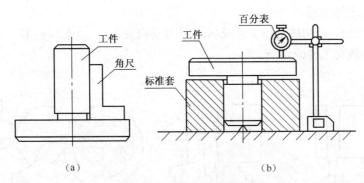

图 2-3-10 垂直度的检验

刃磨步骤如下。

① 磨主后面，保证主切削刃平直。

② 磨两侧副后面，以获得两侧副偏角和两侧副后角。

刃磨时注意两副后面平直、对称，磨出主切削刃宽度 3mm。

③ 磨切槽刀前面的卷屑槽，具体尺寸按工件材料性能而定。为了保护刀尖，在两刀尖上各磨一个小圆弧过渡刃。

（2）切断时切削用量的选择

由于切断刀的刀柄强度较差，在选择切削用量时，应适当减小其数值。总的来说，硬质合金切断刀比高速钢切断刀选用的切削用量要大，切断钢料时的切削速度比切断铸铁材料时的切削速度要高，而进给量要略小些。

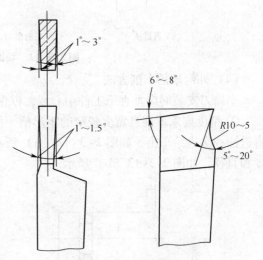

图 2-3-11 切断刀的刃磨

① 切削深度（a_p）。切断、车槽时均为横向进给，切削深度 a_p 是垂直于已加工表面方向所量得的切削层宽度的数值。所以切断时的切削深度等于切断刀的主切削刃宽度。

② 进给量（f）。一般用高速钢车刀切断钢料时，$f=0.05 \sim 0.10$mm/r；切断铸铁料时 $f=0.10 \sim 0.20$mm/r；用硬质合金切断刀切断钢料时 $f=0.10 \sim 0.20$mm/r；切断铸铁料时 $f=0.15 \sim 0.25$mm/r。

③ 切削速度（v_c）。用高速钢车刀切断钢料时，$v_c=30 \sim 40$m/min；切断铸铁料时 $v_c=15 \sim 25$m/min；用硬质合金切断刀切断钢料时 $v_c=80 \sim 120$m/min；切断铸铁料时 $v_c=60 \sim 100$m/min。

（3）切断方法

切断的方法有直进法、左右借刀法和反切法。

① 用直进法切断工件。所谓直进法就是指垂直于工件轴线方向进行切断，如图 2-3-12（a）所示，这种方法切断效率高，但对车床、切断刀的刃磨和安装都有较高的要求，否则就容易造成刀头折断。

② 左右借刀法。在刀具、工件以及车床刚性不足的情况下，可采用左右借刀法进行切断，如图 2-3-12（b）所示。这种方法是指切断刀在轴线方向反复地往返移动，随之两侧

径向进给，直到工件切断。

③ 反切法切断。反切法是指工件反转，车刀反向安装，如图2-3-12（c）所示。这种切断方法宜用于较大工件的切断。

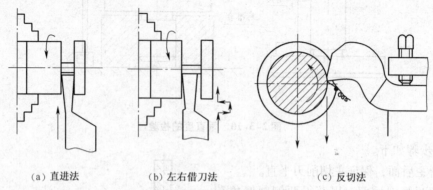

（a）直进法　　　　　　（b）左右借刀法　　　　　　（c）反切法

图2-3-12　切断工件的3种方法

（4）外沟槽的车削方法

车槽刀安装时应垂直于工件中心线，以保证车削质量。

① 精度要求不高且宽度较窄的矩形槽。可用刀刃宽等于槽宽的切断刀（车槽刀），采用直进法一次进给车出，如图2-3-13（a）所示。检查时可用金属直尺、外卡钳来测量其宽度和直径，如图2-3-13（b）所示。

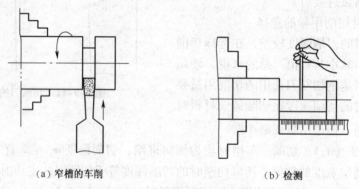

（a）窄槽的车削　　　　　　　　　　（b）检测

图2-3-13　窄槽的车削和检测

② 有精度要求的矩形槽。一般采用二次直进法车出，如图2-3-14（a）所示。第一次进给车槽时，槽壁两侧留有精车余量，然后根据槽深和槽宽进行精车。检查时，通常采用千分尺、样板和游标卡尺来测量，如图2-3-14（b）～图2-3-14（d）所示。

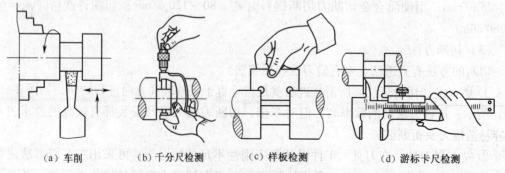

（a）车削　　　（b）千分尺检测　　　（c）样板检测　　　（d）游标卡尺检测

图2-3-14　有精度要求的沟槽的车削和检测

③ 宽槽的车削。车削较宽的矩形槽时，可用多次直进法进行车削，如图 2-3-15（a）所示。并在槽壁两侧留有精车余量，然后根据槽深和槽宽精车至尺寸要求。检查方法同上。

④ 梯形槽的车削。车削较小的梯形槽时，一般以成形刀一次车削完成；较大的梯形槽，通常先车削直槽，然后用梯形刀采用直进法或左右切削法车削完成，如图 2-3-15（b）所示。检查时用样板、游标卡尺或角度尺来测量。

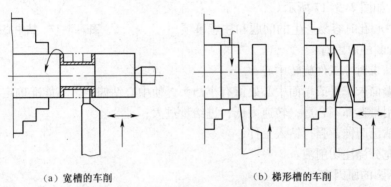

(a) 宽槽的车削　　　　　　　　(b) 梯形槽的车削

图 2-3-15　宽槽与梯形槽的车削

4. 钻中心孔

中心孔是轴类工件的精定位基准，对工件的加工质量影响较大。因此，所钻出的中心孔必须圆整、光洁、角度正确。而且轴两端中心孔轴线必须同轴，对精度要求较高的轴在热处理后和精加工前均应对中心孔进行研磨。

（1）中心孔的钻削步骤

其操作步骤如下。

① 装夹中心钻。用钻夹头钥匙逆时针旋转钻夹头的外套，使钻夹头的 3 个爪张开，如图 2-3-16（a）所示。将中心钻插入钻夹头的 3 个爪之间，然后用钻夹头钥匙顺时针方向转动钻夹头外套，通过 3 个爪夹紧中心钻，如图 2-3-16（b）所示。

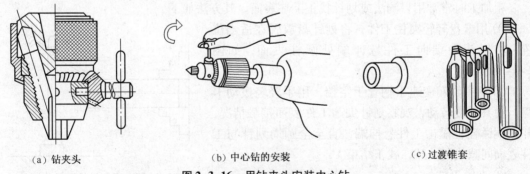

(a) 钻夹头　　　　　　(b) 中心钻的安装　　　　　　(c) 过渡锥套

图 2-3-16　用钻夹头安装中心钻

② 安装钻夹头。先擦干净钻夹头柄部和尾座锥孔，用左手握住钻夹头外套，沿尾座套筒轴线方向将钻夹头锥柄用力插入尾座套筒锥孔中。

若钻夹头柄部与车床尾座锥孔大小不吻合，可增加一合适的过渡锥套后再插入。过渡锥套如图 2-3-16（c）所示。

③ 找正尾座中心。启动车床，使主轴带动工件一起旋转，移动尾座，使中心钻接近工件端面，观察中心钻是否与工件旋转中心一致（目测找正）。如不一致，则应校正尾座后紧固尾座。

④ 钻削。由于中心孔直径小，钻削时应取较高的转速。进给量应小而均匀，切勿用力过猛。当中心钻钻入工件时，要加注切削液，促使其钻削顺利、光洁。钻削完毕，中心钻在孔中应稍作停留，然后退出，以修光中心孔，提高中心孔的形状精度和表面质量，如图 2-3-17 所示。

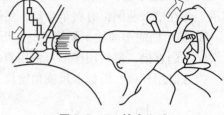

图 2-3-17　钻中心孔

（2）钻中心孔时容易产生的问题和注意事项

中心钻折断的原因有：

① 中心钻未对准工件旋转中心；

② 工件端面未车平或端面中心处留有小凸头，使中心钻偏斜，不能准确定心；

③ 切削用量选择不合适，转速太低，进给量过大；

④ 中心钻已磨钝，强行钻入工件；

⑤ 没有充分浇注切削液。

中心孔不圆的原因有：

① 工件弯曲未校正，使中心孔与外圆产生偏差；

② 夹紧力不足，钻中心孔时在离心力的作用下，易造成中心孔不圆。

与顶尖配合不紧贴的原因有：

① 中心孔钻得太深，顶尖与 60°锥孔接触不良，影响加工质量；

② 中心钻圆柱部分修磨后变短，造成顶尖跟中心孔底部相碰从而影响质量。

实训二　工件在三爪自定心卡盘上的找正

工件在三爪自定心卡盘上找正的方法有很多，其要求就是使工件的回转中心与车床主轴的回转中心重合。

1. 用划针找正

粗加工时常常用目测法或划针找正毛坯表面。其方法如下。

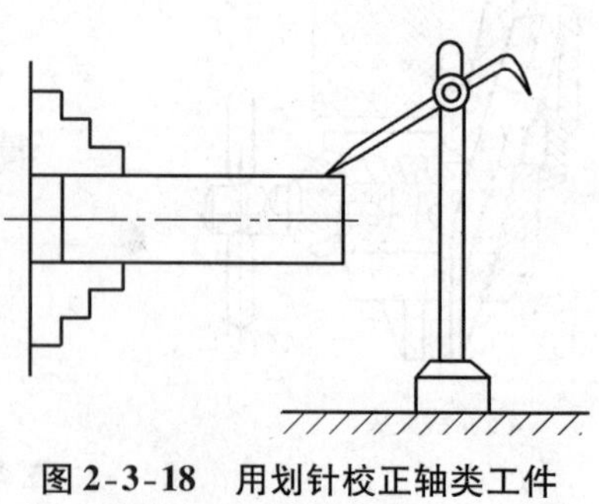

① 用卡盘轻轻夹住工件，将划针盘放置在适当位置，将划针尖端向工件悬伸端处圆柱表面，如图 2-3-18所示。

② 将主轴箱变速手柄置于空挡，用手轻轻拨动卡盘，使其缓慢转动，观察划针尖与工件表面接触情况，并用铜锤轻轻敲击工件悬伸端，直至全圆周划针与工件表面间隙均匀一致，找正结束。

③ 夹紧工件。

图 2-3-18　用划针校正轴类工件

2. 用百分表找正

精加工时，用百分表找正。其方法如下。

① 用卡盘夹住工件，将磁性表座吸在车床固定不动的表面（如导轨面）上，调整表架位置使百分表触头垂直指向工件悬伸端外圆柱表面，如图 2-3-19（a）所示。对于直径较大而轴向长度不大的盘形工件，可将百分表触头垂直指向工件端面的外缘处，如图 2-3-19（b）所示。使百分表触头预先压下 0.5～1mm。

② 用相同的方法扳动卡盘缓慢转动，并找正工件，至每转中百分表读数的最大差值在

0.10mm 以内（或视工件的精度要求），找正结束。

③ 夹紧工件。

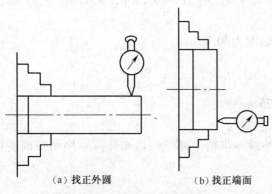

（a）找正外圆　　　（b）找正端面

图 2-3-19　用百分表找正工件

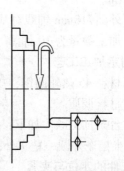

图 2-3-20　用铜棒找正工件

3. 用圆头铜棒找正

圆头铜棒用于装夹经粗加工端面后的盘类工件的找正之用。如图 2-3-20 所示，其方法如下。

① 在刀架上夹持一圆头铜棒。

② 用卡盘轻轻夹住工件，使主轴低速转动。

③ 移动鞍和中滑板，使刀架上的圆头铜棒轻轻接触和挤压工件端面的外缘，当目测工件端面基本与主轴轴线垂直后，退出铜棒。

④ 停止主轴回转。

⑤ 夹紧工件。

实训三　车削短台阶轴

1. 图样分析

一般轴类零件加工以保证尺寸精度和表面粗糙度要求为主，对各表面间的位置有一定的要求，如图 2-3-21 所示。材料为 45 钢，毛坯材料为热轧圆钢。

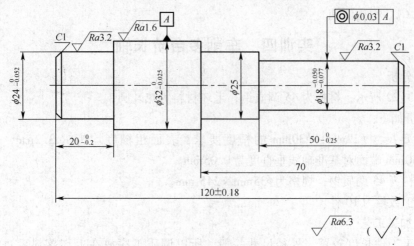

图 2-3-21　台阶短轴

图样分析如下：

（1）$\phi 32_{-0.025}^{\ 0}$ mm 为基准外圆。

（2）主要尺寸 $\phi 18$ mm、$\phi 24$mm 表面粗糙度均为 $Ra3.2\mu m$，$\phi 32$mm 表面粗糙度 $Ra1.6\mu m$。

（3）外圆 $\phi 18$mm 轴线对基准外圆轴线同轴度为 $\phi 0.03$mm。

（4）加工数量为 10 件。

2. 制定加工工艺

（1）材料 45 热轧圆钢，规格 $\phi 35$ mm × 125 mm。

（2）材料调质。

（3）台阶加工顺序如下：车端面→粗车外圆→半精车外圆→精车外圆→倒角→调头粗车外圆→半精车外圆→精车外圆→倒角。

3. 工件的定位与夹紧

选用三爪自定心卡盘装夹。

4. 选用刀具

选用 90°、45°硬质合金外圆车刀。

5. 选择设备

选用 CA6140 型车床。

6. 车削加工步骤

（1）在三爪自定心卡盘上夹住 $\phi 35$mm 毛坯外圆，伸出 75 mm 左右，校正外圆。

① 车端面，车平即可。

② 粗车 $\phi 32$mm 外圆、$\phi 18$ mm 外圆及 $\phi 25$ mm 外圆留精车余量 0.5～1mm。

③ 精车 $\phi 32_{-0.025}^{\ 0}$ mm 外圆至尺寸，$\phi 18_{-0.077}^{-0.050}$ mm 外圆至尺寸及 $\phi 25$mm 外圆。为了保证 $\phi 18$mm 外圆对 $\phi 32$mm 外圆的同轴度公差为 $\phi 0.03$mm 要求，必须一次装夹加工完成。

④ 倒角 $C1$、锐边倒钝。

（2）调头夹住 $\phi 25$ mm 外圆靠住端面（表面包一层铜皮夹住圆柱面），校正工件。

① 车端面，保证总长 120 ± 0.18mm。

② 粗、精车 $\phi 24_{-0.052}^{\ 0}$ mm 外圆至尺寸，长度 $20_{-0.2}^{\ 0}$mm。

③ 倒角 $C1$、锐边倒钝。

实训四　车削多台阶长轴

1. 图样分析

如图 2-3-22 所示，材料为 45 调质钢，毛坯材料为热轧圆钢。

图样分析如下：

（1）主要尺寸 $\phi 22$mm，$\phi 30$mm 的精度要求，表面粗糙度均为 $Ra3.2\mu m$，同轴度为 0.05mm，$\phi 30$mm 端面对基准轴线垂直度为 0.05mm。

（2）材料为 45 调质钢，规格 $\phi 35$mm × 245 mm。

（3）加工数量为 10 件。

2. 制定加工工艺

（1）由于工件长度较短，外径尺寸一般，所以调质工序放在毛坯落料后进行（调质 250HBS）。

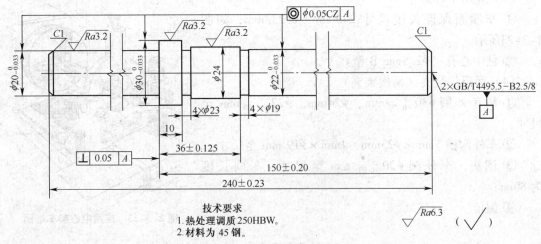

图 2-3-22 多台阶长轴

（2）为保证各外圆轴线与两中心孔公共轴线同轴，所以精车外圆时，应装夹在两顶尖间进行。

（3）多台阶长轴加工顺序如下：

调质处理→车端面→打中心孔→一夹一顶粗车外圆→半精车外圆→精车外圆→倒角→调头搭中心架→取总长→打中心孔→一夹一顶粗车外圆→半精车外圆→精车外圆→车槽→倒角。

3. 工件的定位与夹紧

（1）选用三爪自定心卡盘定位夹紧。

（2）用中心孔定位。

4. 选用刀具

（1）选用90°、45°硬质合金外圆车刀。

（2）选用外沟槽车刀。

5. 选用设备

选用 CA6140 型车床。

6. 车削加工步骤

（1）热处理调质 250HBS

（2）三爪自定心卡盘装夹

① 车端面，车平即可。

② 钻中心孔（ϕ2.5mmB 型）。

③ 一夹一顶装夹。

第一，粗车ϕ30mm 外圆、ϕ24mm 外圆及ϕ22mm 外圆留精车余量 1～1.5mm，车削长度分别是 160mm、36mm。

第二，半精车ϕ30mm 外圆、ϕ24mm 外圆及ϕ22 mm 外圆留精车余量 0.5～1mm，车削长度分别是 160mm、36mm。

第三，精车ϕ30mm 外圆、ϕ24mm 外圆及ϕ22mm 外圆，车削长度分别是 160mm、36 mm。

第四，车槽 4mm×ϕ23mm、4mm×ϕ19 mm。安装车槽刀时主偏角要与轴线平行。

第五，倒角 C1、锐边倒钝。

205

（3）应用中心架

① 车端面保证长度尺寸 240mm ± 0.23 mm，如图 2-3-23 所示。

② 钻中心孔（ϕ2.5mm B 型）。

（4）两顶尖装夹（两次装夹）

① 精车外圆 $\phi30_{-0.033}^{0}$ mm、ϕ24mm、$\phi22_{-0.033}^{0}$ mm 至尺寸。

② 车外沟槽 5mm × ϕ23mm、4mm × ϕ19 mm 至尺寸。

③ 调头，车外圆 $\phi20_{-0.033}^{0}$ mm 至尺寸，车削长度为 80mm。

④ 倒角。

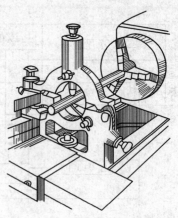

图 2-3-23 应用中心架车端面

车 工

项目四 车削套类工件

实训一 刃磨麻花钻

1. 麻花钻的刃磨方法

麻花钻的刃磨方法如下。

（1）砂轮修整

刃磨前应检查砂轮表面是否平整，如果不平整或有跳动，则应先对砂轮进行修正。

（2）手握姿势

用右手握住钻头前端作支点，左手紧握钻头柄部。

（3）刃磨位置

将钻头放置于砂轮中心平面以上，摆正钻头与砂轮的相对位置（使钻头轴心线与砂轮外圆母线在水平内的夹角等于顶角的1/2，即为59°），同时钻尾向下倾斜，如图2-4-1所示。

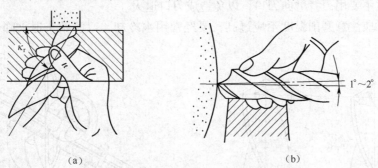

（a） （b）

图2-4-1 麻花钻刃磨时与砂轮的相对位置

（4）刃磨方法

刃磨时，将切削刃逐渐靠向砂轮，见火花后，给钻头加一个向前的较小压力，并以钻头前端支点为圆心，缓慢使钻头作上下摆动并略带转动，如图2-4-2所示。同时磨出主切削刃和后面。但要注意摆动与转动的幅度和范围不能过大，以免磨出负后角或将另一条主切削刃磨坏。重复上述刃磨动作4~5次，即可刃磨好。

双手握钻头的位置转动过180°刃磨另一个主切削刃，方法同上。

2. 麻花钻角度的检测

麻花钻角度的检测量方法有以下几种。

（1）目测法

把刃磨好的麻花钻垂直竖在与眼等高的位置上，转动钻头，交替观察两条主切削刃的长

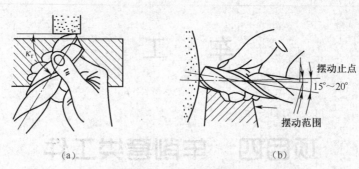

图 2-4-2　麻花钻的刃磨方法

短、高低以及后角等，如图 2-4-3 所示。如果不一致，则必须进行修磨，直到一致为止。

（2）角度尺检查

将游标万能角度尺的一边贴在麻花钻的棱边上，另一边靠近钻头的刃口上，测量刃长和角度，如图 2-4-4 所示。

（3）在钻削过程中检测

若麻花钻刃磨正确，切屑会从两侧螺旋槽内均匀排出，如果两主切削刃不对称，切屑则从主切削刃高的那边螺旋槽向外排出；据此可卸下钻头，将较高的一边主切削刃磨低一些，以避免钻孔尺寸变大。

麻花钻在刃磨时应该注意以下几点。

① 刃磨时用力要均匀，不能过大，应经常目测磨削情况，随时修正。

② 刃磨时，钻头切削刃的位置应略高于砂轮中心平面，以免磨出负后角，致使钻头无法使用。

③ 刃磨时不要用刃背磨向刀口，以免造成刃口退火。

④ 刃磨时应注意磨削温度不应过高，要经常用水冷却，以防钻头退火降低硬度，使切削性能降低。

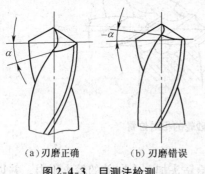

（a）刃磨正确　　（b）刃磨错误

图 2-4-3　目测法检测

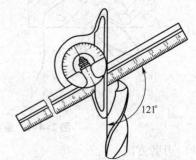

图 2-4-4　用角度尺检测

3. 麻花钻的修磨

由于麻花钻在结构上存在很多缺点，因而麻花钻在使用时，应根据工件材料、加工要求，采用相应的修磨方法进行修磨。麻花钻的修磨有以下 3 个主要方面。

（1）横刃的修磨

横刃的修磨形式有以下几种。

① 磨去整个横刃。加大该处前角，使轴向力降低，但钻心强度弱，定心不好，只适用于加工铸铁等强度较低的材料工件，如图 2-4-5（a）所示。

② 磨短横刃。主要是减少横刃造成的不利影响，且在主切削刃上形成转折点，有利于分屑和断屑，如图2-4-5（b）所示。

③ 加大横刃前角。横刃长度不变，将其分成两半，分别磨出0°~5°前角，主要用于钻削深孔。但修磨后钻尖强度低，不宜钻削硬材料，如图2-4-5（c）所示。

④ 综合刃磨。这种方法不仅有利于分屑、断屑，增大了钻心部分的排屑空间，还能保证一定的强度，如图2-4-5（d）所示。

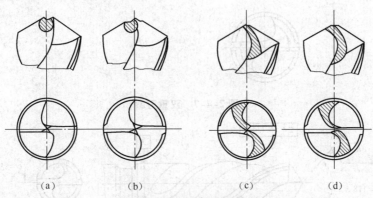

图2-4-5　横刃的修磨

（2）前刀面的修磨

前刀面的修磨主要是外缘与横刃处前刀面的修磨。

① 工件材料较硬时，就需修磨外缘处前角，主要是为了减少外缘处的前角，如图2-4-6（a）所示。

② 工件材料较软时需修磨横刃处前角，如图2-4-6（b）所示。

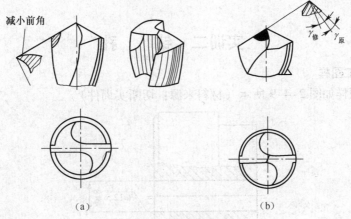

图2-4-6　前刀面的修磨

（3）双重刃磨

在钻削加工时，钻头外缘处的切削速度最高，磨损也就最快，因此可磨出双重顶角，如图2-4-7所示。这样可以改善外缘处转角的散热条件，增加钻头强度，并可减小孔的表面粗糙度值。

4. 刃磨麻花钻

麻花钻刃磨图样如图2-4-8所示（材料：废旧高速钢麻花钻）。

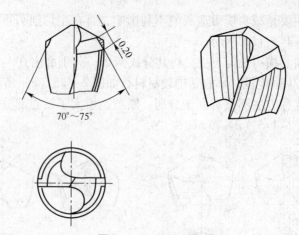

图 2-4-7 双重刃磨

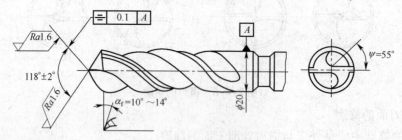

图 2-4-8 麻花钻刃磨实训

5. 刃磨注意事项

（1）钻头刃磨要做到姿势正确、规范，安全文明操作。

（2）根据不同的钻头材料，正确选用砂轮。刃磨高速钢钻头时，要注意充分冷却，防止退火。

实训二 钻 孔

1. 钻孔加工图样

钻孔实训图样如图 2-4-9 所示（材料来源：切断实训件）。

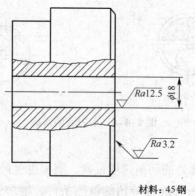

材料：45钢

图 2-4-9 钻孔实训件

2. 加工步骤

（1）夹持工件外圆找正并夹紧。

（2）在尾座套筒内安装 ϕ18mm 麻花钻。

（3）车端面，倒角 C1。

实训三 扩孔、锪孔

扩孔、锪孔加工图样如图 2-4-10 所示（材料来源：钻孔实训件）。

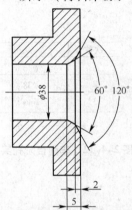

图 2-4-10 扩孔、锪孔加工图样

加工步骤：

（1）扩孔 ϕ38mm；

（2）锪 60°内锥，深度 5mm；

（3）锪 120°内锥，深度 2mm。

实训四 车 削 内 孔

1. 车削直孔

车削直孔实训图样如图 2-4-11 所示（备料：ϕ55mm×100mm，45 钢）。

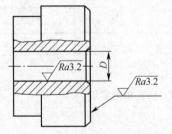

次数	D/mm
1	$\phi 20^{+0.052}_{0}$
2	$\phi 22^{+0.052}_{0}$
3	$\phi 24^{+0.033}_{0}$
4	$\phi 26^{+0.033}_{0}$

图 2-4-11 车削直孔实训

加工步骤如下。

（1）夹持外圆，找正夹紧。

（2）车端面（车平即可）。

（3）粗、精车孔径尺寸至要求（粗车时，留精车余量 0.3mm）。

（4）孔口倒角 C1。

（5）检查后取下工件。

2. 车削台阶孔

车削台阶孔实训图样如图 2-4-12 所示（材料来源：车削直孔实训件）。

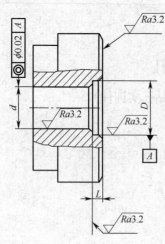

图 2-4-12　车削台阶孔实训

次数	D/mm	d/mm	L/mm
1	$\phi 36^{+0.039}_{0}$	$\phi 28^{+0.033}_{0}$	6
2	$\phi 38^{+0.039}_{0}$	$\phi 30^{+0.033}_{0}$	7
3	$\phi 40^{+0.039}_{0}$	$\phi 32^{+0.039}_{0}$	8

加工步骤如下。

（1）夹持外圆。校正并夹紧。

（2）车端面。

（3）粗车两孔成形，孔径留精车余量 0.3～0.5mm，孔深车至要求。

（4）精车小孔、大孔及孔深至要求。

（5）倒角 C0.5。

3. 车削盲孔

车削盲孔实训图样如图 2-4-13 所示。

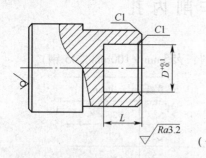

次数	D/mm	L/mm
1	$\phi 34$	24
2	$\phi 36$	26
3	$\phi 38$	28
4	$\phi 40$	30

图 2-4-13　盲孔车削实训

加工步骤如下。

（1）夹持外圆，找正并夹紧。

（2）车端面，钻孔 $\phi 30$mm，深 23 mm（包括钻尖在内）。

（3）用平底钻头扩孔至 $\phi 33.5$mm，深 23.5mm（无合适平头钻时可粗车平底孔至此要求）。

（4）精车端面、内孔及底平面至尺寸要求。

（5）孔口倒角 C1。

（6）检查合格后卸下工件。

实训五　车削内沟槽

车削如图 2-4-14 所示的内沟槽（材料：HT150）。

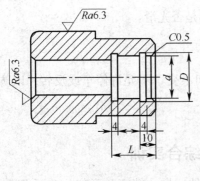

次数	d/mm	D/mm	L/mm
1	$\phi36^{+0.039}_{0}$	$\phi38$	24
2	$\phi39^{+0.039}_{0}$	$\phi41$	26
3	$\phi42^{+0.039}_{0}$	$\phi45$	28
4	$\phi46^{+0.039}_{0}$	$\phi50$	30

图 2-4-14 车内沟槽

（1）夹持小端外圆，车端面，车大端外圆，倒角 $C1$。

（2）调头夹持大端外圆，车端面。

（3）车内孔 $\phi36^{+0.039}_{0}$ mm 至尺寸。

（4）车内沟槽 $\phi38$ mm × 4mm 两条至要求。

（5）孔口倒角 $C0.5$。

（6）检查合格后卸下工件。

按图附尺寸要求依次练习。

实训六　铰　　孔

铰削如图 2-4-15 所示的套类工件（材料：HT150；材料来源：车盲孔实训件）。

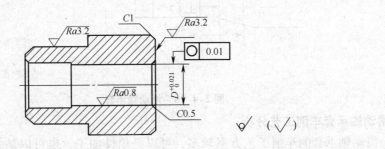

次数	1	2	3	4
D	$\phi20^{+0.021}_{0}$	$\phi22^{+0.021}_{0}$	$\phi24^{+0.021}_{0}$	$\phi25^{+0.021}_{0}$

图 2-4-15 车孔后铰孔

1. 加工步骤

（1）夹持外圆，找正，夹紧；

（2）扩孔、车孔（留铰孔余量 0.08 ~ 0.12mm）；

（3）用机用铰刀铰至尺寸，各次铰刀尺寸为：$\phi20^{+0.014}_{+0.007}$ mm、$\phi22^{+0.014}_{+0.007}$ mm、$\phi24^{+0.014}_{+0.007}$ mm、$\phi25^{+0.014}_{+0.007}$ mm。

2．铰孔注意事项

（1）选用铰刀时应检查刃口是否锋利、无损，柄部是否光滑。

（2）装夹铰刀时，应注意锥柄与锥套的清洁。

（3）铰孔时铰刀的轴线必须与车床主轴轴线重合。

（4）铰刀由孔内退出时，车床主轴应保持原有转向不变，不允许停车或反转，以防损坏铰刀刃口和加工表面。

（5）应先试铰，以免造成废品。

实训七　车削套类工件综合实训

如图 2-4-16 所示的滑动轴承套，每批数量为 180 件，尺寸精度和形位公差要求很高，工件数量较多，因此，进行滑动轴承套车削工艺分析时应引起注意。

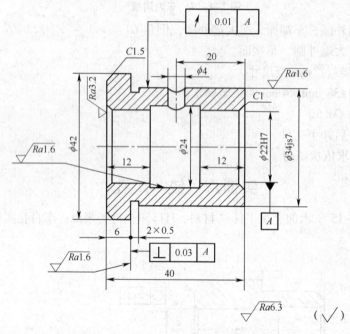

图 2-4-16　滑动轴承套

1．滑动轴承套车削工艺分析

（1）滑动轴承套的车削工艺方案较多，可以是单件加工，也可以是多件加工。如果采用单件加工，生产率低，原材料浪费较多，每件都有装夹的余料（夹位）。因此，采用多件加工的车削工艺较合理。

（2）滑动轴承套的材料为 ZCuSn5Pb5Zn5，因两处外圆直径相差不大，故毛坯选用铜棒料，采用 6～8 件同时加工较合适。

（3）为了保证内孔 ϕ22H7 的加工质量，提高生产率，内孔精度加工以铰削最为合适。

（4）外圆对内孔轴线的径向圆跳动为 0.01mm，用软卡爪无法保证。此外，ϕ42mm 的右端面对内孔轴线垂直度允差为 0.03mm。因此，精车外圆以及 ϕ42mm 的右端面时，应以内孔为定位基准将工件套在小锥度心轴上，用两顶尖装夹保证这两项位置精度。

（5）内沟槽应在 ϕ22H7 的孔精加工之前完成，外沟槽应在 ϕ34js7 的外圆柱面精车之前完成。这都是为了保证这些精加工表面的精度。

2. 滑动轴承套机械加工工艺卡

滑动轴承套机械加工工艺卡见表2-4-1。

3. 按机械加工工艺卡加工滑动轴承套

表 2-4-1 滑动轴承套机械加工工艺卡

××厂	机械加工工艺卡		产品名称		图号		
			零件名称	轴承套	共 1 页　第 1 页		
材料种类	棒料		材料牌号	ZCuSn5Pb5Zn5	毛坯尺寸	$\phi46\text{mm}\times326\text{mm}$	

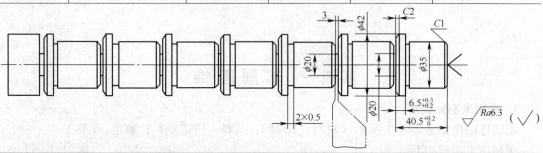

工序	工种	工序内容	车间	设备	工艺装备		
					夹具	刀具	量具
1	车	按以上工艺草图车至要求的尺寸，7件同时加工，尺寸均相同					
2	车	逐个用软卡爪夹住$\phi42\text{mm}$外圆，找正夹紧，钻孔$\phi20.5\text{mm}$，车成单件				切断刀	
3	车	用软卡爪夹住$\phi35\text{mm}$外圆，找正夹紧 （1）车$\phi42\text{mm}$左端面，保证总长40mm，表面粗糙度$Ra3.2\mu\text{m}$，倒角$C1.5$ （2）车内孔至$\phi22^{-0.08}_{-0.12}\text{mm}$ （3）车内槽$\phi24\text{mm}\times16\text{mm}$至尺寸，前后两端倒角$C1$ （4）铰孔至$\phi22\text{H7}$	II	CA6140		$\phi22\text{H7}$铰刀	$\phi22\text{H7}$塞规
4	车	（1）工件套在心轴上，装夹于两顶尖之间车外圆至$\phi34\text{js7}$，表面粗糙度$Ra1.6\mu\text{m}$ （2）车$\phi42\text{mm}$右端面，保证厚度6mm，表面粗糙度$Ra1.6\mu\text{m}$ （3）车槽，宽2mm，深0.5mm，倒角$C1$ （4）检查 （以下略）			心轴		

车　工

项目五　车削圆锥面、成形面及滚花

实训一　车削圆锥

1. 车削米制外圆锥

实训件图样如图 2-5-1 所示（材料：HT150；备料：铸造坯料；数量：1 件）。车削加工步骤如下。

（1）用三爪自定心卡盘夹持毛坯外圆，伸出长度 25mm 左右，校正并夹紧。

（2）车端面 A；粗、精车外圆 $\phi 52^{0}_{-0.046}$ mm，长度 18mm 至要求，倒角 $C1$。

（3）调头，夹 $\phi 52^{0}_{-0.046}$ mm 外圆，长 15mm 左右，校正并夹紧。

（4）车端面 B，保证总长 96mm，粗、精车外圆 $\phi 60^{0}_{-0.19}$mm 至要求。

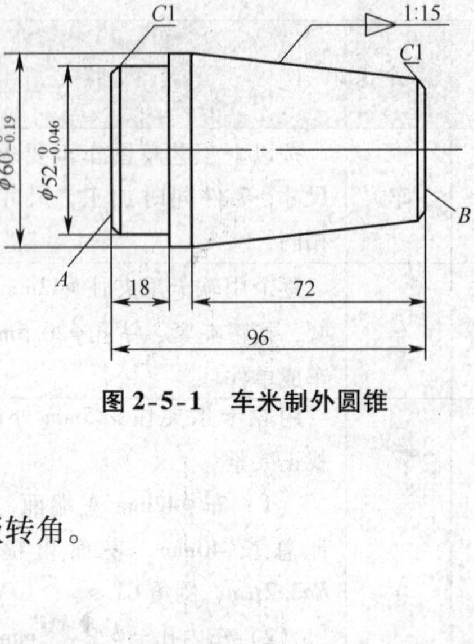

图 2-5-1　车米制外圆锥

（5）小拖板逆时针转动圆锥半角（$\alpha/2 = 1°54'33''$），粗车外圆锥面。

（6）用万能角度尺检查圆锥半角并调整小拖板转角。

（7）精车圆锥面至尺寸要求。

（8）倒角 $C1$，去毛刺。

（9）检查各尺寸合格后卸下工件。

2. 车削莫氏外圆锥

实训件图样如图 2-5-2 所示（材料：45 钢；备料：$\phi 45\text{mm} \times 125\text{mm}$；数量：1 件）。

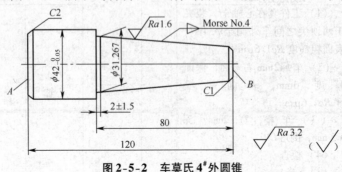

图 2-5-2　车莫氏 4# 外圆锥

车削加工步骤如下。

（1）用三爪自定心卡盘夹持棒料外圆，伸出长度 50mm 左右，校正并夹紧。

（2）车端面 A；粗、精车外圆 $\phi 42_{-0.05}^{0}$mm，长度大于 40mm 至要求，倒角 $C2$。

（3）调头，垫夹 $\phi 42_{-0.05}^{0}$mm 外圆，伸出长度 85mm 左右，校正并夹紧。

（4）车端面 B，保证总长 120 mm，车外圆 $\phi 32$mm，长 80mm。

（5）小拖板逆时针转动圆锥半角（$\alpha/2 = 1°29'15''$），粗车外圆锥面。

（6）用套规检查锥角并调整小拖板转角。

（7）精车外圆锥面至尺寸要求。

（8）倒角 $C1$，去毛刺。

（9）用标准莫氏（Morse）套规检查，合格后卸下工件。

3. 车削内圆锥

实训件图样如图 2-5-3 所示（材料：45 钢；备料：$\phi 48$mm $\times 103$mm；数量：1 件）。

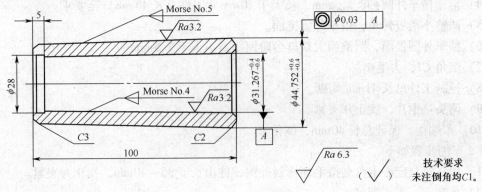

图 2-5-3　车变径套

车削加工步骤如下。

（1）用三爪自定心卡盘平持毛坯外圆长约 30mm，校正并夹紧。

（2）车端面及车外圆 $\phi 45$mm，长 60mm。

（3）钻通孔 $\phi 25$mm。

（4）车台阶孔 $\phi 28$mm、深 5 mm 至要求；孔口倒角 $C1$。

（5）调头夹持 $\phi 45$mm 外圆，长约 30mm，找正并夹紧。

（6）车端面保证总长 100mm 至要求，接刀车外圆 $\phi 45$mm。

（7）小拖板顺时针转动 $1°29'15''$，粗、精车 4 号莫氏锥孔至尺寸要求（涂色法检查，接触面应≥60%），表面粗糙度达到要求。

（8）孔口倒角 $C1$。

（9）将工件装夹在预制好的两顶尖心轴上，用偏移尾座或转动小滑板方法，粗、精车 5 号莫氏外圆锥至要求。

（10）倒角 $C2$ 及 $C3$。

（11）检查。

4. 内、外圆锥配车

实训件图样如图 2-5-4 所示（材料：45 钢；备料：$\phi 43$mm $\times 125$mm；数量：1 件）。

件 1 车削步骤如下。

（1）用三爪自定心卡盘夹持毛坯棒料外圆，伸出长度 50mm，找正并夹紧。

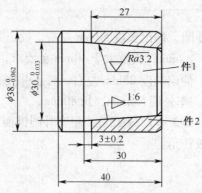

图 2-5-4　内、外锥配车

（2）车端面，车平即可。

（3）粗、精车外圆$\phi30_{-0.033}^{0}$mm、长30mm至要求，并车平台阶平面。

（4）粗、精车外圆$\phi38_{-0.062}^{0}$mm、长大于10mm（工件总长40mm）至要求。

（5）调整小滑板转角，粗车外圆锥面。

（6）精车外圆锥面，圆锥面大端离台阶面距离不大于1.5mm。

（7）倒角$C1$，去毛刺。

（8）控制工件总长41mm切断。

（9）调头垫铜片，找正并夹紧。

（10）车端面，保证总长40mm，倒角$C1$。

件2车削步骤如下。

（1）用三爪自定心卡盘夹持毛坯棒料外圆，伸出长度35～40mm，找正并夹紧。

（2）车端面，车平即可。

（3）粗、精车外圆$\phi38_{-0.062}^{0}$mm、长30mm至要求，倒角$C1$。

（4）钻$\phi23$mm孔，深30mm左右。

（5）控制总长28mm，切断。

（6）调头垫铜片，校正并夹紧。

（7）车端面，保证总长27mm，倒角$C1$。

（8）粗、精车内圆锥面，控制配合间隙（3±0.2）mm。

实训二　车削成形面

实训件图样如图2-5-5所示（材料：45钢；备料：$\phi40$mm×80mm）。

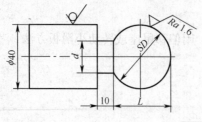

次数	D/mm	d/mm	L/mm
1	$\phi36\pm0.5$	$\phi20$	33
2	$\phi34\pm0.3$	$\phi18$	31.4
3	$\phi32\pm0.2$	$\phi16$	29.8
4	$\phi30\pm0.1$	$\phi15$	27.9

图 2-5-5　单球手柄

加工步骤如下。

（1）夹持棒料外圆，伸出长度不少于60mm，找正并夹紧。

（2）车端面。

（3）车外圆至ϕ37mm，长44mm。

（4）车槽ϕ20mm，宽10mm，并保证长度大于33mm。

（5）用圆头车刀粗、精车球面至$S\phi$36±0.5mm尺寸。

（6）清角，修整。

（7）检查。

（8）以后各次操作练习，加工方法同上。

实训三 滚 花

滚花实训件如图2-5-6所示（材料：45钢；毛坯：ϕ50×100mm）。

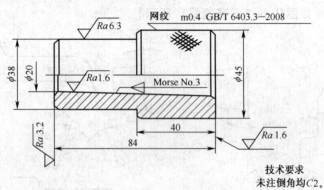

图2-5-6 滚花锥套

车削步骤如下。

（1）夹持棒料一端，留出长50～60mm。车ϕ38mm×44mm外圆及端面。

（2）调头夹持ϕ38mm外圆，车滚花外圆至ϕ45$_{-0.64}^{-0.32}$mm，长40mm，Ra12.5μm。

（3）根据图样选择网纹滚花刀（网纹m0.4GB6403.3—86），滚花达图样要求。

（4）钻孔ϕ20mm，车莫氏3号锥度至图样要求。

项目六　车削螺纹和蜗杆

实训一　三角形螺纹车刀刃磨

1. 车刀刃磨图［如图2-6-1（高速钢）所示］

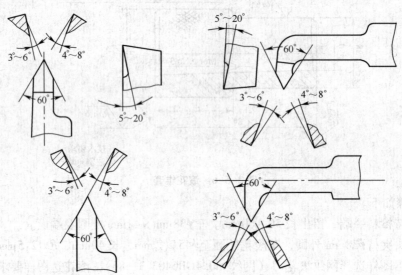

图2-6-1　三角形螺纹车刀

2. 刃磨步骤

（1）先粗磨前刀面。

（2）磨两侧后刀面，以初步形成两刃夹角。其中，先刃磨进给方向侧刃（控制刀尖半角 $\varepsilon/2$ 及后角 $\alpha_o + \psi$），再刃磨背进给方向侧刃（控制刀尖半角 $\varepsilon/2$ 及后角 $\alpha_o - \psi$）。

（3）精磨前刀面，以形成前角。

（4）精磨后刀面，刀尖角用螺纹车刀样板来测量，如图2-6-2所示。

（5）修磨刀尖，刀尖侧棱宽度约为 $0.1P$。

（6）用油石研磨刀刃处的前后面（注意保持刃口锋利）。

3. 刃磨注意事项

（1）刃磨时，人的站立姿势要正确。在刃磨整体式内螺纹车刀内侧时，易将刀尖磨歪斜。

（2）磨削时，两手握着车刀与砂轮接触的径向压力应不小于一般车刀。

（3）磨外螺纹车刀时，刀尖角平分线应平行刀体中线；磨内螺纹车刀时，刀尖角平分线应垂直于刀体中线。

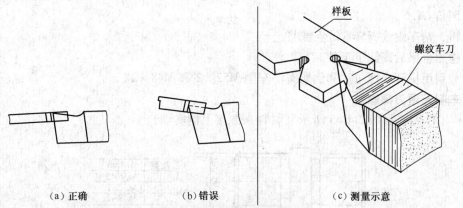

（a）正确　　　　　（b）错误　　　　　（c）测量示意

图 2-6-2　用样板修正两刃夹角

（4）刃磨车削窄槽或高台阶的螺纹车刀，应将螺纹车刀进给方向一侧的刀刃磨短些，否则车削时不利于退刀，易擦伤轴肩，如图 2-6-3 所示。

（5）粗磨刀时也要用样板检查。对径向前角 $\gamma_p > 0°$ 的螺纹车刀，粗磨时两刃夹角应略大于牙型角。待磨好前角后，再修磨两刃夹角。

（6）刃磨刀刃时，要稍带左右、上下移动，这样容易使刀刃平直。

（7）刃磨车刀时，一定要注意安全。

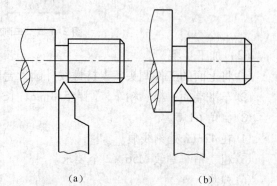

（a）　　　　　　　　（b）

图 2-6-3　车削窄槽、高台阶螺纹车刀

实训二　三角形螺纹车削

1. 车削有退刀槽螺纹

（1）工件图样

其工件图样如图 2-6-4 所示（材料：45 钢；备料：$\phi 60\text{mm} \times 120\text{mm}$）。

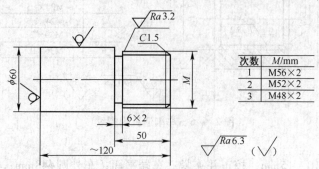

次数	M/mm
1	M56×2
2	M52×2
3	M48×2

图 2-6-4　车削有退刀槽螺纹

（2）加工步骤

① 夹持毛坯外圆，伸出长度 65～70mm，校正并夹紧。

② 车平端面；粗、精车外圆（螺纹大径）$\phi 55.8\text{mm}$，长 50mm 至尺寸要求。

③ 切槽 6mm×2mm。

④ 倒角 C1.5。

⑤ 粗、精车螺纹 M56×2 至要求。

⑥ 检测合格后即卸下工件。

⑦ 分别用提开合螺母法和倒顺车法车削 M52×2 和 M48×2。

2. 车削无退刀槽螺纹

（1）工件图样如图 2-6-5 所示（材料来源接上例实训）。

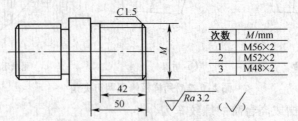

次数	M/mm
1	M56×2
2	M52×2
3	M48×2

图 2-6-5　车削无退刀槽螺纹

（2）加工步骤

① 将上面的工件调头，夹持螺纹外圆，台阶端面靠卡盘的卡爪，夹紧。

② 车平端面；粗、精车外圆 ϕ55.8mm，长 50mm 至尺寸要求。

③ 倒角 C1.5。

④ 在 42mm 处刻线痕。

⑤ 粗、精车螺纹 M56×2 至要求。

⑥ 检测。

⑦ 分别用提开合螺母法和倒顺车法车削 M52×2 和 M48×2。

3. 车削通孔内螺纹

（1）工件图样

其工件图样如图 2-6-6 所示（材料：45 钢；备料：ϕ60mm×36mm）。

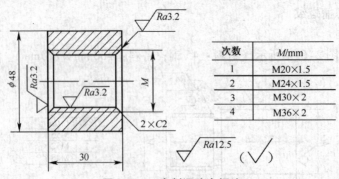

次数	M/mm
1	M20×1.5
2	M24×1.5
3	M30×2
4	M36×2

图 2-6-6　车削通孔内螺纹

（2）加工步骤

① 夹持外圆长 10~15mm，校正并夹紧；车端平面；车外圆 ϕ48mm；锐边倒圆。

② 钻孔、车内孔 ϕ18.4$^{+0.18}_{0}$ mm。

③ 孔口倒角 C2。

④ 调头夹持 ϕ48mm，找正并夹紧，车端平面，车接外圆 ϕ48mm，孔口倒角 C2。

⑤ 粗、精车内螺纹 M20×1.5 达要求。

⑥ 检查。

⑦ 依次进行以后练习。

4. 车削台阶孔内螺纹

（1）工件图样

其工件图样如图 2-6-7 所示（材料：45 钢；备料：ϕ60mm ×36 mm）。

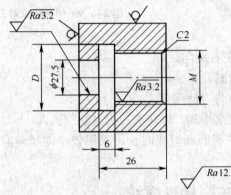

次数	M/mm	D/mm
1	M30×1.5	ϕ31.5
2	M33×1.5	ϕ34.5
3	M36×1.5	ϕ37.5
4	M42×2	ϕ44

图 2-6-7 台阶孔内螺纹的车削

（2）加工步骤

① 夹持外圆，校正并夹紧。

② 车端平面；钻孔、车通孔尺寸 ϕ27.5mm。

③ 车台阶孔 ϕ28.40$^{+0.21}_{0}$ mm，深 26mm；孔口倒角 C2。

④ 车内沟槽 ϕ31.5 mm，宽 6mm，与台阶齐平。

⑤ 粗、精车内螺纹 M30 ×1.5 达图样要求。

⑥ 检查。

⑦ 依次进行以后练习。

实训三 梯形螺纹车刀的刃磨

1. 梯形螺纹车刀刃磨图样

梯形螺纹车刀刃磨图样如图 2-6-8 所示。

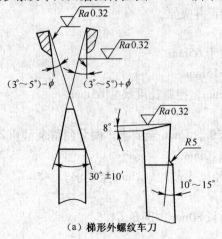

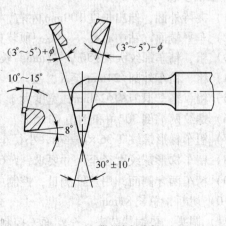

（a）梯形外螺纹车刀　　　　　（b）梯形内螺纹车刀

图 2-6-8 梯形螺纹车刀

2. 刃磨步骤

（1）粗磨两侧后面，初步形成刀尖角。

（2）粗、精磨前面或径向前角。

（3）精磨两侧后面，控制刀尖宽度，刀尖角用对刀样板（如图2-6-9所示）修正。

（4）用油石精研各刀面和刃口。

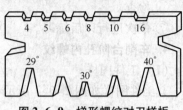

图2-6-9 梯形螺纹对刀样板

3. 刃磨注意事项

（1）刃磨两侧后角时，要注意螺纹的左右旋向，并根据螺旋升角 ψ 的大小来确定两侧后角的增减。

（2）梯形内螺纹车刀的刀尖角平分线应与刀柄垂直。

（3）刃磨高速钢螺纹车刀时，应随时蘸水冷却，以防刃口因过热而退火。

（4）螺距较小的梯形螺纹精车刀不便于刃磨断屑槽时，可采用较小的径向前角的梯形螺纹精车刀。

实训四　车削梯形螺纹

1. 螺纹加工图样

螺纹加工图样如图2-6-10所示（材料：45钢；备料：$\phi40\text{mm} \times 120\text{mm}$）。

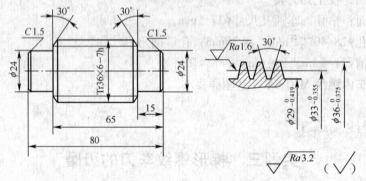

图2-6-10 梯形外螺纹的车削

2. 加工步骤

（1）夹持外圆，伸出长度 100mm 左右，校正并夹紧。

（2）车平端面，钻中心孔；一夹一顶装夹。

（3）粗、精车螺纹大径 $\phi36.3_{-0.1}^{\ 0}\text{mm}$，长大于 65mm。

（4）粗、精车外圆 $\phi24\text{mm}$ 至尺寸要求，长 15mm。

（5）粗、精车退刀槽 $\phi24\text{mm}$，宽度大于 15mm，控制长度尺寸 65mm。

（6）螺纹两端倒 30°角和倒角 C1.5。

（7）粗车梯形螺纹 Tr36×6—7h，小径车 $\phi29_{-0.419}^{\ 0}\text{mm}$ 至要求。两牙侧留余量 0.2mm。

（8）精车梯形螺纹大径至尺寸要求，$\phi36_{-0.375}^{\ 0}\text{mm}$。

（9）精车两牙侧面，用三针测量，控制中径尺寸 $\phi33_{-0.355}^{\ 0}\text{mm}$ 至要求。

（10）切断，总长 81mm。

（11）调头，垫铜片装夹，车端面，控制总长 80mm；倒角 C1.5。

3. 车削注意事项

（1）在车削梯形螺纹过程中，不允许用棉纱揩擦工件，以防发生安全事故。

（2）车螺纹时，为防止因溜板箱手柄转动时不平衡而使床鞍发生窜动，可在手轮上安装平衡块，最好采用手轮脱离装置。

（3）校对梯形螺纹精车刀两侧刀刃应刃磨平直，刀刃应保持锋利。

（4）精车前，最好重新修磨中心孔，以保证螺纹的同轴度精度。

（5）车螺纹时思想要集中，严防中滑板手柄多进一圈而撞坏螺纹车刀或使工件因碰撞而报废。

（6）粗车螺纹时，应将小滑板调紧一些，以防车刀发生位移而产生乱牙。

（7）车螺纹时，选择较小的切削用量，减少工件变形，同时应充分加注切削液。

实训五　车削单头蜗杆

1. 工件图样

工件图样如图 2-6-11 所示（材料：45 钢；备料：$\phi36\,mm \times 105\,mm$）。

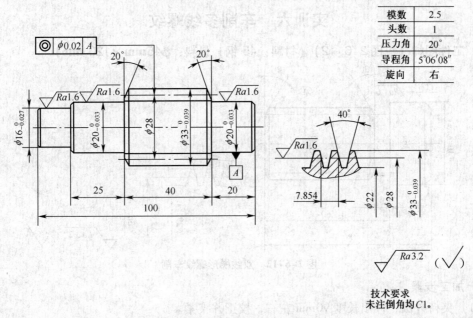

模数	2.5
头数	1
压力角	20°
导程角	5°06′08″
旋向	右

技术要求
未注倒角均C1。

图 2-6-11　车削单头蜗杆

2. 加工步骤

（1）夹持外圆，工件伸出长度 80mm 左右，校正并夹紧。

（2）车端面，钻中心孔，一夹一顶装夹。

（3）车外圆 $\phi34\,mm$，长度大于 60mm。

（4）粗车 $\phi20_{-0.033}^{\ 0}\,mm$ 外圆至 $\phi21\,mm$，长 19.5mm，倒角。

（5）调头装夹，校正并夹紧。

（6）车端面，控制总长 100mm，钻中心孔。

（7）粗车 $\phi20_{-0.033}^{\ 0}\,mm$ 外圆至 $\phi21\,mm$，长 39.5mm。

（8）粗车 $\phi16_{-0.027}^{\ 0}\,mm$ 外圆至 $\phi18\,mm$，长 14.5mm。

（9）调头装夹，夹持 $\phi18\,mm$ 外圆，一夹一顶装夹。

（10）粗车蜗杆。

（11）采用两顶尖装夹，分别精车各外圆至图样要求，倒角。

（12）精车蜗杆至图样要求。

（13）检查。

3. 车削注意事项

（1）车削蜗杆时，车第一刀后，应先检查蜗杆的轴向齿距是否正确。

（2）由于蜗杆的导程角较大，蜗杆车刀的两侧后角应适当增减。

（3）鸡心夹头应靠紧卡爪并牢固夹住工件，防止车蜗杆时发生位移，损坏工件，并在车削过程中经常检查前后顶尖松紧情形。

（4）粗车蜗杆时，应尽可能提高工件的装夹刚度；减小车床床鞍与导轨之间的间隙，以减小蹿动量。

（5）精车蜗杆时，采用低速车削，并充分加注切削液，为了提高蜗杆齿面的表面质量，可采用点动（刚开车就立即停车）利用其惯性进行慢速切削。

（6）粗车蜗杆时，每次切入深度要适当，并经常检测（法向）齿厚，以控制精车余量。

实训六　车削多线螺纹

1. 工件图样（见图2-6-12）（材料：45钢；备料：ϕ45mm×120 mm）

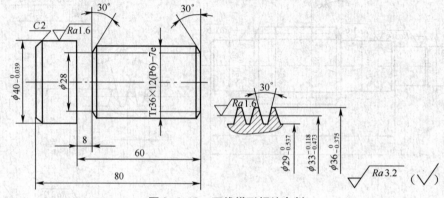

图2-6-12　双线梯形螺纹车削

2. 加工步骤

（1）夹持外圆，伸出长度90mm左右，校正并夹紧。

（2）车平端面，钻中心孔，一夹一顶装夹。

（3）粗车ϕ40$_{-0.039}^{0}$mm外圆至ϕ41mm，长度大于80mm。

（4）粗车梯形螺纹大径ϕ36.5mm，长度小于60mm。

（5）切退刀槽宽8mm，槽底直径ϕ28mm，控制长度60mm，两处倒角30°。

（6）粗车双线梯形螺纹 Tr36×12（P6）—7e。

（7）精车螺纹大径ϕ36$_{-0.375}^{0}$mm及ϕ40$_{-0.039}^{0}$mm至尺寸要求。

（8）精车双线梯形螺纹两侧，并控制中径尺寸。

（9）切断，总长80.5mm。

（10）调头装夹，车端面，控制总长80mm，倒角C2。

（11）检查。

3. 加工注意事项

（1）多线螺纹（多头蜗杆）的导程大，车削时走刀速度快，要防止撞车。

（2）由于多线螺纹的螺旋升角（多头蜗杆的导程角）大，车刀两侧后角相应增减。

（3）用小滑板刻线分线时，应先检查小滑板行程是否满足分线要求和小滑板导轨是否与车床主轴丝杠与螺母之轴线平行，在每次分线时小滑板手柄的转动方向必须相同，以避免小滑板丝杠与螺母之间的间隙而产生误差。

（4）分线精车采用左右切削法时，必须先车削各螺旋槽的同一侧面，然后再车削各螺旋槽的另一侧面。

（5）用百分表分线时，百分表的测量杆应与工件轴线平行，否则也会产生分线误差。

（6）精车时要多次循环分线，以矫正粗车或赶刀时所产生的分线误差。

（7）多线螺纹（多头蜗杆）分线不正确的主要原因有：

① 小滑板移动距离不正确；

② 车刀修磨后，没有对准原来的轴向位置，或随便赶刀使轴向位置移动；

③ 工件没有夹紧，车削时因切削力过大造成工件微量移动或转动，使分线不正确。

车　工

项目七　车削较复杂工件

实训一　在花盘上车削较复杂工件

加工如图 2-7-1 所示双孔连杆。该零件毛坯为铸件，材料为 HT200，数量为 20 件。

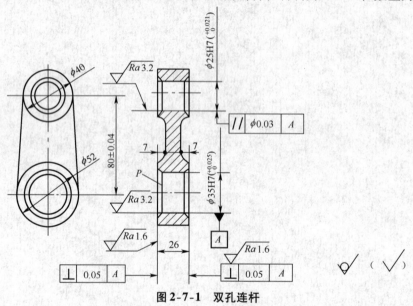

图 2-7-1　双孔连杆

1. 图样分析

（1）两孔中心距为 80 ± 0.04 mm。

（2）两端面对基准孔轴线的垂直度公差为 0.05mm，$\phi25$H7 孔轴线对基准孔 $\phi35$H7 的轴线的平行度公差为 0.03mm，那么以先加工 $\phi35$H7 孔为宜。

2. 拟订加工工艺路线

因为平面 P 是加工两孔的定位基准面，所以两平面应先加工，然后在花盘上车两孔。平面加工以铣削为宜。故该零件加工工艺路线为：铣两平面（或磨削）→车 $\phi35$H7 孔→车 $\phi25$H7 孔。

3. 准备工作

（1）工件两端面精铣（或磨削）后，使其表面粗糙度达 $Ra1.6\mu$m，两端面距离为 26mm，并在 P 面非加工部位打印，作为车孔或装配的定位基面。

（2）制作定位套（如图 2-7-2 所示），其外圆与工件内孔配合为 $\phi35$H7/h6。

（3）在未打印的一侧端面上划线，供车削内孔校正用。

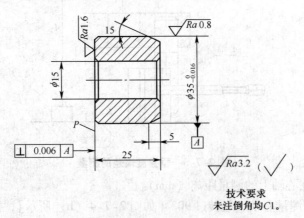

图 2-7-2　定位套

4. 车内孔的操作步骤

（1）清洁花盘平面和工件表面（去毛刺、倒棱边），将工件装夹在花盘上，根据花盘内孔和工件内孔（第一孔）位置，初步找正工件，用压板初步压紧工件。

（2）根据平面划线，用划线盘找正内孔 ϕ35H7 位置，并压紧压板。

（3）以 V 形架紧靠工件下端圆弧形表面，并固定。

（4）安装平衡块，调整平衡，检查花盘与车床无碰撞后，方可进行车削。

（5）车削 ϕ35H7 内孔。

① 粗、半精车 ϕ35H7 内孔至 ϕ34.8$^{+0.05}_{0}$mm；

② 孔口倒角 $C1$（两处）；

③ 用浮动铰刀铰孔至 ϕ35H7（$^{+0.025}_{0}$）。

（6）找正中心距 80 ± 0.04mm。

（7）车削 ϕ25H7 内孔。

① 粗、精车内孔至 ϕ24.8$^{+0.05}_{0}$mm；

② 孔口倒角 $C1$（两处）；

③ 用浮动铰刀铰孔至 ϕ25H7（$^{+0.021}_{0}$）。

5. 检验

（1）测量中心距 80 ± 0.04mm。在两孔中放入测量棒，用千分尺量出 M 值，然后根据公式 $L = M - (D + d) / 2$ 计算实际中心距是否满足图样要求。

（2）测量两端面对孔 ϕ35H7 轴线垂直度误差。其操作方法如图 2-7-3 所示。心轴连同工件一起装夹在带有 V 形槽的方箱上，并将方箱置于平板上，用百分表在工件的平面上测量，其最大读数差即为垂直度误差。

（3）测量两孔轴线的平行度误差。其操作方法如图 2-7-4（a）所示。测量时，将测量心轴分别塞入 ϕ35H7 与 ϕ25H7 孔中，用百分表在两轴上测量距离为 L_2 的 A、B 两个位置上测得读数分别为 M_1、M_2。则平行度误差为：

$$f = \frac{L_1}{L_2} \mid M_1 - M_2 \mid \tag{2-7-1}$$

式中，f——平行度误差（mm）；

$\quad$ L_1——被测工件厚度（mm）；

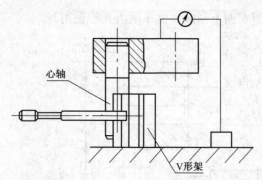

图 2-7-3　垂直度误差的测量

L_2——百分表在心轴上的测量距离（mm）。

然后连同工件与测量心轴一起转过 90°〔如图 2-7-4（b）所示〕，按上述测量方法再测算一次，取 f 值中最大者，即为平行度误差。

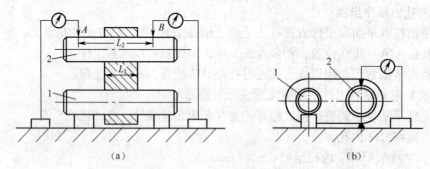

图 2-7-4　平行度误差的测量

6. 注意事项

（1）车削内孔前，一定要认真检查花盘上所有压板、螺钉的紧固情况，然后将床鞍移动到车削工件的最终位置，用手转动花盘，检查工件、附件是否与小滑板前端及刀架碰撞，以免发生事故。

（2）压板螺钉应靠近工件安装，垫块的高低应与工件厚度一致。

（3）车削时，切削用量不宜选择过大，主轴转速不宜过高，否则车床容易产生振动，既影响车孔精度，又会因转速高、离心力过大，导致事故发生。

实训二　在花盘角铁上车削较复杂工件

加工图 2-7-5 所示轴承座，数量 30 件，材料 HT150，退火处理，其内孔 $\phi32H9$ 需在车床上加工。

1. 图样分析

该滑动轴承座主要加工表面是 $\phi32H9$ 内孔与底平面 P，此外，还有两凸台平面、两螺钉孔 2-$\phi11$ 及螺孔 M16×1.5。$\phi32H9$ 内孔的设计基准、定位基准均是底平面 P，其中心高为 $32±0.05$mm，这是加工中必须保证的重要尺寸。

由于 $\phi32H9$ 内孔轴线与底平面 P 平行，所以，可以利用花盘、角铁装夹加工。

车削之前需先加工好底平面，由于加工数量较多，加工中心高要求比较精确，所以应按第二种装夹方式安装轴承座，为此还应先加工出 2-$\phi11H8$ 两定位孔。

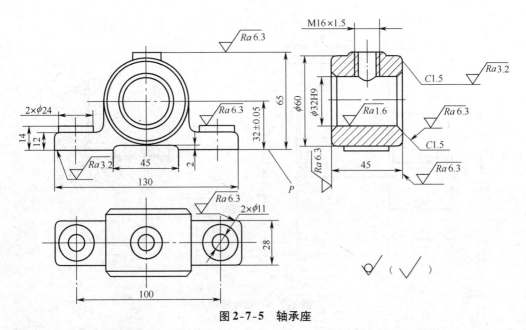

图 2-7-5　轴承座

2. 拟订加工工艺路线

此零件的加工工艺路线为：铸件→退火处理→划线→铣底平面 P 及凸台平面→钻、铰定位孔→车 $\phi32H9$ 内孔→钻孔、攻螺纹。

3. 准备工作

（1）按划线铣底平面及高度尺寸为 14mm、65mm 的两凸台面，达图样要求；

（2）钻、铰两孔 2-ϕ11H8（图样中 2-ϕ11 处，作定位用）；

（3）预制两个定位销钉，其中一个做成削边销钉；

（4）预制一根专用心轴，其轴径为 ϕ30H7。

4. 车ϕ32H9 内孔操作步骤

（1）清洁角铁平面及花盘平面，并将角铁安装在花盘上。

（2）找正角铁工作平面的位置。

此项工作包括两方面内容：一是调整角铁工作平面至专用心轴之间的距离；二是使角铁工作平面与车床轴线平行。

找正角铁工作平面并使角铁上两定位销孔对称中心通过车床主轴轴线，锁紧角铁和工件的螺钉。

（3）将两定位销压入角铁上相应的销孔中。

（4）将轴承座 2-ϕ11H8 装入销钉，并使基准平面 P 与角铁工作平面贴平。然后用压板、螺钉从两边夹牢工件。

（5）钻、扩ϕ32H9 内孔至ϕ31.8 $^{+0.05}_{-0.02}$mm。

（6）孔口倒角 $C1.5$。

（7）精车ϕ32H9 内孔达要求。

5. 检验

检验加工后中心高是否符合图样要求，可以采取图 1-6-14 所示的方法，用图 2-7-6 所示检验棒，插入ϕ32H9 内孔中，然后测量出 D 的实际尺寸，并在角铁工作平面与检验棒之间垫入适合的量块，再按 $h=H-D/2$ 计算出中心高 H，即可知道结果。

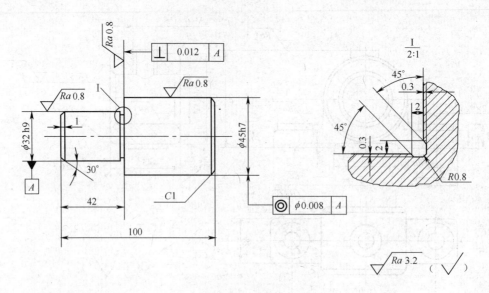

图 2-7-6 检验棒

实训三 车削偏心工件

1. 在四爪单动卡盘上车削偏心工件

车削如图 2-7-7 所示偏心套（材料：45 钢）。

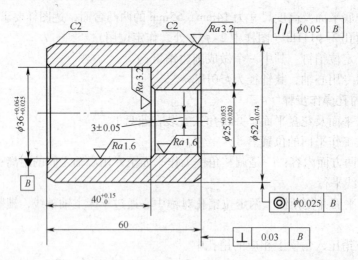

技术要求
未注倒角均 C1。

图 2-7-7 偏心套

（1）图样分析

① 该工件为一偏心套，其基准圆为 $\phi 36^{+0.064}_{+0.025}$ mm，孔深 $40^{+0.15}_{0}$ mm，为一台阶孔，表面粗糙度值为 $Ra1.6\mu m$。

② 工件外圆 $\phi 52^{0}_{-0.074}$ mm，长 60mm 与基准孔同轴，其同轴度允差为 0.025mm，其端面对基准轴线的垂直度误差不超过 0.03mm。

③ 偏心孔 $\phi 25^{+0.053}_{+0.020}$ mm 对基准孔的偏心距为 $e = 3 \pm 0.05$ mm，两孔轴线的平行度允差为

0.05mm，表面粗糙度值为 $Ra1.6\mu m$，拟用百分表找正，在四爪单动卡盘上车削。

④ 工件材料为 45 钢，数量 1 件。

（2）车削步骤

① 为留工艺凸台，工件毛坯为 $\phi55mm\times75mm$ 棒料。装夹毛坯外圆，找正后，车工艺凸台 $\phi45mm\times10mm$，表面粗糙度值为 $Ra6.3\mu m$。

② 工件调头夹 $\phi45mm$ 处，找正夹紧。

③ 粗、精车外圆 $\phi52_{-0.074}^{0}mm$，长 60mm，表面粗糙度值为 $Ra3.2\mu m$。

④ 钻孔 $\phi34mm$，深 39mm。

⑤ 粗、精车内孔至 $\phi36_{+0.025}^{+0.064}mm$，孔深 $40_{0}^{+0.15}mm$，表面粗糙度值为 $Ra1.6\mu m$，孔口倒角 $C1$。

⑥ 工件调头切去工艺凸台，车削端面，保证总长 60mm。

①～⑥ 均为三爪自定心卡盘装夹。

⑦ 划线，并在偏心圆上打样冲眼。

⑧ 垫铜片，用四爪单动卡盘装夹 $\phi52_{-0.074}^{0}mm$ 外圆，先用划针依所划偏心圆，初步找正后，再用百分表精确找正，保证偏心距。

⑨ 钻、扩孔 $\phi23mm$。

⑩ 粗、精车内孔至 $\phi25_{+0.020}^{+0.053}mm$，表面粗糙度值为 $Ra1.6\mu m$；孔口倒角 $C1$。

（3）检验（略）

（4）注意事项

① 为了保证两孔轴线的平行度，应在外圆侧素线 90°方向交叉找正。

② 试分析一下，车偏心套的偏心孔与车偏心轴的偏心圆，在车削过程中有何差异。

2. 在两顶尖间车削偏心工件

车削如图 2-7-8 所示偏心轴（材料：45 钢）。

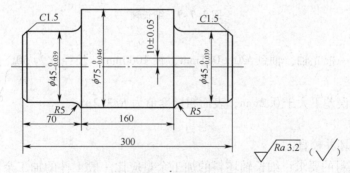

图 2-7-8 偏心轴

（1）图样分析

① 工件总长 300mm，基准外圆为 $\phi45_{-0.039}^{0}mm$，偏心外圆为 $\phi75_{-0.046}^{0}mm$，偏心距 $e=10\pm0.05mm$；

② 工件表面粗糙度值均为 $Ra3.2\mu m$。

（2）车削步骤

① 粗车光轴至 $\phi80mm$（车平），长 300mm；

② 在光轴两端面划基准轴线和偏心轴线，并打样冲眼；

③ 在坐标镗床上钻基准圆中心孔和偏心圆中心孔；

④ 用两顶尖支顶基准圆中心孔，粗车两端基准外圆至 $\phi47$mm；

⑤ 用两顶尖支顶偏心圆中心孔，粗车偏心外圆至 $\phi77$mm；

⑥ 支顶基准圆中心孔，精车两端基准外圆至 $\phi45_{-0.039}^{0}$mm，表面粗糙度值为 $Ra3.2\mu$m，倒角 $C1.5$，保证 $R5$ 过渡圆弧；

⑦ 支顶偏心圆中心孔，精车偏心外圆至 $\phi75_{-0.046}^{0}$mm，表面粗糙度值为 $Ra3.2\mu$m。

（3）检验（略）

（4）注意事项

① 用两顶尖安装、车削偏心工件时，关键要保证基准圆中心孔和偏心圆中心孔的钻孔位置精度，否则偏心距精度则无法保证，所以钻中心孔时应特别注意；

② 顶尖与中心孔的接触松紧程度要适当，切应在其间经常加注润滑油，以减少彼此磨损；

③ 断续车削偏心圆时，应选用较小的切削用量，初次进刀时一定要从离偏心最远处切入。

实训四　车削细长轴

车削如图 2-7-9 所示细长轴（材料：45 钢）。

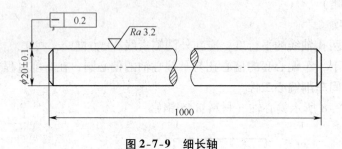

图 2-7-9　细长轴

1. 图样分析

（1）工件是一根光轴，轴颈 $\phi20\pm0.1$mm、长 1000mm，长径比为 50，适合用跟刀架支撑车削。

（2）直线度误差不大于 0.2mm，表面粗糙度值为 $Ra3.2\mu$m。

2. 准备工作

（1）准备毛坯并校直。

① 对工件坯料的要求：细长轴坯料的加工余量应比一般工件的加工余量大，如长径比为 30 的细长轴，其加工余量通常为 4mm 左右；长径比为 50 的细长轴，其加工余量通常为 5～6mm。据此，本例工件毛坯选 $\phi25$mm、长 1010mm 的棒料。

② 弯曲坯料应校直：校直坯料不仅可使车削余量均匀，避免或减小加工振动，而且还可以减小切削后的表面残余应力，避免产生较大变形。校直后的毛坯，其直线度误差应小于 1mm，毛坯校直后，还要进行时效处理，以消除内应力。

（2）准备三爪跟刀架并做好检查、清洁工作，若发现支撑爪端面磨损严重或弧面太小，应取下，根据支撑基准面直径来进行修正。

（3）刃磨好粗、精车外圆车刀，准备必要的量具。

3. 车削步骤

（1）车端面、钻中心孔

将毛坯轴穿入车床主轴孔中，右端外伸约 100mm，用三爪自定心卡盘夹紧，为防止车削时毛坯轴左端在主轴孔中摆动而引起弯曲，可用木楔或棉纱等物（批量大可特制一个套）将其固定。然后，车端面、钻中心孔，同时粗车一段 $\phi22\text{mm}\times30\text{mm}$ 的外圆，便于以后卡盘夹紧时有定位基准。用同样的方法，调头车端面，保证总长 1000mm，并钻中心孔。

若工件很长，则应利用中心架和过渡套筒，采取一端夹持，一端托中心架的方式来车端面、钻中心孔。

（2）车跟刀架支撑基准

工件左端，在 $\phi22\text{mm}\times30\text{mm}$ 的外圆柱面上套入 $\phi5\text{mm}$ 钢丝圈，并用三爪自定心卡盘夹紧，右端用弹性回转顶尖支撑。在靠近卡盘一端的毛坯外圆上车削跟刀架支撑基准，其宽度比支撑爪宽度大 $15\sim20\text{mm}$，并在其右边车一圆锥角约为 40° 的圆锥面，以使接刀车削时切削力逐渐增加，不会因切削力的突然变化而造成让刀和工件变形，如图 2-7-10 所示。

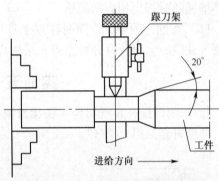

图 2-7-10　车跟刀架支撑基准

（3）安装跟刀架，研磨支撑基准面

以已车削的支撑基准面为基准，研磨跟刀架支撑爪工作表面。研磨时选车床主轴转速 $n=300\sim600\text{r/min}$，床鞍做纵向往复运动，同时逐步调整支撑爪，待其圆度达到要求时，再注入机油精研。研磨好支撑基准面后，还要调整支撑爪，使之与支撑基准面轻轻接触。

（4）采用反向进给方法接刀车全长外圆

跟刀架支撑爪应在刀尖后面 $1\sim3\text{mm}$ 处，同时浇注充分的切削液，防止支撑爪磨损。

上述（2）～（4）步骤需要重复多次，直至一夹一顶接刀精车外圆达到尺寸要求为止。

（5）半精车、精车 $\phi22\text{mm}\times30\text{mm}$ 段至尺寸要求

此时可采取一端夹紧，一端用中心架支撑，车右端头的方法。

精车时，为减小表面粗糙度值，消除振动，可选用宽刃精车刀（见图 2-7-11）和弹簧刀杆，并在低速下车削，可获得满意效果。

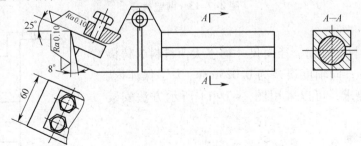

图 2-7-11　用于跟刀架车细长轴的宽刃精车刀

4. 注意事项

（1）车削前，为了防止车细长轴产生锥度，必须调整尾座中心，使之与车床主轴中心同轴。

（2）车削过程的始终应充分浇注切削液。

（3）车削时，应随时注意顶尖的松紧程度。其检查方法是：开动车床使工件旋转，用右手拇指和食指捏住回转顶尖的转动部分，顶尖能停止转动，当松开手指后，顶尖能恢复转动，说明顶尖的松紧程度适当，如图2-7-12所示。

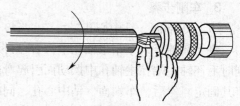

图2-7-12　检查回转顶尖松紧的方法

（4）粗车时应选择好第一次切削速度，将工件毛坯一次进刀车圆，否则会影响跟刀架的正常工作。

（5）车削过程中，应随时注意支撑爪与工件表面接触状态和支撑爪的磨损情况，并视具体情况随时作出相应的调整。

（6）车削过程中，应随时注意工件已加工表面的变化情况，当发现开始有竹节形、腰鼓形等缺陷时，要及时分析原因，采取应对措施。若发现缺陷越来越明显时，应立即停车。

实训五　车削薄壁工件

1. 车削薄壁衬套（材料：铸锡青铜）

薄壁衬套见图2-7-13。

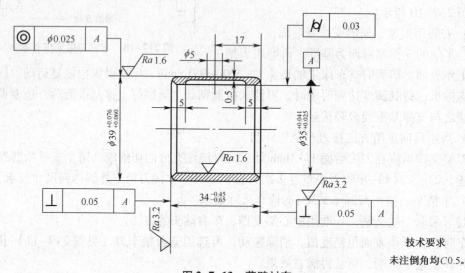

技术要求
未注倒角均C0.5。

图2-7-13　薄壁衬套

（1）图样分析

由于该薄壁衬套轴向、径向尺寸均不大，材料为铸锡青铜，壁厚2mm，同轴度误差为0.025mm。为了保证内、外圆的同轴度要求，可以采用图2-7-14所示方法安装车削。

（2）车削步骤

① 夹持套料，伸出长45mm，车平端面。

② 粗车内、外圆，各留0.5mm精车余量。粗车时应浇注充分的切削液，降低切削温度。内孔车长2mm即可，这样，既便于切削，又可增加刚性。

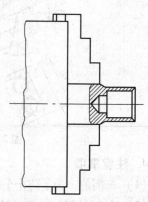

图2-7-14　一次安装车削薄壁衬套

③ 半精车内、外圆，各留 0.2mm 精车余量。拉油槽。

④ 精车内、外圆达图样要求。

⑤ 切断。

⑥ 安装在弹性胀力心轴上车另一端面达总长尺寸，倒角。

（3）检验（略）

2. 车削薄壁套筒（材料：45 钢）

薄壁套筒如图 2-7-15 所示。

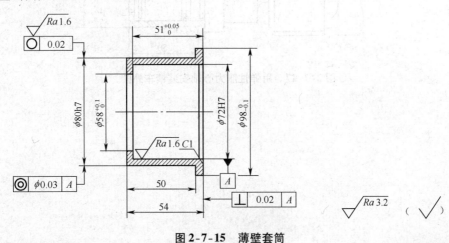

图 2-7-15 薄壁套筒

（1）图样分析

该薄壁套筒轴向尺寸不大，但径向尺寸较大，且有一台阶，外圆 $\phi80h7$ 对内孔 $\phi72H7$ 的同轴度允差为 0.03mm，右端面对孔 $\phi72H7$ 的垂直度允差为 0.02mm，相关表面的形状、位置精度要求较高，可以考虑用特制的扇形卡爪及心轴安装车削。

（2）车削步骤

① 粗车内、外圆表面，各留精车余量 1~1.5mm。

夹持外圆小头，粗车端面、内孔；夹持内孔，粗车外圆、端面；

② 安装在图 2-7-16 所示扇形软卡爪中精车内孔 $\phi72H7$，精车外圆 $\phi98_{-0.1}^{\ 0}$mm 及端面，达图样要求。

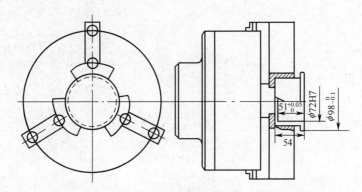

图 2-7-16 用扇形软卡爪安装精车内、外圆及端面

③ 以内孔 $\phi72H7$ 和 $\phi98$ 的端面为基准，工件安装在如图 2-7-17 所示弹性胀力心轴上，精车外圆 $\phi80h7$ 达图样要求。

（3）检验（略）

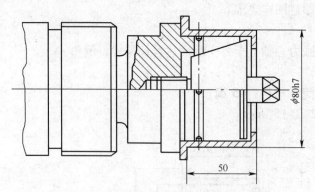

图 2-7-17　用弹性胀力心轴安装精车外圆

车 工

项目八 车床的调整及故障排除

实训一 主轴部件的调整

主轴部件是车床的关键部件，工作时工件装夹在主轴上，并由其直接带动旋转作为主运动。因此主轴的旋转精度、刚度和抗振性对工件的加工精度和表面粗糙度有直接影响。图 2-8-1 所示是 CA6140 型车床主轴部件。

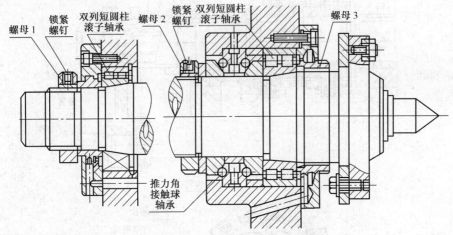

图 2-8-1 CA6140 型车床主轴部件

1. 主轴部件的结构特点

为了保证主轴具有较好的刚性和抗振性，采用前、中、后 3 个支撑。前支撑用一个双列短圆柱滚子轴承（NN3021K）和一个 60° 角双向推力角接触球轴承（51120）的组合方式，承受切削过程中产生的径向力和左、右两个方向的轴向力。

后支撑用一个双列短圆柱滚子轴承（NN3015K）。主轴中部用一个单列短圆柱滚子轴承（NU216）作为辅助支撑（图中未画出），这种结构在重载荷工作条件下能保持良好的刚性和工作平稳性。

由于主轴前、后两支撑采用双列短圆柱滚子轴承，其内圈内锥孔与轴颈处锥面配合。当轴承磨损致使径向间隙增大时，可以较方便地通过调整主轴轴颈相对轴承内圈间的轴向置，来调整轴承的径向间隙。中间轴承（NU216）只有当主轴轴承受较大力，轴在中间支撑处产生一定挠度时，才起支撑作用。因此，轴与轴承间需要有一定的间隙。

2. 前轴承的调整方法

前轴承的间隙用螺母 2 和 3 调整。调整时先拧松螺母 3 和螺钉，然后拧紧螺母 2，使轴承的内圈相对主轴锥形轴颈向右移动。由于锥面的作用，轴承内圈产生径向弹性膨胀，将滚子与内、外圈之间的间隙减小。调整合适后，应将锁紧螺钉和螺母拧紧。

3. 后轴承的调整方法

后轴承的间隙用螺母1调整。调整时先拧松锁紧螺钉，然后拧紧螺母，其工作原理和前轴承相同，但必须注意采用"逐步逼紧"法，不能拧紧过头。调整合适后，应拧紧锁紧螺钉。一般情况下，只需调整前轴承即可，只有当调整前轴承后仍不能达到要求的回转精度时，才需调整后轴承。

实训二 摩擦离合器的调整

1. 摩擦离合器的结构特点

CA6140型车床主轴箱的开停和换向装置，采用机械双向多片式摩擦离合器，如图2-8-2（a）所示。它由结构相同的左、右两部分组成，左离合器传动主轴正转，右离合器传动主轴反转。现以左离合器为例说明其结构、原理，如图2-8-2（b）所示。

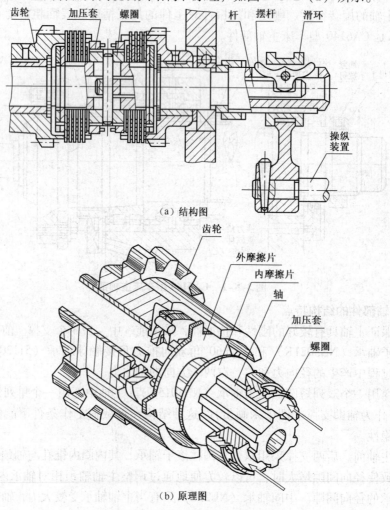

（a）结构图

（b）原理图

图2-8-2 多片式摩擦离合器

摩擦离合器由若干形状不同的内、外摩擦片交叠组成。利用摩擦片在相互压紧时的接触面之间所产生的摩擦力传递运动和转矩。带花键孔的内摩擦片与轴上的花键相连接；外摩擦片的内孔是光滑圆孔，空套在轴的花键外圆上。该摩擦片外圆上有四个凸齿，卡在空套齿轮右端套筒部分的缺口内。其内、外摩擦片相间排列，在未被压紧时，它们互不联系，主轴停转。当操纵装置［见图 2-8-2（a）］将滑环向右移动时，杆（在花键轴的孔内）上的摆杆绕支点摆动，其下端就拨动杆向左移动。杆左端有一固定销，使螺圈及加压套向左压紧左边的一组摩擦片，通过摩擦片间的摩擦力，将转矩由轴传给空套齿轮，使主轴正转。同理，当操纵装置将滑环向左移动时，压紧右边的一组摩擦片，使主轴反转。当滑环在中间位置时，左、右两组摩擦片都处在放松状态，轴的运动不能传给齿轮，主轴即停止转动。

2. 摩擦离合器的调整方法

片式摩擦离合器的间隙要适当，不能过大或过小。若间隙过大会减小摩擦力，影响车床功率的正常传递，并易使摩擦片磨损；间隙过小，在高速车削时，会因发热而"闷车"，从而损坏机床。其间隙的调整如图 2-8-2（b）及图 2-8-3 所示。

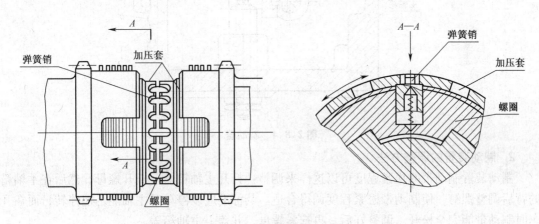

图 2-8-3　多片式摩擦离合器的调整

调整时，先切断车床电源，打开主轴箱盖，用旋具把弹簧销从加压套的缺口中压下，然后转动加压套，使其相对于螺圈作少量轴向移动，即可改变摩擦间的间隙，从而调整摩擦片间的压紧力和所传递转矩的大小。待间隙调整合适后，再让弹簧销从加压套的任一缺口中弹出，以防止加压套在旋转中松脱。最后盖上主轴箱盖。

实训三　制动装置的调整

制动装置的功用是在车床停车的过程中，克服主轴箱内各运动件的旋转惯性，使主轴迅速停止转动，以缩短辅助时间。

1. 制动装置的结构特点

图 2-8-4 所示是安装在 CA6140 型车床主轴箱Ⅳ轴上的闸带式制动器，它由制动轮、制动带和杠杆组成。制动轮是一钢制圆盘，与轴Ⅳ用花键连接。制动带为一钢带，其内侧固定着一层铜丝石棉，以增加摩擦面的摩擦系数。制动带绕在制动轮上，它的一端通过调节螺钉与主轴箱体连接，另一端固定在杠杆的上端。杠杆可绕轴摆动。制动器通过齿条（即图 2-8-2 中所示的杆）与片式摩擦离合器联动，当它的下端与齿条上的圆弧形凹部 a 或 c 接触时，主轴处于转动状态，制动带放松；若移动齿条轴，使其上凸起部分 b 与杠杆下端接触时，杠杆绕轴逆时针摆动，使制动带抱紧制动轮，产生摩擦制动力矩，轴Ⅳ和主轴便迅速停止转动。

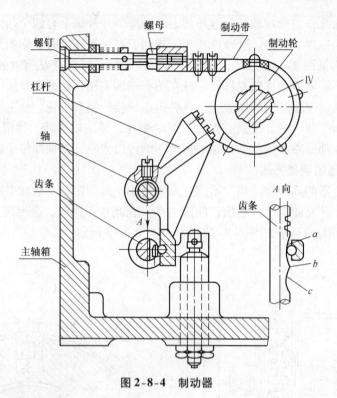

图 2-8-4 制动器

2. 制动装置的调整方法

制动装置制动带的松紧程度可以这样来调整：打开主轴箱盖，松开螺母，然后在主轴箱的背后调整螺钉，使制动带松紧程度调得合适。其标准应以停车时主轴能迅速停转，而在开车时制动带能完全松开。调整好后，再拧紧螺母，并盖上主轴箱盖。

实训四 开合螺母机构的调整

开合螺母机构的功用是接通或断开从丝杠传来的运动。车削螺纹和蜗杆时，将开合螺母合上，丝杠通过开合螺母带动溜板箱及刀架运动。

1. 开合螺母机构的结构

开合螺母机构的结构如图 2-8-5 所示。

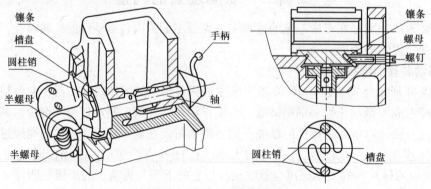

图 2-8-5 开合螺母机构

上下两个半螺母，装在溜板箱体后壁的燕尾形导轨中，可上下移动。在上下半螺母的背面各装有一个圆柱销，其伸出端分别嵌在槽盘的两条曲线槽中。向右扳动手柄，经轴使槽盘逆时针转动时，曲线槽迫使两圆柱销互相靠近，带动上下半螺母合拢，与丝杠啮合，刀架便由丝杠螺母经溜板箱传动进给；槽盘顺时针转动时，曲线槽通过圆柱销使两个半螺母相互分离，两个半螺母与丝杠脱开啮合，刀架便停止进给。开合螺母与镶条要配合适当，否则就会影响螺纹加工精度，甚至使开合螺母操作手柄自动跳位，出现螺距不等或乱牙、开合螺母轴向窜动等弊端。

2. 开合螺母机构的间隙调整

开合螺母与燕尾形导轨配合间隙（一般应小于 0.03mm），可用螺钉压紧或放松镶条进行调整，调整后用螺母锁紧。

间隙调整方法：松开螺母，调节螺钉压紧或放松镶条，使开合螺母在燕尾导轨中滑动轻便，用厚度为 0.03mm 的塞尺检查，应插不进燕尾导轨副间，最后拧紧螺母。

实训五　中滑板丝杠与螺母间隙的调整

中滑板丝杠的结构如图 2-8-6 所示，由前螺母和后螺母两部分组成，分别由螺钉 1、3 紧固在中滑板的顶部，中间由楔块隔开。

因磨损使丝杠与螺母牙侧之间的间隙过大时，可将前螺母上的紧固螺钉 1 拧松，拧紧螺钉 2，将楔块向上拉，依靠斜楔作用使螺母向左边推移，减小了丝杠与螺母牙侧之间的间隙。调后，要求中滑板丝杠手柄摇动灵活，正反转时的空行程在 1/20 转以内。调整好后，应将螺钉 1 拧紧。

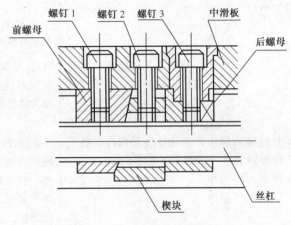

图 2-8-6　中滑板丝杠与螺母

实训六　常用车床故障排除

常用车床一般故障的排除见表 2-8-1。

表 2-8-1　　　　　　　　　　　　常用车床一般故障的排除

故障现象	对车削的影响	产生故障主要原因	排除措施
车削时，随切削负荷增大，主轴转速自动降低或自动停车	① 不能进行正常车削加工 ② 当主轴转速自动降低时，会使正在车削的硬质合金车刀刀尖崩裂	① 摩擦离合器调整过松或磨损 ② 电动机传动带过松 ③ 主轴箱变速手柄定位弹簧过松，使齿轮脱开	① 调整摩擦离合器的间隙，增大摩擦力；若摩擦片严重磨损，则应更换 ② 调整电动机 V 带的松紧；若 V 带使用时间过长已伸长，则须全部更换 ③ 调整变速手柄定位弹簧压力，使手柄定位可靠，不易脱挡

续表

故障现象	对车削的影响	产生故障主要原因	排除措施
停车后主轴仍自转	① 耗费有效作业时间 ② 容易发生事故	① 摩擦离合器调整过紧，停车后摩擦片未完全脱开 ② 制动器过松，制动带包不紧制动盘，刹不住车	① 调松摩擦离合器 ② 调紧制动器的制动带
溜板箱机动进给手柄容易脱开	① 不能进行正常的自动进给 ② 精车时，手柄的脱开会严重影响加工表面质量	① 脱落蜗杆的弹簧压力过小 ② 机动进给手柄的定位弹簧压力过小 ③ 脱落蜗杆托架上的控制板磨损严重	① 调整脱落蜗杆的弹簧压力，使脱落蜗杆在正常负荷下不脱落，正常工作 ② 调整机动进给手柄的定位弹簧，若定位孔已磨损，可铆补后重新加工定位孔 ③ 用补焊方法修复控制板或更换备件
主轴滚动轴承有噪声和主轴过热，超过正常温度	① 降低主轴轴承的回转精度和使用寿命 ② 由于主轴部件的热变形影响车床的工作精度	① 主轴轴承间隙过小，装配不精确，使摩擦力和摩擦热增加 ② 润滑不良，主轴轴承缺润滑油造成半干或干摩擦，使主轴发热；供油过多则造成主轴箱内搅拌现象严重，使轴承发热 ③ 主轴在长期全负荷车削中，刚度降低，发生弯曲，使传动不平稳而发热	① 提高装配质量，主轴轴承间隙重新调整到适中；若轴承已磨损或精度偏低，应更换轴承 ② 合理选用润滑油，疏通油路，控制润滑油的注入量，缺油时应及时加油补充，但不能供油过多 ③ 应尽量避免长期全负荷车削
溜板箱手摇动时过于沉重	① 车圆柱形工件时，加工表面的丝纹不均匀 ② 手动摇动溜板箱手轮使床鞍纵向移动时，不易平稳均匀操作	① 齿轮与齿条啮合太紧 ② 床鞍调节螺钉压得太紧，间隙过小 ③ 床身导轨磨损或变形	① 调整齿轮与齿条的啮合间隙（在 0.08mm 左右） ② 调整溜板间隙（用 0.04mm 塞尺检查，插入深度应小于 20mm） ③ 修刮导轨
横向移动手柄转动不灵活，轻重不一致	① 手动横向进给不均匀，切断工件时容易使切断刀折断 ② 径向尺寸控制不易掌握	① 中滑板丝杆弯曲 ② 中滑板镶条接触不良 ③ 小滑板与中滑板的贴合面接触不良，紧固后导致中滑板变形	① 校直中滑板丝杆 ② 修刮镶条，调整好镶条与导轨面的间隙 ③ 刮、研小滑板和中滑板的贴合面，提高其接触精度

续表

故障现象	对车削的影响	产生故障主要原因	排除措施
在切断工件或强力车削时，主轴出现向上的"擎动"	① 能正常进行切槽、切断等车削加工 ② 影响工件的加工精度 ③ 折断车刀	① 主轴轴承径向间隙过大，主轴径向跳动大 ② 轴箱前后主轴轴承孔不同轴 ③ 车削功率过大（大于机床额定功率）	① 调整主轴的径向和轴向间隙 ② 用镶套、精镗的方法修复主轴箱，使前、后主轴轴承控同轴 ③ 降低切削用量
主轴箱油标不注油	主轴箱油标不注油，说明车床的油泵输油系统出现故障，车床运动零件不能得到正常润滑，必须立即停车检查，找出不注油原因，修复后才可开动车床	① 滤油器、油管堵塞 ② 油泵活塞磨损，油压过小 ③ 输油管泄漏，油量减小	① 洗滤油器，疏通油路 ② 修复或配换油泵活塞 ③ 拧紧管接头

参 考 文 献

[1] 陈海魁. 车工技能训练 [M]. 北京：中国劳动社会保障出版社，2005.

[2] 彭心恒. 车工操作技能训练 [M]. 广州：广东科技出版社，2007.

[3] 徐刚. 车工技能训练 [M]. 北京：机械工业出版社，2008.

[4] 彭德荫. 车工工艺与技能训练 [M]. 北京：中国劳动社会保障出版社，2001.

[5] 劳动部教材办公室. 车工工艺学 [M]. 北京：中国劳动出版社，1996.

[6] 李德富. 车工工艺与技能训练 [M]. 北京：机械工业出版社，2011.

[7] 金福昌. 车工（初级）[M]. 北京：机械工业出版社，2005.

[8] 金福昌. 车工（中级）[M]. 北京：机械工业出版社，2005.

[9] 李德富. 车削加工技术 [M]. 北京：外语教学与研究出版社，2011.

世纪英才·中职教材目录（机械、电子类）

书　　名	书　号	定　价
模块式技能实训·中职系列教材（电工电子类）		
电工基本理论	978-7-115-15078	15.00 元
电工电子元器件基础（第2版）	978-7-115-20881	20.00 元
电工实训基本功	978-7-115-15006	16.50 元
电子实训基本功	978-7-115-15066	17.00 元
电子元器件的识别与检测	978-7-115-15071	21.00 元
模拟电子技术	978-7-115-14932	19.00 元
电路数学	978-7-115-14755	16.50 元
复印机维修技能实训	978-7-115-16611	21.00 元
脉冲与数字电子技术	978-7-115-17236	19.00 元
家用电动电热器具原理与维修实训	978-7-115-17882	18.00 元
彩色电视机原理与维修实训	978-7-115-17687	22.00 元
手机原理与维修实训	978-7-115-18305	21.00 元
制冷设备原理与维修实训	978-7-115-18304	22.00 元
电子电器产品营销实务	978-7-115-18906	22.00 元
电气测量仪表使用实训	978-7-115-18916	21.00 元
单片机基础知识与技能实训	978-7-115-19424	17.00 元
传感器应用技能实训	978-7-115-23058	21.00 元
模块式技能实训·中职系列教材（机电类）		
电工电子技术基础	978-7-115-16768	22.00 元
可编程控制器应用基础（第2版）	978-7-115-22187	23.00 元
数学	978-7-115-16163	20.00 元
机械制图	978-7-115-16583	24.00 元
机械制图习题集	978-7-115-16582	17.00 元
AutoCAD 实用教程（第2版）	978-7-115-20729	25.00 元
车工技能实训	978-7-115-16799	20.00 元
数控车床加工技能实训	978-7-115-16283	23.00 元
钳工技能实训	978-7-115-19320	17.00 元
电力拖动与控制技能实训	978-7-115-19123	25.00 元
低压电器及 PLC 技术	978-7-115-19647	22.00 元
S7-200 系列 PLC 应用基础	978-7-115-20855	22.00 元

书　　名	书　　号	定　　价
中职项目教学系列规划教材		
机械基础	978-7-115-24459	21.00 元
电工电子技术基本功	978-7-115-23709	24.00 元
数控车床编程与操作基本功	978-7-115-20589	23.00 元
数控铣削加工技术基本功	978-7-115-23735	24.00 元
气焊与电焊基本功	978-7-115-24105	20.00 元
车工技术基本功	978-7-115-23957	29.00 元
CAD/CAM 软件应用技术基础——CAXA 数控车 2008	978-7-115-24106	25.00 元
电动机与控制技术基本功	978-7-115-24739	18.00 元
钳工技术基本功	978-7-115-24101	26.00 元
数控编程	978-7-115-24331	26.00 元
气动与液压技术基本功	978-7-115-25156	26.00 元
铣工基本功	978-7-115-25315	21.00 元
PLC 控制技术基本功	978-7-115-25440	15.00 元
电路数学（第 2 版）	978-7-115-24761	22.00 元
电子技术基本功	978-7-115-20996	24.00 元
电工技术基本功	978-7-115-20879	21.00 元
单片机应用技术基本功	978-7-115-20591	19.00 元
电热电动器具维修技术基本功	978-7-115-20852	19.00 元
电子线路 CAD 基本功	978-7-115-20813	26.00 元
彩色电视机维修技术基本功	978-7-115-21640	23.00 元
手机维修技术基本功	978-7-115-21702	19.00 元
制冷设备维修技术基本功	978-7-115-21729	24.00 元
变频器与 PLC 应用技术基本功	978-7-115-23140	19.00 元
电子电器产品市场与经营基本功	978-7-115-23795	17.00 元
电动机维修技术基本功	978-7-115-23781	23.00 元
机械常识与钳工技术基本功	978-7-115-23193	25.00 元
中职示范校建设课改系列规划教材		
模拟电子技术（第 2 版）	978-7-115-25661	24.00 元
手机原理与维修实训（第 2 版）	978-7-115-26204	25.00 元
新编电工实训基本功	978-7-115-26386	21.00 元
新编电子实训基本功	978-7-115-26474	26.00 元
车工技能实训（第 2 版）	978-7-115-25929	29.00 元
电工电子技术基础（第 2 版）	978-7-115-26203	25.00 元
车工	978-7-115-26744	32.00 元